海防幻想、制度困局、現代試煉⋯⋯
從閉關鎖國到甲午沉艦，清末海軍改革的求存與幻滅

斷潮

晚清海軍紀事

戚其章——著

從舟師水勇到鐵甲艦隊，舊帝國在海疆重疊中如何錯失現代國防重建的機遇？

**奮起構想現代海軍、無力挽救帝國沉淪
——以火輪與鐵艦書寫的近代軍事夢**

目錄

出版說明 ……………………………………………………005

引言 …………………………………………………………007

第一章
列強叩關與中國海防意識的覺醒 …………………………013

第二章
初試水軍：清政府的海軍建制實驗 ………………………063

第三章
從仿造到創建：近代造船與海軍雛形 ……………………149

第四章
甲申海戰與中法海上衝突 …………………………………227

目錄

出版說明

甲午戰爭是中國近代史上的重大事件，出版社隆重推出甲午戰爭研究專家戚其章先生的「甲午戰爭與近代中國叢書」，包括《甲午戰爭》、《大清最後的希望——北洋艦隊》、《斷潮，晚清海軍紀事》、《殘帆，北洋海軍的覆滅》、《甲午戰爭國際關係史》、《國際法視角下的甲午戰爭》、《太陽旗密令，決定甲午結局的情報戰》等 7 冊。

《甲午戰爭》從戰爭緣起、豐島疑雲、平壤之役、黃海鏖兵、遼東烽火、艦隊覆沒、馬關議和、臺海風雲等關鍵事件入手，以辯證的目光敘述關鍵問題和歷史人物，解開了諸多歷史的謎題。

《大清最後的希望——北洋艦隊》主要講述了北洋艦隊從建立到覆沒的全過程，以客觀的辯證的歷史角度，展現了丁汝昌、劉步蟾、林泰曾、楊用霖、鄧世昌等愛國將領的形象，表現了北洋艦隊抗擊日軍侵略的英勇頑強的愛國主義精神。

《斷潮，晚清海軍紀事》、《殘帆，北洋海軍的覆滅》細緻地敘述了晚清時期清政府創辦海軍的歷程，從策略角度分析了北洋海軍失敗的原因，現在看來仍然振聾發聵。

《甲午戰爭國際關係史》從國際關係的角度，論述了清政府的乞和心態和列強的「調停」過程，突出表現了清政府的腐敗無能和列強蠻橫貪婪的真實面目，指出列強所謂的「調停」只是為了本國利益，並非為了和平，清政府的乞和行為是注定不會成功的。

出版說明

　　《國際法視角下的甲午戰爭》結合法理研究與歷史考究，把爭論百年的甲午戰爭責任問題放在國際法的平臺上，進行全面、系統、客觀、公正的整理與評論，是一部具有歷史責任感和國際法學術觀的著作。

　　《太陽旗密令，決定甲午結局的情報戰》揭露和分析日本間諜在甲午戰前及戰爭中的活動，證明這場侵略戰爭對百姓造成了嚴重傷害，完全是非正義的，因此對這場侵略戰爭中的日本間諜，應該予以嚴正的批判和譴責。

　　甲午戰爭是一本沉甸甸的歷史教科書，讓我們在深刻的反思中始終保持清醒，凝聚信心和力量，肩負起時代賦予的光榮使命。

引言

　　中國幅員遼闊，領海廣袤，有長達 18,000 多公里的綿長海岸線，是世界上最大的海洋國家之一。早在遠古時代，中國人的祖先就開始了海上活動。後來，在漫長的歷史歲月裡，中國一直作為一個海上強國而存在。明朝初年鄭和下西洋，比哥倫布發現新大陸要早將近一個世紀。所以，英國學者李約瑟（Joseph Needham）說：「中國人一直被稱為非航海民族，這真是太不公平了。」並指出：「中國的海軍在 1100～1450 年之間無疑是世界上最強大的。」[001] 然而，自茲以降，迄於鴉片戰爭，由於明清兩朝的封建統治者採取閉關自守政策，中國的海上力量趨於式微，從而也就無海軍可言了。

　　「海軍」一詞，本有廣義與狹義之分。就廣義來說，海軍是一個國家擁有的軍艦總稱。這是海軍的普通概念。廣義的海軍，既包括古代海軍，又包括近代以來的海軍。中國史籍中所說的「舟師」、「海師」、「水軍」、「水師」等等，指的都是古代海軍。[002] 近代以來的海軍，嚴格來說才是真正的海軍。這是海軍的特殊概念。本書所論述的「晚清海軍」，顧名思義，指的就是真正海軍，即近代海軍。

　　古代海軍與近代海軍的主要區別，在於軍艦的性質。無論在船料、動力還是武器和進攻方法等方面，古代海軍都和近代海軍不同。古代的舊式師船是用木料製成，並以風力和人力為動力，即靠帆和槳來航行。其進攻

---

[001]　《李約瑟文集》，遼寧科學技術出版社，1986 年，第 258 頁。
[002]　文字記載中或稱「北洋海軍」為「北洋水師」，是人們往往還沿用習慣的叫法，並不表示北洋水師屬於古代海軍。

引言

方式的效能也很差,除刀、矛等近身交戰使用的武器外,弓箭、土炮等是僅有的能用於遠距離作戰的武器,不可能使敵船造成嚴重的損傷。因此,進攻的方法很簡單,不是鼓力衝向敵船,用船頭堅厚的鐵尖猛撞敵船的舷,將其撞沉,就是採取靠近船側、協助登艦的辦法,與敵船進行登艦作戰。古代海軍的這些特點,是由古代社會生產力的發展程度所決定的。

近代海軍的情況就完全不同,它產生於西歐國家在全球搶占殖民地的時代。發端於15世紀末的地理大發現,一方面促進了歐洲資本主義生產力和生產關係的迅速發展,一方面又導致了某些西歐國家對亞、非、美各洲國家的瘋狂掠奪和殖民制度的建立。葡萄牙和西班牙在先,荷蘭、法國、英國等繼之,都陸續地走上殖民掠奪的道路。它們需要建立龐大的海軍來保護剛剛開闢的殖民地以及在殖民地的貿易,因此便大力擴建海上艦隊。這種真正的海軍,不僅是近代工業的產物,同時還是近代工業的縮影,是一座名副其實的浮在水上的工廠。不過,它的出現和逐步完善化,卻經歷了一個漫長的歷史時期。

最早的軍艦是16世紀末在英國建造的,其突出的特點是裝配火炮。當時人們對軍艦高速性的意義理解不足,總是裝配過多的火炮。

西元1837年英國建成的軍艦「海上霸王」號(後改名為「英王」號),共裝配火炮132門。武器裝備過重,勢必會使軍艦的航海效能大為降低,後來為解決這一問題,以使軍艦獲得高速效能,18世紀末葉以後,英國軍艦裝備的火炮數量通常都減至50門以下,而在火器的口徑、射程等方面則力求改進。到1820年代,榴彈砲的發明和應用,對於海軍武器裝備來說,具有重大的意義。這種新式火炮幾經改進之後,便成為近代所有大型軍艦武器裝備中的重要部分。

把蒸汽機運用到軍艦上，是近代海軍的另一個突出的特點。西元 1804 年，美國人富爾頓（Robert Fulton）將蒸汽機應用於水上航行，建成「克勒蒙」號輪船，並於 3 年後在哈德遜河上正式試航。1811 年，英國仿造蒸汽輪船成功，並在內河和海上貿易方面開始使用。蒸汽艦的發展，經歷了三個階段：第一階段，是明輪蒸汽艦。這種艦具有航速快、進攻力強的優點，是任何帆力艦所不能相比的。但是，它有一個明顯的缺陷，就是全部發動機暴露在敵人直接瞄準的火力之下，成為極易命中的目標，只要一彈擊中，軍艦便無法開動了。第二階段，是輔助蒸汽機。螺旋推動器的發明，讓所有軍艦建成為蒸汽艦成為可能。1840 年代末，法國建造了第一艘使用螺旋推進器的軍艦，命名為「拿破崙」號。這艘軍艦改明輪為暗輪，同時還保持著帆力艦的特點，必要時能夠用帆力來節省用煤，因此對加煤站的依賴性要比明輪蒸汽艦小得多，這是一個優點。但是，由於它的功率太小，只有 600 匹馬力，所以在航速方面反而低於明輪蒸汽艦，這又是它的缺點。第三階段，是螺旋推進器蒸汽艦。1850 年代，英、法等國開始建造螺旋推進器蒸汽艦。1853～1856 年克里米亞戰爭，是海軍發展中的一座里程碑，進一步推動了軍艦製造上的根本性改革。「在這場戰爭中，不僅蒸汽動力證實了它是比風帆更為優越的推進力，而且爆破彈也展示了它的巨大穿透力，裝甲顯而易見將會變得必不可少。」[003]

　　從此，木殼軍艦逐步被帶有護甲的鐵甲艦或鋼殼軍艦所代替。到 1870 年代，帆力艦乃至明輪蒸汽艦基本上已被淘汰，而代之以螺旋推進器蒸汽艦了。

　　由於軍艦效能方面有了這些根本性的改進，海軍戰術的機動性大為提

---

[003]　佩姆塞爾（Helmut Pemsel）：《世界海戰簡史》（*A History of war at sea*），海洋出版社，1986 年，第 151 頁。

引言

高,作戰隊形也更富於變化,這是古代海軍只採取衝撞戰術和登艦協助戰術的時代所遠遠不能比擬的。與此同時,海軍策略概念有了更長足的發展。西元1840年,瑞士若米尼(Antoine-Henri Jomini)出版的《戰爭藝術概論》(Summary of the Art of War)一書,指出戰爭中克敵致勝之要訣,是必須牢固掌握主動權,及時把主力投到具有決定意義的地點,堅決實施進攻。並首次提出了擁有制海權的重要性和必要性。[004]1860年代末,德國希里哈(Rudolf von Scheliha)著《防海新論》,即本掌握制海權之原則,認為海戰中以優勢艦隊守住敵國海口,不容其軍艦出入,為最上之策。其後,奧地利阿達爾美阿撰《海戰新義》,明確使用「海權」一詞,並強調海戰中以實施進攻為尤要者。

後來,美國馬漢(Alfred Thayer Mahan)讀了若米尼的《戰爭藝術概論》,大受啟發,將書中所論述的戰爭原理應用於海軍策略,創立了「海權論」。[005]西元1890年,馬漢發表了他的第一本論述海權概念的書——《海權對歷史的影響(1660～1783)》(The Influence of Sea Power Upon History)。此書引用1660至1783年英、荷、法、西等西歐國家海上爭霸過程中的事件,闡明他的海權觀,即獲得制海權或控制了海上要衝的國家就掌握了歷史的主動權。[006]馬漢的海權論,對美國的外交政策、尤其是海軍的發展產生了巨大的影響。不僅如此,其他列強也將馬漢的著作視為經典,藉以推行以對外侵略擴張為目的的海軍建設計畫。

近代海軍在中國的產生和發展道路,完全不同於西方。近代海軍既是近代工業的產物,是資本主義生產力發展的結果,而中國沒有經歷資本主

---

[004] 若米尼:《戰爭藝術概論》,解放軍出版社,1986年,第48頁。
[005] 馬漢:《海軍戰路》,商務印書館,1994年,第16～17頁。
[006] 羅伯特・西格(Robert Seager):《馬漢》,解放軍出版社,1989年,第194頁。

義社會，所以近代海軍在中國的產生，並不是由中國社會生產力直接發展而來，而是向西方學習的一個成果。其實，早在鴉片戰爭以前，中國人對西方列強的堅船利炮已有初步的了解。西元 1820 年，《海錄》一書中，即對美國的輪船有所描述，謂其「火盛衝輪，輪轉撥水，無繁人力而船行自駛，其制巧妙莫可得窺」[007]。1832 年，《記英吉利》中對英國的堅船利炮的介紹更是詳盡而具體。[008] 但是使中國人真正感受到西方船堅炮利的威脅，還是鴉片戰爭。近人吳廷燮說：「時則歐洲諸邦，憑船堅炮利之用，蠶食南洋諸島，倚為外府，已與我閩、廣相接，而海軍之名始顯。道光庚子，海釁驟開，我水師器械之窳，船艦之舊，至是畢見。」[009] 的確，經過鴉片戰爭，當時先進的中國人痛切地理解到中國水師與西洋海軍之間相去天淵的嚴酷現實，所以林則徐才興起了建立近代海軍的構想，魏源才萌發了他的樸素海權概念。

與西方列強相比，中國之辦近代海軍，不僅起步甚晚，而且它的發展還經歷了一個漫長而曲折的過程。即使與幾乎同時起步的日本相比，兩國發展海軍的結果也迥然相異。如果以 1860 年代中期清政府設廠造船作為中國發展近代海軍的起點的話，那麼，到西元 1888 年北洋海軍正式成軍才算建立起一支在當時來說比較像樣的海軍艦隊。沒想到這支經過 20 幾年、花費鉅款艱苦締造的龐大艦隊，竟然仕僅僅 6 年之後便灰飛煙滅了。其興也緩而衰也忽，其成也難而敗也易！其故安在？

這讓後人留下了無盡的思考，並使其試圖尋求合乎歷史實際的解釋和答案。

---

[007] 《小方壺齋輿地叢鈔》第 11 帙，《海錄》一五，杭州古籍書店 1985 年影印本，第 14 頁。
[008] 魏源：《海國圖志》卷三五，道光二十七年揚州刻重訂 60 卷本，第 6～7 頁。
[009] 吳廷燮：《〈海軍實記〉書後》，《北洋海軍資料彙編》(下)，中華全國圖書館文獻縮微複製中心 1994 年版，第 1331 頁。

引言

中國遲至晚清時才創辦海軍，它和中國社會的近代化過程是同步的。更準確地說，中國社會的近代化過程是以建立近代造船工業為起點的。所以，近代海軍的產生和發展是中國近代化運動的一個主要內容和重要組成部分。只有將海軍的產生和發展放在近代化的整個過程中而不是單獨地、孤立地進行考察，才可能對它的成敗和興衰做到真正確切的了解。可以這樣說，如果不認真研究晚清海軍興衰的歷史，也就不可能深刻理解中國近代化的歷程，並進而科學地總結其歷史經驗教訓。以史為鑑，可知興替。因此，我認為，對我們今天來說，繼續研究這段歷史仍然有著十分重要的理論價值和實踐意義。

不過，晚清海軍史研究是一個龐大的課題，也是一個十分廣闊的領域。其中既有許多問題尚存在不同理解，有待於研究者深化研究；也有一些空白還長期無人涉足，寄望於研究者積極耕耘。本書只是根據筆者長期探求所得，奉獻出個人的點滴管見，希望能夠有助於推動晚清海軍史的進一步研究和討論。限於筆者掌握的資料和理解程度，書中難免有粗疏不當之處，盼望讀者給予指教與指正。

本書在寫作過程中，得到許多朋友的關心和支持。臺灣師範大學王家儉教授，是著名的中國近代海軍史專家，對本書的寫作尤為關注，特為本書第五章提供了〈中日長崎事件〉、〈琅威理辭職風波及其後果〉兩篇文稿，其資料之詳實和分析之透闢，的確令人嘆服，並大為本書生色。借此機會，我在這裡向王家儉先生和那些曾經關懷、幫助我的朋友們表示真誠的謝意。

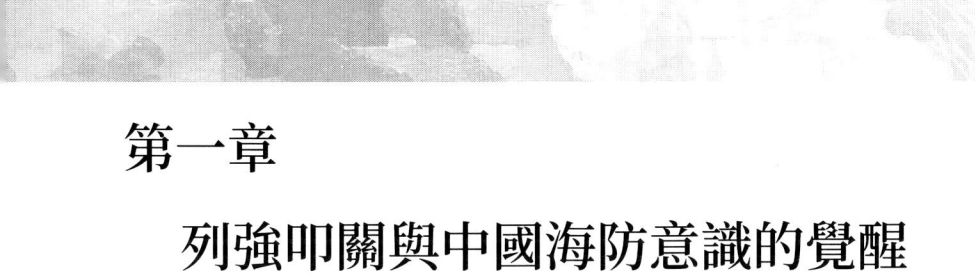

第一章
列強叩關與中國海防意識的覺醒

第一章　列強叩關與中國海防意識的覺醒

第一節　粵洋海戰：中英初次海上衝突

一　林則徐整頓海防

中國本來沒有近代海軍。清朝只有舊式水師，分布於內河和外海。由於清政府長期實行閉關鎖國政策，因此外海水師不是用來抗禦入侵之外敵，而是用於「防守海口，緝捕海盜」[010]。海軍是近代工業的產物，也是資本主義生產力發展的成果。中國沒有經歷資本主義社會，所以海軍在中國的產生，並不是中國社會生產力直接發展的結果。船堅炮利的海軍乃西方國家的「長技」。英國發動鴉片戰爭，憑船堅炮利之用，轟開了閉關鎖國的中國的大門，才使中國人第一次知道了近代海軍之為物。

英國走私鴉片的飛剪船

---

[010]　《清史稿》卷一三五〈志一一〇·水師〉，中華書局，1976年，第3981頁。

第一節　粵洋海戰：中英初次海上衝突

在鴉片戰爭之前，西方海軍還處在由早期軍艦向蒸汽艦過渡的階段，蒸汽機尚未普遍運用到軍艦上，經過改進的帆艦即三桅夾板船成為英國海軍的主要作戰艦隻。當英國人把蒸汽艦和三桅夾板船駛近中國的大門時，中國的舊式師船為之黯然失色。對此，左宗棠說：中國海船「日見其少，其僅存者船式粗笨，工料簡率。海防師船尤名存實亡，無從檢校，致泰西各國群起輕視之心，動輒尋釁逞強，靡所不至」。「藩籬竟成虛設，星馳飆舉，無足當之。」[011] 很顯然，面對英國侵略者堅船利炮的凌逼，清政府所採取的閉關鎖國的消極海防政策已經無濟於事了。

英艦之叩關，是英國在遠東實行擴張政策的必然結果。鴉片戰爭剛好是英國對華鴉片侵略的合乎邏輯的發展。早在1720年代，英國開始向中國輸入鴉片之後，很快成為對華鴉片貿易的最主要國家。

1830年代初，英國走私輸入中國的鴉片已達近2萬箱。迄於鴉片戰爭前夕，為時不到10年，更增加到4萬多箱，占英國對華貿易額的50%以上。鴉片貿易成為英國資產階級原始資本累積的一種重要方式。鴉片在中國的泛濫，進一步加深中國封建社會的危機，大幅地動搖清朝封建統治的基礎。

西元1839年3月，林則徐以欽差大臣到廣州查禁鴉片。他赴任時，友人龔自珍鄭重地向他提醒：「無武力何以勝之？」[012] 但「蠻煙⸱掃海如鏡」[013] 的崇高愛國埋想，使林則徐義無反顧，早將禍福生死置之度外，毅然赴粵就任。他蒞任後，《澳門月報》的一位記者拜見他，「提起戰爭，他

---

[011]　中國史學會主編：《洋務運動》(中國近代史資料叢刊)(一)，上海人民出版社，1961年，第5、19頁。
[012]　《龔自珍全集》上冊，中華書局，1959年，第170頁。
[013]　鄭麗生校箋：《林則徐詩集》，海峽文藝出版社，1987年，第405頁。

第一章　列強叩關與中國海防意識的覺醒

僅有的回答是：『我們不怕戰爭！』」[014] 林則徐之所以不怕英國侵略者的戰爭威脅，並不是單純憑個人的一片愛國之心，而是建立在大量調查研究和充分了解敵情的基礎之上。

林則徐

由於長期閉關政策的影響，通常封建士大夫對於中國以外的世界是毫無所知的。西方報刊評論說：「中國官府全不識外國之政事，又少有人告知外國事務，故中國官府之才智誠為可疑，中國至今仍舊不知西邊。」、「如在廣東省城，有許多大人握大權，不知英吉利人並美利堅人之事情。」並指出：「林（則徐）行事全與上相反。」[015] 林則徐也評論當時的文武官吏：「不諳夷情，震於英吉利之名，而實不知其來歷。」[016] 他深知要戰勝敵人就必須先了解敵人。據時人稱：「林則徐自去歲至粵，日日使人刺探西事，翻譯西書，又購其新聞紙。」[017] 林則徐所蒐集和了解的外事，所涉及的

---

[014] 馬士：《中華帝國對外關係史》，卷一，三聯書店，1957年，第288頁。
[015] 齊思和等編：《鴉片戰爭》（中國近代史資料叢刊）（二），新知識出版社，1955年，第411～412頁。
[016] 《林則徐集》，奏稿中，中華書局，1965年，第649頁。
[017] 《魏源集》上冊，中華書局，1983年，第174頁。

第一節　粵洋海戰：中英初次海上衝突

範圍很廣，凡屬政治、經濟、軍事、法律、地理等等，皆在探訪之內。根據所掌握的敵情和同外國侵略者直接打交道而累積的經驗，他不但理解敵人「外則桀驁」、「內實恇怯」[018]，增強了對敵鬥爭的信心，而且對敵人的軍事實力也有了比較清楚的猜測，做到了胸中有數。於是，便著手整頓海防，以迎擊來犯之敵。

廣東省海岸蜿蜒曲折，為中國海岸線最長的省分之一，而珠江口內虎門一帶實為咽喉要隘。鴉片戰爭以前，這裡歷年來修建的炮臺共有 10 座，安設大砲約 200 門。但是，這些炮臺不是形勢偏狹，就是射程太近，炮火不能得力。有的炮臺因選址和設計有問題，地勢過高，炮子易於冒過船頂，根本不能打擊敵人。更有甚者，多數炮臺原建牆堆單薄，殊難防守。廣東水師提督關天培計劃在此創設鐵鏈木排兩道，以固防守，而以經費不足，工程拖延甚久。林則徐視事後，為了加強沿海防禦設施，積極支持關天培的計畫，除增修加固原有的炮臺之外，又使鐵鏈木排工程得以竣工。並且新建靖遠炮臺一座，設置火炮 60 門。還特購洋炮 200 門，增排兩岸。這樣，虎門要塞共設置火炮 300 多門。添建增修炮臺和創設排鏈兩項工程竣工後，林則徐奏稱：「演試銅鐵火炮，炮子均能遠及對岸山根。設有不應進口之夷船妄圖闖入，雖遇順風潮湧，駕駛如飛，一到排練之前，勢難繞越。即謂夷船堅厚，竟能將鐵鏈衝開，而越過一層尚有一層阻擋。就令都能闖斷，亦已羈絆多時，各臺炮火連轟，豈有不成灰燼之理？」[019] 其後，因尖沙嘴（咀）、官湧兩地形勢險要，各建炮臺一座，共安大炮 50 門。經過這番布置，廣東沿海的防禦力量大為增強。

在加強沿海防禦措施的同時，林則徐還整頓廣東水師。他抵粵後，目

---

[018]　《籌辦夷務始末》（道光朝）卷六，中華書局，1964 年，第 173 頁。
[019]　《林則徐集》，奏稿中，第 643～644 頁。

第一章　列強叩關與中國海防意識的覺醒

睹清朝軍備廢弛的狀況,深知水師必須整頓,否則難以禦敵。他理解到英人擅長海戰,船堅炮利是其「長技」,「船炮乃不可不造之件」[020]。因此,他一面積極蒐集洋船式樣,進行造船的準備,一面開始購買西船。林則徐購買西船的目的,是用來演習進攻敵艦,以提高水師的戰鬥力。據時人記述,他「購洋船為式,使兵士演習攻首尾、躍中艙之法。使務乘晦潮,據上風,為萬全必勝計」。此後,他還親自校閱水師,「號令嚴明,聲勢壯甚」[021]。當時,林則徐對抗擊侵略者充滿了勝利信心,作詩道:「森森寒芒動星斗,光射龍穴龍為愁。蠻煙一掃海如鏡,清風長此留炎州。」[022] 連敵方的記載也承認:「林檢閱新海軍,對新軍頗懷信心,以為可以用來掃蕩英艦。」[023]

經過林則徐的認真整頓,廣東沿海一帶的防禦和水師的戰鬥力都大為加強了。

二　粵洋七捷

英國發動侵略中國的鴉片戰爭,並非歷史的偶然,而是其爭霸世界的重要步驟。到1830～1840年,英國已發展為世界最強大的資本主義國家,在西方列強對遠東的爭奪中處於最有利的地位。其遠東擴張政策與清政府實行的閉關鎖國政策產生了尖銳的衝突,所以便決定用砲艦轟開中國的大門。

早在西元1832年,英國採取「兵賈相資」[024]的侵略政策,決心用武

---

[020]　楊國楨編:《林則徐書簡》(增訂本),福建人民出版社,1985年,第132頁。
[021]　《魏源集》上冊,第174頁。
[022]　《林則徐詩集》,第405頁。
[023]　《鴉片戰爭》(叢刊五),第56頁。
[024]　魏源:《海國圖志》(重訂60卷本)卷二四〈大西洋總敘〉,第1頁。

第一節　粵洋海戰：中英初次海上衝突

力向中國輸入鴉片。並派胡夏米（Hugh Hamilton Lindsay）等人至中國沿海進行偵察活動。到1839年，胡夏米致書英國外交大臣巴麥尊（Henry John Temple, 3rd Viscount Palmerston），提出一份武裝進攻中國的計畫。

他叫囂說：「只要一支小小的海軍艦隊，就萬事皆足了。我樂於看到從英國派出一位大使，去和印度艦隊的海軍司令聯合行動。」[025]西元1838年7月中旬，英國東印度艦隊總司令馬他倫（Frederick Lewis Maitland）海軍少將派巡洋艦「窩拉疑」號等駛向中國，一則以武力保護鴉片走私，一則伺機挑釁，以發動對中國的侵略戰爭。這樣，鴉片戰爭的爆發也就迫在眉睫了。

林則徐從西元1839年3月10日抵廣州就任，到1840年10月20日離職，歷時1年零7個多月，在粵洋同英國艦隊共進行了7次交鋒。

第一次：九龍洋之戰，時在西元1839年9月4日。

早在數月以前，英國侵略者就開始不斷地進行挑釁活動。1939年6月24日，英船在伶仃洋海面藉口慶祝英王壽誕之日，開炮擊傷中國水師船。7月7日，英船將保護了毆斃尖沙嘴（咀）村民林維喜的英國水手，抗不交凶。8月7日，一群英國鴉片販子頭目在倫敦聚會，要求英國政府發動侵華戰爭。巴麥尊向他們透露了內閣侵略中國的意圖：「政府要採取強硬行動，派出足量的海軍，教中國感覺得到海軍的威脅。」[026]8月31日，裝備24門大炮的巡洋艦「窩拉疑」號來到中國海面。此時，到達廣東水域的英國艦隊有戰艦16艘、武裝火輪4艘，以及運兵船1艘和其他運輸船27艘，於是便於4天後挑起了九龍洋之戰。

9月4日中午，英國艦艇5艘駛抵九龍洋面，其中1艘以「買食」為藉

---

[025]　列島編：《鴉片戰爭史論文專集》，人民出版社，1990年，第39頁。
[026]　嚴中平：〈英國鴉片販子策劃鴉片戰爭的幕後活動〉，《近代史資料》1958年4期。

第一章　列強叩關與中國海防意識的覺醒

口，靠上中國師船遞送稟帖。大鵬營參將賴恩爵以水師提督關天培有令，此前毆斃林維喜凶犯未交，退還其稟。下午兩點半，英艦「窩拉疑」號艦長史密斯（Henry Smith）突然下令，出其不意向中國師船開火。記名外委歐仕乾正彎身料理軍械，猝不及防，胸部被彈擊穿，仆地不起。賴恩爵見英艦來勢凶猛，即令水師各船和炮臺發炮還擊，「擊翻雙桅夷船一只，在漩渦中滾轉，夷人紛紛落水」。下午5時，其他英艦開進海灣增援，中國士兵奮勇對敵，連放大砲，「打得頑強而非常準確」。許多英國侵略兵「應聲而倒」，「劍橋」號船長道格拉斯（Douglas）也「被打穿了胳膊」。[027]戰至下午六點半，英艦見進攻不利，被迫退回尖沙嘴（咀）海面。據稟報：戰後「夷人撈起屍首就近掩埋者，已有十七具。又漁舟迭見夷屍隨潮漂淌，撈獲夷帽數頂。並查知假扮兵船之船主道格拉斯手腕被炮打斷，此外夷人受傷者尤不勝計」。對於這次海戰的勝利，林則徐奏稱：「查英夷欺弱畏強，是其本性，向來師船未與接仗，只係不欲釁自我開，而彼轉輕視舟師，以為力不能敵。此次乘人不覺，膽敢先行開炮，傷害官兵。一經奮力交攻，我兵以少勝多，足使奸夷膽落。」[028]當時，曾經參加這次海戰的侵略分子供認，九龍洋之戰是英國蓄意挑起的，並且得到了應有的懲罰。他說：「我希望我絕對不再參加這種戰鬥。從這次戰鬥裡，我們已經被揍得很夠受的了。」[029]

九龍洋之戰，是英艦正式叩關之始，也是近代中國人民反侵略戰爭的第一戰。鴉片戰爭就是從這次海戰開始的。初戰告捷，成為林則徐往後主導的一系列反對英國侵略的戰爭勝利的開端。

---

[027]　嚴中平：〈英國鴉片販子策劃鴉片戰爭的幕後活動〉，《近代史資料》1958年4期。
[028]　《籌辦夷務始末》（道光朝）卷八，第225頁。
[029]　嚴中平：〈英國鴉片販子策劃鴉片戰爭的幕後活動〉，《近代史資料》1958年4期。

第一節　粵洋海戰：中英初次海上衝突

第二次：穿鼻洋之戰，時在西元 1839 年 11 月 3 日。

九龍洋之戰後，英國侵略者並未放棄武力進攻計畫，而是採取緩兵之計，以便為發動第二次進攻預作準備。英國商務監督義律（Charles Elliot）海軍大佐偽裝恭順，至澳門向同知蔣立昂遞一說帖，自稱：「唯思義律在粵有年，每奉本省大憲札行辦事，無不認真辦理，而此次豈有別心乎？蓋義律所求者，唯欲承平各相溫和而已。」[030] 對此，林則徐指出：「第自謂認真辦事，而竟潛賣鴉片，庇匿凶夷；自謂豈有別心，而以索食為名，先行開炮，是其言又安可遽信？」[031] 事實就是如此。10 月 1 日，英國內閣會議決定續派艦隊來華增援，並由巴麥尊以密函通知義律。原先林則徐收繳鴉片時，曾飭令洋商具結，保證今後不夾帶鴉片。1 月 15 日以後，英船「擔麻士葛」號和「皇家薩克遜」號先後遵式具結，於虎門、黃埔兩處分別查驗，「實無夾帶鴉片情弊，當即妥為帶引，許其開艙，照常貿易」[032]。義律怕其他英船群起效之，便於 10 月 20 日通知各英商不許具結，不惜以武力禁阻，遂挑起了這次海戰。

11 月 3 日中午，英國貨船「皇家薩克遜」號正報入口，突然英艦「窩拉疑」號和「海阿新」號駛至穿鼻洋，將已經具結的貨船追令折回，不得進口。當時，水師提督關天培督率師船在穿鼻洋面來往稽查，聞而詫異，正查究間，「窩拉疑」號忽開大砲，發起攻擊。關天培即令木船官兵開炮回擊，後船協力進攻。「窩拉疑」號艦長史密斯「恃其船堅炮利」，且奉有義律採取果斷行動之命令，向中國師船發炮猛轟。

---

[030]　《林則徐集》，公牘，第 137 頁。
[031]　《林則徐集》，奏稿中，第 685 頁。
[032]　《籌辦夷務始末》（道光朝）卷八，第 235 頁。

第一章　列強叩關與中國海防意識的覺醒

中國水師與英國海軍在穿鼻洋面上激戰的畫面

關天培親自挺立桅前，自拔腰刀，執持督陣。炮戰中，廣東水師有三船受傷，「漸見進水，勢難遠駛」，各船兵丁死 15 人，傷多人。關天培手面擦傷，皮破見紅，仍然奮不顧身，執刀屹立，指揮本船所載 3,000 斤銅炮，首先打中「窩拉疑」號船頭，繼又「對準連轟數炮，將其頭鼻打斷，船頭之人紛紛滾跌入海」。水師提標左營游擊麥廷章「督率弁兵連轟兩炮，擊破該船後樓，夷人亦隨炮落海，左右艙口間有打穿」。只因英艦構造堅固，「受傷只在艙面，其船旁船底皆整株番木所為，且全用銅包，雖炮擊亦不能遽透」，故此不致被沉。戰至下午 1 點多，「窩拉疑」號「帆斜旗落，且禦且逃」，「海阿新」號也「隨同遁去」。[033]

穿鼻洋之戰是因英艦首先開炮而引起的，中國師船武器裝備雖處於劣勢，但在關天培的指揮下，仍能以弱抵強，重創敵人。「收軍之後，經附近漁艇撈獲夷帽二十一頂，內兩頂據通事認係夷官所戴。並獲夷履等件。

---

[033]　《籌辦夷務始末》(道光朝) 卷八，第 238～239 頁。

第一節　粵洋海戰：中英初次海上衝突

其隨潮漂泊者，尚不可以數計。」[034] 這次海戰的結果，又是以侵略者的失敗而告終。

第三次：官湧山之戰，時在西元 1839 年 11 月 4 日至 13 日。

英艦從穿鼻洋敗竄後，便藏於尖沙嘴（咀）洋面。林則徐早已有見於此，指出：「該夷所泊之尖沙嘴（咀）洋面，群山環抱，浪靜風恬，奸夷久聚其間，不唯藏垢納汙，且等負嵎縱壑，若任其據為巢穴，貽患何可勝言？」及「窩拉疑」號在穿鼻洋被創逃回後，仍在此處停泊修理。林則徐認為：「實難容其負固，又奚恤其覆巢？」便決定在尖沙嘴（咀）一帶紮營防範。而據派防官員稟稱：「尖沙嘴（咀）迤北，有山梁一座，名曰官湧，恰當夷船脊背之上，俯攻最為得力。」他當即「飭令固壘深溝，相機剿辦」。英艦正在洋面修理，「見山上動作，不能安居，乃糾眾屢放三板，持械上坡窺探」。駐紮官湧山的增城營參將陳連升等「派兵截拿，打傷夷人二名，奪槍一桿，餘眾滾巖逃走，遺落夷帽數頂」[035]。

敵人知中國方面加強尖沙嘴（咀）一帶的防守，勢必使英艦在近海無存身之處，便決定攻占官湧山炮臺。從 11 月 4 日到 13 日的 10 天間，共發動了 5 次進攻[036]，都遭到失敗。這 5 次作戰情況如下：

11 月 4 日，敵人利用夜幕的掩護，將「夷船排列海面，齊向官湧營盤開炮，仰攻數次。我軍紮營得勢，炮子不能橫穿，僅從高處墜下。計拾獲大砲子十餘個，重七八斤至十二斤不等」。中國守軍開炮回擊，將英艦擊退。

---

[034]　《籌辦夷務始末》（道光朝）卷八，第 238 頁。
[035]　《籌辦夷務始末》（道光朝）卷八，第 239～240 頁。
[036]　一般論著皆認為尖沙嘴（咀）之戰英軍共進攻 6 次，其根據是林則徐的奏稿：「計官湧一處，旬日之內大小接仗六次，俱系全勝。」（《林則徐集》，奏稿中，第 704 頁）但林則徐是把敵人「持械上坡窺探」一次也計算在內。實際上，這還稱不上一次進攻。

第一章　列強叩關與中國海防意識的覺醒

　　11月8日，英國改變戰術，先用大船從正面炮擊，而小船從側面包抄，「乘潮撲岸，有百多人搶上山岡，齊放鳥槍」。中國守軍增城右營把總劉明輝等「率兵迎截，砍傷、打傷數十名，夷人披靡而散，帽履刀鞘遺落無數。次日，望見沙灘地上掩埋夷屍多具」。

　　11月9日，英艦又駛近官湧山以東的胡椒角，「開炮探試」。駐守該處之陸路提標後營游擊德連飭令「大砲、抬炮一齊回擊」，英艦「受傷而走」。

　　11月11日，中國守軍準備驅走敵船。林則徐知道敵人迭次滋擾，絕不會善罷甘休，便增派200名士兵前往助守。鑑於官湧山炮臺「既占地利，必須添安大砲數位，方可致遠攻堅」，他又與關天培商議，「挑撥得力大砲六門，解往以資轟擊」。札飭駐守九龍的參將賴恩爵等「就近督帶兵械，移至官湧，併力夾擊」。部署已畢，各將領齊至官湧營盤會議，商定各認山梁，安設炮位，分5路進攻，以鄉勇前後策應。

　　11日下午，英艦望見官湧營盤安炮，便趕裝砲彈，準備搶先進攻。入夜後，開始向官湧山炮臺炮擊，連放數炮。中國軍隊「五路大砲重疊發擊，遙聞撞破船艙之聲，不絕於耳。該夷初猶開炮抵拒，迨一兩時後，只聽咿啞叫喊，竟無回擊之暇。各船燈火一齊滅息，棄碇潛逃」。「天明瞭望，約已逃去其半，有雙桅三板一只在洋面半沉半浮，餘船十餘只退遠停泊，所有篷扇、桅檣、繩索、槙具，大都狼藉不堪。」

　　11月13日，英艦向官湧山炮臺發動第5次進攻。前一天，中國守軍探知，之前被打斷手腕的道格拉斯所在的「劍橋」號、毆斃林維喜的凶手所在的「多利」號兩艘英船，尚欲潛圖報復。於是，各將領密約：「故作虛寂之狀，待其前來窺伺，正可痛剿。」13日下午，英艦「多利」號和「劍橋」號「潛移向內，漸近官湧，後船十餘只，相隨行駛」。守軍瞭見，「約

第一節　粵洋海戰：中英初次海上衝突

計炮力可到，即齊放大砲，注定頭船攻擊」，有兩炮打中「多利」號船艙，「擊倒數人，且多落海漂去者。其在旁探水之夷劃一只，亦被擊翻。後船驚見，即先折退」。「多利」號「尤極倉皇遁去」。

官湧山之戰的勝利，意義十分重大。對此，林則徐奏稱：英船「年來改泊尖沙嘴（咀），只於入口之先，出口之後，暫作停留，尚無妨礙。今歲占泊日久，儼有負固之形，始則抗違，繼則猖獗，是驅逐由其自取，並非釁自我開。此次剿辦之餘，於澳門既不能陸居，於尖沙又不能水處」[037]。經過此戰之後，英艦再也不敢靠近尖沙嘴（咀）洋面，因「恐我乘夜火攻，又水泉皆下毒，無可汲飲，遂宵遁外洋」[038]。

第四次：銅鼓洋之戰，時在西元 1840 年 2 月 29 日。

官湧山之戰後，林則徐向道光皇帝陳述對英國侵略者的兩條方針：第一條是，英人若放棄侵略，「苟知悔悟，盡許回頭」。道光硃批曰：「不應如此，恐失體例。」第二條是，英人若「尚以報復為心，則堅壘固軍，靜以待之，亦自確有把握。」朱批曰：「雖有把握，究非經久之謀。」至於貿易方面，林則徐提出：「與其開門揖盜，何如去莠安良？而良莠之所以分，即以生死甘結為斷。」、「奉法者來之，抗法者去之，實至公無私之義。」朱批曰：「所見甚是，而所辦未免自相矛盾矣。」林則徐又進一步說明：「凡外夷來粵者，無不以此為衡，並非獨為英吉利而設。此時他國貨船，遵式具結者許其進埔；即英國貨船，亦不因其違抗於前，而並阻其自新於後。」並以具結之「皇家薩克遜」號為例，對其船主「面加慰諭，該夷感激涕零」。朱批曰：「恭順抗拒，情雖不同，究係一國之人，不應若是辦理。」道光皇帝的這些硃批，說明他在官湧山之戰勝利後，對形勢產生了錯誤的

---

[037]　以上引文均見《籌辦夷務始末》（道光朝）卷八，第 240～242 頁。
[038]　《魏源集》上冊，第 172 頁。

第一章　列強叩關與中國海防意識的覺醒

估計。這不能不為清廷的決策帶來重大的影響。果然，西元 1840 年 1 月 3 日，林則徐奉到廷寄：「著林則徐等酌量情形，即將英吉利國貿易停止。所有該國船隻，盡行驅逐出口，不必取具甘結。」[039] 中英兩國間的正式貿易遂告中斷。

自斷貿易後，英國貨船先後到者數十艘，皆不得入口，便起碇揚帆，駛出老萬山，「多觀望流連，寄泊銅鼓洋海面，不肯離去。而粵洋漁船、蛋艇亡命之徒，貪薪蔬之厚值，並以鴉片與之貿易，趨者若鶩」[040]。林則徐認為：「此又斷具貿易之後，更出一種私弊。」[041] 便與關天培密商，採取剿除的措施。

行動前，林則徐先制定了「以守為戰，以逸待勞」的正確作戰方針。他指出：「若令師船整隊而出，遠赴外洋，併力嚴驅，非不足以操勝算，第洪濤巨浪，風信靡常，即使將夷船盡數擊沉，亦只尋常之事。而師船既經遠涉，不能頃刻收回，設有一二疏虞，轉為不值，仍不如以守為戰，以逸待勞之百無一失也。」還與關天培合議，採取「以奸治奸，以毒取毒」的辦法：「將平時所裝大小火船，即僱漁、蛋各戶，教以如何駕駛，如何點放，每船領以一二兵弁，餘皆僱用此等民人以為水勇，先赴各洋島澳分投埋伏，候至夜深，檢視風潮皆順，即令一齊放出，乘勢火攻，將此等環護夷船各匪船，隨燒隨拿。許以燒得一船，即給一船之賞；如能延燒夷船，倍加重賞。」

2 月 29 日凌晨 2 時左右，在夜色籠罩下突然實行火攻，兵分 4 路，駛向銅鼓洋海面，「將近夷船寄碇之處，出其不意，一齊發火，復將噴筒火

---

[039]　《籌辦夷務始末》（道光朝）卷八，第 242～243 頁。
[040]　《魏源集》上冊，第 173 頁。
[041]　《籌辦夷務始末》（道光朝）卷一〇，第 278 頁。

第一節　粵洋海戰：中英初次海上衝突

罐，乘風拋擲，燒毀屠牛換土之大海船一只，買運煙土之鱧船一只，大扒船一只，蝦筒辦艇三只，雜貨料仔艇一只，賣果子糕餅之扁艇十五只。又將夷船高頭三板前後延燒，該夷駕駛逃開，撲救漸息，未經沉沒。又燒毀海中沙灘所搭篷寮六處」[042]。這次火攻非常成功，「洋船帶火倉皇開避，我兵勇乘潮急還，無一傷者」[043]。林則徐稱此戰「不唯足懾漢奸之心，亦可以寒英夷之膽」[044]。

第五次：磨刀洋之戰，時在西元 1840 年 6 月 9 日。

自英船遭到火攻後，雖懼火船焚燒，然因「夷埠新舊煙土，存積纍纍，不肯輕棄，是以減跌價值，用三桅大船滿載而來」，「只在外洋往來游奕，此東彼西，總無定處。日則暗放三板，分運煙土，引誘奸民，零星賤賣；夜則拋錨寄碇，並招集辦艇環護，支更瞭望，以防我兵火攻」。於是，林則徐與關天培函商，「以夷船最畏焚燒，仍唯以所畏者設法制之」。關天培遂委派副將李賢等，先「分帶兵勇四百餘名，暗伏島澳，並多僱素諳夷語線民，假裝濟夷辦艇，作為內應」。

布置既定，中國師船再次發起火攻。6 月 9 日凌晨，趁夜半月落時候，「各隊火船移近磨刀外洋夷船聚泊處所，占住上風，出其不意，火船闖進焚燒，各線民亦於假裝辦艇內，同時縱火。有巴厘夷船上身穿白衣英夷，持械跳出，經外委盧麟揮令水勇方亞早等，奮力殺斃四人，其餘夷眾連船全行燒毀。各將備督率把總潘永鰲、楊雄超等，乘夷船亂奔之際，將火箭、火罐、噴筒等物紛紛拋擲，又將載有煙箱之夷船燒毀一只。另有夷船一只，桅帆著火，棄碇駕逃，經夷眾將火撲滅。先後延燒大小辦艇十一

---

[042]　《籌辦夷務始末》（道光朝）卷一〇，第 277 ～ 279 頁。
[043]　《魏源集》上冊，第 174 頁。
[044]　《籌辦夷務始末》（道光朝）卷一〇，第 279 頁。

第一章　列強叩關與中國海防意識的覺醒

只,又燒毀近岸篷寮九座。其衝突竄逃各夷船,彼此撞碰,叫喊不絕,夷人帶傷跳水,燒斃、溺斃及被煙毒迷斃者不計其數」。

戰後,林則徐奏稱:「此次英夷猝遭焚剿,傷斃已多,而都魯一船上帶兵之夷官卒治厘亦在該船病斃。並查悉夷兵吸水,患病者甚眾。似此頻經受創,當亦共知天朝重地,非麼魔異類所可玩法偷生。」這次火攻取得了較大戰果。道光皇帝硃批曰:「所辦可嘉之至!」[045]

2月29日和6月9日兩次火攻,使英國侵略者連續遭到損傷,從此不敢駛近廣東海口。「夷船盤旋洋外,只要口無隙可乘,坐待非計,遽駛三十一艘赴浙江。」[046] 7月5日,英軍襲取了定海。由於戰爭形勢的變化,道光的立場發生了根本性的變化,開始重用投降派,並毫無道理地將定海失守的責任歸咎於林則徐。在處境極為艱難的情況下,林則徐仍然嚴加戒備,又連續打退了敵人的兩次進攻。這就是林則徐指揮的廣州近海的第六、第七兩次作戰。

第六次:關閘之戰,時在西元1840年8月19日。

自英軍占領定海後,英艦在廣東海面漸趨活躍,有伺機攻襲之意。林則徐一面續調軍隊,一面僱船募勇,進行迎戰準備。8月17日,他親赴獅子洋校閱水師,演放大小炮位,拋擲火球、火罐,撒放火箭、噴筒,以及爬桅、跳船各技。士氣極為高漲,無不敵愾同仇。他在致友人書中高興地寫道:「爭先嚮往之慨,似亦足張吾軍。」[047] 兩天後,英艦便向關閘發起了炮攻。

8月19日下午2時,英艦乘東風潮漲之際,暗放舢板10餘艘與火輪

---

[045] 以上引文均見《籌辦夷務始末》(道光朝)卷一一,第315～317頁。
[046] 梁廷枏:《夷氛聞記》卷二,文海出版社影印本,第27頁。
[047] 《林則徐書簡》,第117頁。

第一節　粵洋海戰：中英初次海上衝突

船 1 艘，由九洲外洋駛到澳門北面的關閘一帶，突然開炮。關閘在蓮花峰腳下，係前山營至澳門的必經之路，兩邊皆海，中有天然甬道，豎一關門，設汛把守，稽查往來。此處雖然險要，因其「為華夷交涉處所，向無官建炮臺」。故英軍志在必得。中國防軍「瞭見夷兵船突如其來，即時開炮迎擊。因該逆火船相距較遠，其三板易於轉動，見岸上炮口所向，彼即閃避，故甫經交鋒之頃，夷船被炮者無多」。於是改變戰術，將防兵分為 3 支：一支由南而北；一支由北而南；一支在中間往來接應。另派師船駛至青洲海面，水陸夾擊。戰至傍晚時分，「將夷船前後桅舵打傷，並擊沉三板數只，炮斃逆夷落水者不計其數。復有續至夷船趕來助勢，經香山水師兵丁羅名贊、曾有良、麥朝彪三人連轟數炮，立斃夷兵目一人及夷兵十餘名。夷船且戰且逃，至戌刻俱向九洲大洋竄去」[048]。

第七次：礬石洋之戰，時在西元 1840 年 8 月 31 日。

關閘之戰後，英艦陸續東駛，間有竄至伶仃洋以北之礬石一帶洋面游弋。林則徐與關天培相商，應飭師船主動攻擊，不能株守一處。

於是，「鼓勵各船兵勇，整隊出洋，探蹤迎擊」[049]。當時，林則徐已屢次受到道光的申飭，而且清廷已允英方要求，以「查禁菸土，未能大公至正之意，以致受人欺矇，措置失當」[050] 之名，重治林則徐之罪。

林則徐知道將不久其位，便決定對游弋於礬石洋面的英艦伺機發動攻擊。他說：「得手與否，唯視此一舉矣！」[051]

8 月 31 日清晨 6 時左右，巡洋師船先在冷水角發現英軍火輪船一艘，

---

[048]　《林則徐集》，奏稿中，第 875 頁。
[049]　《林則徐集》，奏稿中，第 876 頁。
[050]　《籌辦夷務始末》（道光朝）卷一二，第 387 頁。
[051]　《林則徐書簡》，第 123 頁。

第一章　列強叩關與中國海防意識的覺醒

駛至龍鼓面海面。林則徐聞報,「即令快艇及原僱拖風各船,先往追躡,各放炮火,擊其船腰,該火輪船即刻逃去」。隨後,又探得龍穴西南有英艦一艘,其東面又有英艦4艘和舢板5艘,師船跟蹤而至。候選都司馬辰所在之船,最先靠近英船「架歷」,「連開三千斤銅炮二門,將其前面頭鼻打壞,其船上拉繩之人紛紛喊嚷,滾跌落海。該船先猶開炮回拒,彈如星飛,有炮子嵌入師船頭桅,量深五寸。迨被我師攻敗,傷斃多人,夷眾手忙腳亂,僅放空炮」。此時,有其他英船趕來救護,「又經師船開炮轟擊,斷其繩纜,不能駛進。唯於我師回擊他船之際,架歷船即乘隙隨潮南竄。時已昏黑,不及窮追,當將各船收回」。當晚,見有英兵屍體數十具隨潮漂去。海戰後,英軍撈獲屍具,在磨刀山根埋葬,內有夥長1名,炮手3名,士兵11名。林則徐稱此戰是「小挫其鋒,尚未大獲勝仗」[052]。

總之,林則徐在廣東期間,共在近海與英國侵略者作戰7次,都程度不同地獲得了勝利。他帶領廣東軍民英勇抗擊外敵的入侵,為保衛中國南海疆域做出了貢獻,在中國近代史上留下了光輝的開篇。

第二節　開風氣之先:近代海防運動的興起

英國侵略者所發動的鴉片戰爭,一方面憑船堅炮利之用,轟開了長期閉關鎖國的中國的大門;一方面讓中國人了解海軍為何物。於是,當時一些中國人開始萌發了建立海軍的觀念,林則徐即其代表人物。在林則徐的倡導下,一些有識之士起而應之,中國東南沿海各省廣東等紛紛開始造船。這就是中國近代史上的第一次海防運動。

---

[052]　《籌辦夷務始末》(道光朝)卷一六,第550頁。

第二節　開風氣之先：近代海防運動的興起

從西元1840年開始，廣東便有不少愛國人士自動出資造船。如紳士許祥光捐款造船2艘，左右設槳64支，輕捷便利。此船在工藝上倒是花了功夫，但不能到外海作戰，所以無助於海防建設。

在當時來說，造船比較有成績的有以下數例：

廣州鹽茶商、在籍刑部郎中潘仕成所造戰船，身長13丈3尺2寸，船寬2丈9尺4寸，船底用銅片包裹。船艙分3層，中層兩旁安大炮20門，船尾安大炮2門，自2,000斤至3,000、4,000斤不等；上層兩旁安炮18門，自數百至1,000斤不等，還分列子母炮數十桿；船頭炮位，隨宜安放。此係仿照西船式樣建造，可容300多人，造價1.9萬兩。船造成後，經實際操練演放，**轟擊甚為得力**。

水師提督吳建勳造戰船1艘，長13丈，寬2丈9尺，木料堅實，船底骨及頭尾鼇舵俱用銅片包裹。船頭安炮1門，船尾左右安炮2門，上層兩旁安炮22門，下層兩旁安炮24門，共安炮49門，船艙可容300多人。此船係仿照美國兵船所造。當時有兩艘美國兵船泊於黃埔，吳建勳曾偕南贛鎮總兵馬殿甲和署督糧道西拉本登船參觀，逐細察看，見「該船分上下兩層，安放大砲四十餘位，均有滑車，演放推輓，極為純熟。其尤靈便之處，中間大桅及頭尾桅均三截，篷亦如之，設值風暴，即將上截桅篷落下，較之我船桅繫整枝，尤覺適用。……我船向用木碇棕繩，若遇急流巨浸，下碇不能抓地；該夷船碇純用鐵造，尤為得力」。吳建勳親臨目睹之後，大為嘆服，「隨覓巧匠，照該船形勢製造」[053]。

廣州知府易長華承造1艘戰船，長13丈，寬2丈6尺，與水師原有的稻米艇相比，加長3丈5尺，加寬5尺4寸。「木料俱選用堅實，間有

---

[053]　魏源：《海國圖志》卷八四，甘肅慶涇固道署光緒二年刊100卷本，第4～6頁。

第一章　列強叩關與中國海防意識的覺醒

採於廣西購自番舶者。」、「船內兩旁，安拱腰二百四十四條，又於艙板內安艙柱一百七十四條，排比極密，以拒炮子。」[054] 船頭尾及兩旁共安大炮25門，各一二千斤不等。此船約可容200人，共用工料銀8,000多兩。

批驗所大使長慶承造水輪戰船1艘，船身長6丈7尺，最寬處2丈。「兩頭安舵，兩旁分設槳三十六把，中腰安水輪兩個，製如車輪，內有機關，用十人腳踏施轉。輪之周圍，安長木板十二片，如車輪之輻，用以劈水。」、「船上牆板、炮窗等處，用生牛皮為障，毛竹為屏，架以藤扉，夾以棉胎，以避炮火。交戰之際，更罩罟網六層，並棕片、布扉為軟障，用時以水灌溼，庶可禦敵，以壯軍心。」[055] 船兩頭及兩旁共安大炮12門，800斤至2,000斤不等。此船可容100多人，共用工料銀7,000兩。

在廣東掀起造船熱潮的同時，閩浙總督鄧廷楨也開始仿造西式戰船。先是在西元1840年夏，他曾與欽差兵部尚書祁寯藻、刑部右侍郎黃爵滋、福建巡撫吳文鎔聯名上奏，建議朝廷通籌熟計海防之策。其折稱：「此造船、鑄炮二者，費鉅需時，計似迂緩，實海防長久最要之策也。」主張廣東、福建、浙江三省添造大戰船60艘，每船安大小炮三四十門。另外，福建、浙江二省再鑄造4,000斤至8,000斤的大炮20門。並針對造船鑄炮「費鉅」之說，申明理由：「通計船炮工費，約須銀數百萬兩。臣等亦熟知國家經費有常，豈敢輕言添置？唯當此逆夷猖獗之際，思衛民弭患之方，詎可苟且補苴，致他日轉增糜費？且以逆夷每年販賣鴉片，所取中國之財不下數千萬兩，今若用以籌辦戰備，所費不敵十分之一，彼則內耗外侵，此則上損下益，權衡輕重，利害昭然。」對於這件以祁寯藻領銜的奏章，道光皇帝釋出上諭說：「戰船則駕駛輕靈，火炮則施放有準，稍有敝

---

[054]　魏源：《海國圖志》（100卷本）卷八四，第22頁。
[055]　魏源：《海國圖志》（100卷本）卷八四，第23頁。

第二節　開風氣之先：近代海防運動的興起

壞之處，即著趕緊修理，毋稍懈弛，正不在紛紛添造也。」[056] 要求鄧廷楨等只修理舊有的師船使用，不必另造戰船，否定了造船鑄炮的正確建議。建議雖被朝廷否定，但鄧廷楨仍不放棄造船的計畫。他在廈門設船場，購置木材，並仿照西船建造了一艘 300 噸的快速夾板船。

值得注意的是，當時有人開始試製輪船。西元 1840 年 6 月，嘉興縣丞龔振麟調到寧波，在海邊見洋帆林立，其中有的船「以筒貯火，以輪擊水」[057]，用蒸汽作動力，甚感驚異。他照式仿造，但未成功。福建監生丁拱辰研究蒸汽機的原理及其應用，並「就火輪車機械，造一小火輪船，長四尺二寸，寬一尺一寸，放入內河駛之，其行頗疾，唯質小氣薄，不能遠行」[058]。製造這樣一只類似玩具的小火輪，完全是試驗性質的。士紳潘世榮還僱用洋匠試造了一艘輪船，但「放入內河，不甚靈便」[059]。這些試驗雖然都不太成功，但究竟向近代的造船工藝邁進一步。

由於造船一時蔚為風尚，究心海防大勢者漸多，相關海防的著作雨後春筍般湧現，其中最著名的是魏源的《海國圖志》。西元 1841 年夏，林則徐在鎮江與魏源相晤，囑撰《海國圖志》，並將前在廣州時組織翻譯的《四洲志》交給他。魏源在《四洲志》的基礎上輯成了《海國圖志》50 卷。他在《海國圖志敘》中開宗明義地說明此書「為師夷之長技以制夷而作」。這是對林則徐「師夷」觀念所做的最完整的表述。

在魏源看來，西方國家的長技有三：一、戰艦；二、火器；三、養兵、練兵之法。他還提出了以建立「船炮水軍」為內容的「師夷」方案：在廣州虎門外的沙角、大角二地設立造船廠和火器局，聘西洋之匠「司造船

---

[056]　《籌辦夷務始末》（道光朝）卷一二，第 364～365 頁。
[057]　魏源：《海國圖志》（重訂 60 卷本）卷五五〈鑄炮鐵模圖說〉，第 2 頁。
[058]　丁拱辰：《演炮圖說輯要》卷四，第 13～16 頁。
[059]　《籌辦夷務始末》（道光朝）卷六三，第 2470 頁。

第一章　列強叩關與中國海防意識的覺醒

械」，延西洋舵師「司教行船演炮之法」，一兩年後便可自造，「不必仰賴於外夷」。閩粵二省武試增設水師一科，將「能造西洋戰艦火輪舟」列為課目之一。並准許私人造船，「沿海商民，有願仿設廠局以造船械，或自用或出售者聽之」。他認為，裁併水師舊營，選募精兵，有戰船 100 艘、輪船 10 艘，便「可以駛樓船於海外，可以戰洋夷於海中」[060]。當然，這些建議也不會被清廷採納。

魏源

沒想到到西元 1842 年 7 月，清廷在造船問題上的態度又突然發生了戲劇性的變化。原來從 6 月以來，英軍侵入長江，連占城池，使道光皇帝感到形勢愈加不妙了。剛好在此時，少卿金應麟奏請多備船隻，安慶府監生方熊飛稟請建造戰船，道光也就趁機轉彎。7 月 21 日，即英軍攻占鎮江的當天，清廷諭靖逆將軍奕山，對捐貲製造戰船炮位者從優鼓勵。8 月 20 日，諭廣東建造戰艦，迅將各樣大小戰船，趕快製造。2 日，又傳諭粵海關監督文豐，曉諭洋商，設法購買洋船。在一個月內，道光皇帝連頒三道諭旨，要求造船和買船，其急迫之情溢於言表，正所謂臨時抱佛腳了。

實際上，道光皇帝並不是真心要建成一支海軍。林則徐從切身體驗

---

[060]　《魏源集》下冊，補錄，〈籌海篇三〉，中華書局，1983 年，第 870 頁。

中，已經料到了這一點。他在致友人書中說：「今聞有五省造船之議，此又可決其必無實濟。」[061] 果然，中英《南京條約》簽訂後不久，清廷便推翻前議，諭令「毋庸僱覓夷匠製造，亦毋庸購買」[062]，把造船和買船的活動停了下來。

由於清廷的腐敗昏庸，剛剛興起的海防運動遭到了夭折，使中國籌建海軍的歷史被推遲了 20 多年。雖然如此，這次海防運動卻開一代風氣之漸，對後世的影響與日俱增。尤其是林則徐、魏源的「師夷長技以制夷」的觀念，後來成為洋務派與封建頑固派鬥爭的最主要的理論武器，並開始將其付諸實踐。西元 1875 年，左宗棠論及《海國圖志》時寫道：「書成而魏子歿，廿餘載，事局如故，然同、光間，福建設局造輪船，隴中用華匠製槍炮，其長亦差與西人等。藝事末也，有跡可尋，有數可推，因者易於創也。器之精光，淬礪愈出；人之心思，專一則靈，久者進於漸也。此魏子所謂『師其長技以制之』也。」[063] 確為不易之論。

第三節　海防思想的萌芽：先驅者的探索與啟蒙

一　林則徐的海防觀念和建立近代海軍的構想

林則徐是中國近代海防論的第一位先驅。他的海防觀念是建立在對外情了解的基礎之上的。在對應抗爭的過程中，隨著逐步深入了解外情，他的海防觀念也不斷地豐富和發展。

---

[061]　《林則徐書簡》，第 196 頁。
[062]　《籌辦夷務始末》(道光朝) 卷六三，第 2470～2471 頁。
[063]　《左宗棠全集》，詩文‧家書，岳麓書社，1987 年，第 257 頁。

第一章　列強叩關與中國海防意識的覺醒

　　為對付英國侵略者的戰爭挑釁，林則徐制定了以守海口為主的近海防禦作戰方法，其基本要求是「固守藩籬」，「使之坐困」。[064] 這是一種「以守為戰」的方針。根據他的了解，英國的軍艦固然比中國師船先進，但並不是無懈可擊。認為：「夷兵船笨重，吃水深至數丈，只能取勝外洋，破浪乘風，是其長技。唯不與之在洋接仗，其技即無所施。至口內則運掉不靈，一遇水淺沙膠，萬難轉動。」因此建議朝廷：「度其頑抗之意，妄誇炮利船堅，各夷舶恃為護符，謂可沮我師之驅逐。臣等若令師船整隊而出，遠赴外洋，併力嚴驅，非不足以操勝算。第洪濤巨浪，風信靡常，即使將夷船盡數擊沉，亦只尋常之事，而師船既經遠涉，不能頃刻收回，設有一二疏虞，轉為不值，仍不如以守為戰，以逸待勞之百無一失也。」[065]

　　林則徐的「以守為戰」是一種積極防禦，因為這一方針是與久持困敵的策略方針相結合的。他批判「與其曠日持久，何如設法羈縻」的錯誤主張，認為英國侵略者虛驕成性，外強中乾，「其在夷洋各埠，賃船僱兵而來，費用之繁，日以數萬金計，即炮子火藥，亦不能日久支持，窮蹙之形已可概見」。因此，「此時不值與之海上交鋒，而第固守藩籬，亦足使之坐困也」[066]。「以守為戰」和「久持困敵」，構成了林則徐的海防策略的基本內容。

　　為了貫徹「以守為戰」的方針，林則徐採取了一系列的措施，如加強海防工事、整頓水師、建立兵民聯合作戰體制、使用火攻戰術、防禦中伺機出擊等。[067] 中國軍民在廣州近海與英國侵略者先後 7 次作戰，都不同程度地獲得勝利，說明林則徐對「以守為戰」方針的運用是成功的。

---

[064]　《林則徐集》，奏稿中，第 884 頁。
[065]　《林則徐集》，奏稿中，第 676、762 頁。
[066]　《林則徐集》，奏稿中，第 883～885 頁。
[067]　參見戚其章：《中國近代社會思潮史》，山東教育出版社，1994 年，第 81～87 頁。

第三節　海防思想的萌芽：先驅者的探索與啟蒙

但是，林則徐的海防觀念並不是停留在同個等級，而是不斷有所發展的。他不僅是中國近代海防論的最早先驅，也是中國近代倡建海軍的第一人。在對英抗爭中，他理解到，不建立一支強大的海軍是無法抵禦外來侵略的。多次指出：「竊謂剿夷而不謀船炮水軍，是自取敗也。」、「海上之事，在鄙見以為，船炮水軍萬不可少。」[068] 他所說的「船炮水軍」，指的就是近代海軍。

林則徐之所以能夠最早提出建立近代海軍的構想，是因為他肯於向外國學習。此刻的清王朝，由於長期實行閉關鎖國政策，積弱已成，卻不期振作，仍然安於現狀。普通親王大臣，文恬武嬉，完全不知世界大勢，卻效夜郎之自大，以故步自封、抱殘守缺為能事。林則徐則與此輩不同，他能夠放下欽差大臣的架子，深入調查，積極探求西方知識。這在當時的確是很不簡單的事。他一到廣州，便「詳考禁令，訪悉近來情事及夷商輕蔑所由來」[069]。他組織翻譯西方書刊的工作，一直堅持到革職時為止。

翻譯新聞紙是林則徐了解外情的重要方法。他在向靖逆將軍奕山提出的建議中即頗強調此舉的重要性：「夷人刊印之新聞紙……即內地之塘報也。彼本不與華人閱看，而華人不識夷字，亦即不看。近年僱有翻譯之人，因而輾轉購得新聞紙，密為譯出。雖近時間有偽託，然虛實可以印證，不妨兼聽並觀也。」[070] 透過新聞紙，他不僅獲悉英國艦隊來華的消息，而且掌握了西方列強爭霸的動向。正由於此，林則徐才有可能向道光皇帝提出「夷性無厭，得一步又進一步，若使威不能克，即恐患無已時，且他國效尤，更不可不慮」的警告。儘管道光為此大發雷霆，硃批曰：「汝

---

[068]　《林則徐書簡》，第 183 ～ 184、193 頁。
[069]　梁廷枏：《夷氛聞記》卷一，第 11 頁。
[070]　《林則徐書簡》，第 174 頁。

第一章　列強叩關與中國海防意識的覺醒

云英夷恫喝，是汝亦效英夷恫喝於朕也。無理！可惡！」[071] 但歷史的發展還是證實了他的意見並非杞人憂天。當時，林則徐已經預見到鴉片戰爭可能會是列強「蠶食」中國的肇端，所以他在遣戍伊犁的途中寫下了「須防蠶食念猶紛」[072] 的警句。所有這些，並不是偶然的。

更重要的是，透過「採訪夷情」，林則徐知道了西洋「長技」之所在。他說：「查洋面水戰，係英夷長技。」[073] 為什麼英軍長於海戰呢？不是別的，而是憑「船堅炮利」之用，擁有比中國先進的作戰方式。在當時來說，這真是了不得的發現。了解敵人是為了戰勝敵人，為制定對敵之策提供可靠的依據。他向道光皇帝奏稱：「現值防夷吃緊之際，必須時常探訪夷情，知其虛實，始可定控制之方。」[074]

根據制敵取勝的迫切需求，林則徐在研究英軍「長技」即船堅炮利方面花了很大的氣力。他組織編譯有關西式大炮瞄準發射技術的書籍，其中有專門論述重炮的內容。透過對比研究，發現洋炮的確比中國的土炮先進。「彼之大砲，遠及十里內外，若我炮不能及彼，彼炮先已及我，是器不良也。彼之放炮，如內地之放排炮，連聲不斷，我放一炮後，須輾轉多時，再放一炮，是技不熟也。求其良且熟焉，亦無它深巧耳。不此之務，即遠調百萬貔貅，只恐供臨敵之一哄。」

起初，他「恐鑄炮不及，且不如法，則先購買夷炮」。先後購買洋炮約 200 門[075]，安設在虎門要塞內外炮臺和師船上。後來又開始仿造西

---

[071]　《籌辦夷務始末》(道光朝) 卷一六，第 531 頁。
[072]　《林則徐詩集》，第 461 頁。
[073]　《林則徐書簡》，第 173 頁。
[074]　《林則徐集》，奏稿中，第 765 頁。
[075]　林則徐購買西炮的數量無明確記載，但其致奕山書稱：「查此次虎門內外各炮臺，既被占奪，所失鋼鐵炮位，合各師船計之，不下五百餘尊。其中近年所買夷炮，約居三分之一。」(《林則徐書簡》，第 171 頁) 以此計之，所購西炮應約 200 門。

第三節　海防思想的萌芽：先驅者的探索與啟蒙

炮，如在佛山一地鑄造 8,000 斤火炮 14 門。林則徐很重視對大砲的實際應用，要求透過演放以掌握其要領。方法是：「水上備一堅固之船，安炮對山打去，其山上兩頭設柵攔截，必不至於傷人。並須堆貯大沙袋，每袋約長四五丈、寬二尺餘，堆成橫豎各一丈、高七八丈，以為炮靶。對靶演放，既有準頭，而炮子之入沙囊，深至多少尺寸，果否沙可擋炮，亦即見有確憑矣。」、「如此則炮力之遠近，炮擋之堅松，與兵技之高下，無不畢見。」[076]

當時的英國海軍還處於帆船和蒸汽艦的過渡階段，儘管已經開始使用蒸汽艦，但基本上還是以帆船為主。戰艦主要是用帆艦，「照常使用篷桅，必待風潮而行」，有雙桅與三桅兩種。大者艙中分設 3 層，有炮 100 多門；次者艙中分兩層，有炮數十門。蒸汽艦又稱火輪船，「中設火池，上有風鬥，火乘風起，煙氣上燻，輪盤即激水自轉。無風無潮，順水逆水，皆能飛渡，撤去風鬥，輪即停止。係引導兵船，投遞文書等項所用。」蒸汽艦當然比帆船先進，但當時所謂的「船堅」還主要指英軍的帆艦而言。這種帆艦係「以全條番木，用大銅釘合而成之，內外夾以厚板，船旁船底包以銅片。其大者可安炮三層，而船身不虞震裂，其炮洞安於艙底，夷兵在艙內施放，藏身既固，運轉亦靈。」而對比之下，中國的師船有三不如：一、最大者在廣東為米艇，在福建為同安梭船，然不及英船之半，其大不如英船；二、師船向來用杉板製造，其堅不如英船；三、師船大者安炮不過 8 門，重不過 2,000 餘斤，其炮不如英船多且利。故鄧廷楨說：「是所謂勢不均而力不敵者，非兵之勢不敵，而船炮之力實不相敵也。」[077] 為了改變中國水師的落後狀況，林則徐指出製造堅實之船為當

---

[076]　《林則徐書簡》，第 171～172、182、193 頁。
[077]　《籌辦夷務始末》（道光朝）卷一二，第 375、380～381 頁。

第一章　列強叩關與中國海防意識的覺醒

務之急。他認為，到外海作戰，「自非單薄之船所能追剿，應另製堅厚戰船，以資致勝」[078]。

但是，造船非倉促可成，為及早提高水師的戰鬥力，林則徐決定採取造船與買船並行的辦法。他購買的英船「劍橋」號，原是美國旗昌洋行商船改裝的一艘兵船，裝有 34 門英製大砲。據一位西方人士說：「林以為他能將中國的海軍加強，使之與英國的海軍並駕齊驅。林放棄了對外國事務的反感，他購買了一個美國陳舊的軍艦『劍橋』號，排水量一千二百噸，要將這船加以整修，作為巡洋艦。」[079] 此外，他還購買了兩艘 25 噸重的帆船和 1 艘小火輪。[080] 這是中國購買西船之開端。

與此同時，林則徐還開始試驗仿造西船。西元 1840 年春，他曾「檢查舊籍，指資仿造西船，底用銅包，篷如洋式」[081]。當時有的西方人士親眼看到這種仿造的船下水，記述道：「1840 年 4 月 25 日，兩三只雙桅船在廣州河面下水，這些船都是按歐洲船式建造的，可能加入帝國海軍了。」這又開中國建造西式船隻的先例。[082]

林則徐試驗仿造西船獲得初步成功，卻不能馬上用於實戰，因為這種仿造的船「雖能結實，而船身嫌小」。限於定額，廣東水師所有的米艇、撈罾、八槳等船數量甚少，每營少者一只，多者不過五六只，只能在本港內巡防，根本不敷分巡，而且還要添僱漁、蛋等艇湊用。其大號米艇可赴遠洋者，額設通省只有 51 艘，除屆限修理及遭風損壞進塢者外，尚堪用

---

[078]　《林則徐書簡》，第 173 頁。
[079]　《鴉片戰爭》（叢刊五），第 52 頁。
[080]　John L. Rawlinson, China's Struggle for Naval Development（1839-1895）, Cambridge, Harvard University-Press, 1967, P.19.
[081]　《林則徐集》，奏稿中，第 865 頁。
[082]　參見戚其章：《北洋艦隊》，山東人民出版社，1981 年，第 2 頁。

第三節　海防思想的萌芽：先驅者的探索與啟蒙

者不過30幾艘。即使這些大號米艇，與英船相比，其「船式之高低大小，木料之堅脆厚薄，皆屬懸殊」。其造價亦大相逕庭。據統計，大號米艇造價僅用銀4,300兩，而英國帆船造價為銀七八萬兩，甚至到10幾萬兩，相差二三十倍。林則徐「以海疆戰艦關係匪輕，屢思設法成造堅固大船，以壯水師聲勢，而苦於經費之難」，無法籌辦。在無可奈何之中，他只好一面調集大號米艇，一面「仍添僱紅單、拖風等船，期以只數之多，合成全力」。先後共陸續調集各營大號米艇20艘，僱紅單船20艘、拖風船26艘，「製配炮火器械，遴委將備管帶，先於內洋逐日督操，以備戰攻之用」。並針對英國帆船畏懼火攻的弱點，「又前後購備火船二十餘只」[083]。

　　在敵強我弱的情況下，在大洋與敵正面交鋒是不利的，唯一的辦法是以己之所長攻敵之所短。為此，他制定了對敵實行火攻的戰術。每戰都要求師船「占住上風」，「相度機宜，於風潮順利之時，始令進發」[084]。其實際做法是：「令水師不必在洋攻剿，但固守口岸藩籬，備火船，乘月黑潮退，出其不意，分起潛出，乘上風攻其首尾，火器皆從桅擲下。」同時以小船潛伏島嶼，隨時「攻撲，先鏈釘夷船四旁，使受火一時難脫」。並手訂《約章七章》，其中除第一章為賞罰規定外，其餘六章對此戰法做了十分實際的規定：其一，「蓋夷炮唯在兩旁，我師只有攻其首尾，譬如頭南尾北，有北風則攻尾，有南風則攻頭」，「既占上風，又避炮火，再兼檢視潮勢，取順潮汐，得勝必矣」；其二，「駛近夷船頭尾，則我船俱須分左右翼，如雁翅形，斜向船頭撲攏，船尾擺開，方能聚得多船，且火器不致誤擲自家幫內」；其三，「炮火能及之處，即先開炮；至鳥槍可及，便兼開槍；迨噴筒、火罐能及，則隨便用之，多多益善，總須擲到夷船」；其四，「我

---

[083]　《林則徐集》，奏稿中，第862～865頁。
[084]　《林則徐集》，奏稿中，第863頁。

第一章　列強叩關與中國海防意識的覺醒

船斜向攻擊夷船頭尾,大抵以四角分計,每角拋船至多不過容四只,其大者不過容三只,即四角合攻,亦不過用十二船至十六船,攻擊夷船一只。此外即有多船,亦可分擊他船,不必聚在一處,轉致凌亂」;其五,「瓜皮小艇,應僱三十只,上裝乾草、松明、擦油麻斤,配火藥十之一二,用草繩捆住,上蓋葵席」,「使善泅者二三人,皆半身在水,半身靠在船旁,挨次以行,妙在甚低,夷船炮火所不能及,一經攏近夷船,無論首尾兩旁,皆可貼緊敲釘,將火船釘在夷船木上,將火點著燃起,其人即泅水走開」。[085] 海戰的實踐證明,這種戰法是行之有效的。

　　由於多方面的原因,林則徐仿造西船的工作未能正常進行下去。他在削職留粵期間致書奕山說:「查洋面水戰,係英夷長技,如夷船逃出虎門外,自非單薄之船所能追剿,應另製堅厚戰船,以資致勝。上年曾經商定式樣,旋因局面更改,未及製辦,其船樣尚存虎門寨。」並建議「及早籌辦」[086]。林則徐的建議在當時沒有被採納,所以他後來把船樣帶到了浙江前線。據記載,林則徐所蒐集的船樣共八種:一、快蟹艇,「計兩桅,每面用槳二十支」;二、知沙碧船,「計三桅,有頭鼻,與英夷船同,炮二層,三十四位,長十二丈」;三、花旗船,「三桅與英夷船同,炮二層,二十八位」;四、安南戰船,「長約八丈餘,寬約八九尺餘」,「形如大西瓜扁式,兩邊安炮,兵在篷內打仗,不見敵人炮火,有膽進攻;木料要十分堅厚,使炮子打不動,頭尾兩邊各設槳三四支」,「炮眼上一層設木欄,欄如女牆式,排列槍炮,欄上設木拱,篷厚二尺,頂有井口,以透煙氣」;五、安南大師船,「船身約長十四丈,寬約二丈一二尺,艙深一丈餘」,「凡兩桅,桅凡兩段,以筍接豎,式與英夷相同」;六、安南布梭船,「形如夷

---

[085]　《鴉片戰爭》(叢刊六),第 19～20 頁。
[086]　《林則徐書簡》,第 173 頁。

第三節　海防思想的萌芽：先驅者的探索與啟蒙

船小三板式，長約三丈，寬六尺，兩旁每面設槳十餘支，頭尾各安熟鐵大子母炮一位，兩旁配小炮四位」；七、安南大頭艍板船，「此與布梭船當先夾攻，其船頭須十分堅厚，外加八字槳」，「船頭安千斤炮一位，兩旁、船尾各安子母炮」；八、車輪船，「前後各艙，裝車輪二輛，每輪六齒」，「艙內兩人齊肩，把條用力，攀轉則輪齒激水，其走如飛」。[087]

從這八種船式看，林則徐著眼於當前的抗英戰爭，並沒有想到要仿造火輪船，這是不難理解的。

林則徐為什麼這樣熱衷於仿造西船呢？因為建造歐式兵船是林則徐建立近代海軍計畫的重要內容。他認為，要戰勝英國侵略者，就必須敵得過英軍所恃的船堅炮利，使其長技亦為中國之長技。他說：「逆船倏南倏北，來去自如，我則枝枝節節而防之，瀕海大小門口不啻累萬，防之可勝防乎？果能亟籌船炮，速募水軍，得敢死之士而用之，彼北亦北，彼南亦南，其費雖若甚繁，實比陸路分屯、遠途徵調所省為多。若誓不與之水上交鋒，是彼進可戰，而退並不必守，誠有得無失者矣。譬如兩人對奕，讓人行兩步，而我只行一步，其勝負尚待問乎？」、「今燎原之勢，嚮邇愈難，要之船炮水軍斷非可已之事，即使逆夷逃歸海外，此事亦不可不亟為籌劃，以為海疆久遠之謀。」直到被革職以後，他還念念不忘此事，向奕山提出：「外海戰船，宜分別籌辦也。」並強調「此係海疆長久之計」[088]。

但是，當時並無幾人能夠理解林則徐這一計畫的重要意義。頑固派不但不支持林則徐，反而千方百計地打擊他，並提出了種種謬說。其要者有二：一曰封海；一曰專於陸守，勿須造船。對於前者，林則徐反駁說：「至

---

[087]　汪仲洋：〈安南戰船說〉。見魏源：《海國圖志》（重訂60卷本）卷五三〈仿造戰船議〉，第27～29頁。
[088]　《林則徐書簡》，第173、177、182頁。

第一章　列強叩關與中國海防意識的覺醒

如封海一條，前人雖有行之者，而時勢互異，鄙意尚不能無疑。如所謂塞旁海小口，只許漁戶出入大口，早去晚歸，果皆遵行，豈不甚善。奈沿海小口以累萬計，塞之云者，將皆下樁沉石乎？抑僅空言禁止乎？」[089] 對於後者，林則徐針對「蓋英夷之所習者水，所恃者船，我本不必以船往攻，若其近岸，我固不難以炮製勝，故船不可造」[090] 的謬論，反駁說：「側聞議軍務者，皆曰不可攻其所長，故不與水戰，而專守於陸。此說在前一二年猶可，今則岸兵之潰，更甚於水，又安所得其短而攻之？」、「至逆船在海上來去自如，倏南倏北，朝夕屢變。若在在而為之防，不唯勞費無所底止，且兵勇炮械安能調募如此之多，應援如許之速？徒守於陸，不與水戰，此常不給之勢。……今所向無不披靡，彼已目無中華，若海面更無船炮水軍，是逆夷到一城邑，可取則取，即不可取，亦不過揚帆捨去，又顧之他。在彼無有得失，何所忌憚，而我則千瘡百孔，何處可以解嚴？」[091]

不過，林則徐籌建船炮水軍的計畫能否實現，最終要看朝廷的態度如何。他曾經試圖說服道光皇帝，奏稱：「以船炮而言，本為防海必需之物，雖一時難一猝辦，而為長久計，亦不得不先事籌維。」並指出：若以粵海關的關稅十分之一「製炮造船，則制夷已可裕如，何至尚形棘手？」沒想到道光讀到這裡，竟然勃然大怒，硃批道：「一片胡言！」[092] 完全否定了他的建議。林則徐的最後一線希望也化為泡影了。後來，他在致友人書中寫道：「船炮水軍萬不可少，聞當局多有詆此議者，然則枝枝節節，防之不可勝防，不知何以了事！」[093] 委婉地責罵道光皇帝和頑固派官員。

---

[089]　《林則徐書簡》，第 181 頁。
[090]　《籌辦夷務始末》（道光朝）卷一六，第 541 頁。
[091]　《林則徐書簡》，第 182、193 頁。
[092]　《籌辦夷務始末》（道光朝）卷一六，第 531 頁。
[093]　《林則徐書簡》，第 184 頁。

第三節　海防思想的萌芽：先驅者的探索與啟蒙

儘管正確的意見被摒棄不用，連本人也遭到貶斥，林則徐仍然認為建立近代海軍具有極端的重要性，為戰勝外國侵略者的必要措施。直到遣戍新疆的途中，他還是堅信：「得有百船千炮，五千水軍，一千舵、水，實在器良技熟，膽壯心齊，原不難制犬羊之命。」有這樣一支船炮水軍，便可以與海上侵略者馳逐大洋，使其不敢進犯中國海疆：「有船有炮，水軍主之，往來海中追奔逐北，彼所能往者，我亦能往，岸上軍儘可十撤其九。以視此時之枝枝節節，防不勝防，遠省徵兵，徒累無益者，其所得失固已較然，即軍儲亦彼費而此省。果有大船百隻，中小船半隻，大小炮千位，水軍五千，舵工水手一千，南北洋無不可以徑駛者，逆夷以舟為巢穴，有大幫水軍追逐巨浸之中，彼敢舍船而擾陸路，占之城垣，吾不信也。」起初，他完全沒有料到時局會變得如此不可收拾。「今之事勢全然翻倒，誠不解天意如何？」[094] 對此，他感到不理解，難以想像，但又無可奈何，不禁切憤殷憂，發出了「時事艱如此，憑誰議海防」[095] 的慨嘆。

林則徐建立近代海軍的構想，在他生前終於未能實現。在中國近代，他最早承認海軍為西洋「長技」，主張中國也應學習，「製炮必求極利，造船必求極堅」[096]，與之角逐海上，方能致勝。他的這一構想，被魏源用「師夷長技以制夷」一語以概括之，在後世產生了巨大的影響。

二　魏源的海防論和樸素海權觀

繼林則徐之後，論海防者當以魏源為巨擘，故林、魏併為近代海防論的先驅。

---

[094]　《林則徐書簡》，第197、186頁。
[095]　《林則徐詩集》，第462頁。
[096]　《籌辦夷務始末》（道光朝）卷一六，第531頁。

第一章　列強叩關與中國海防意識的覺醒

　　魏源既接受林則徐關於編撰《海國圖志》的囑託，也的確不負厚望，終於完成了這部在當時中國堪稱最完備的介紹世界知識的巨著。他在《海國圖志》一書中，不僅系統總結和發展了林則徐的海防論，而且尤為值得重視的是，還獨立地提出了樸素的海權觀念。

　　魏源的海防論分守、戰、款三策。他認為三策之中守為根本，是戰、款的前提條件。並對守、戰、款三者的關係作了詳盡的論述：「自夷變以來，帷幄所擘畫，疆場所經營，非戰即款，非款即戰，未有專主守者，未有善言守者。不能守，何以戰？不能守，何以款？以守為戰，而後外夷服我排程，是謂以夷攻夷；以守為款，而後外夷範我馳驅，是謂以夷款夷。」[097]

　　關於守的方法，魏源認為，就敵我軍事力量對比而論，「守外洋不如守海口，守海口不如守內河」。針對當時盛行一時的「禦諸內河不若禦諸海口，禦諸海口不若禦諸外洋」之論，他反駁說：「此適得其反也。制敵者，必使敵失其所長。」並指出「禦諸外洋」有四難：我之禦敵，或炮擊，或火攻。西洋兵船既大且堅，我炮頗難奏效，而且絕無泅底鑿沉之說。此其一。若以火舟出洋焚之，而敵船底質堅厚，焚不能燃。何況敵船桅鬥設有哨兵持望遠鏡瞭望，我火舟尚未靠近，早已棄碇駛避。此其二。敵船三五為幫，分泊深洋，四面棋布，並不連檣排列。我火舟攻其一船，則各敵船之炮皆可環擊；縱使晦夜乘潮，能突傷其一二艘，終不能使之大創。此其三。海戰在乘上風，若久與海上交戰，則海洋極其遼闊，敵船又善駕駛，往往轉下風為上風，我舟即不能敵。此其四。有此四難，「則知欲奏奇功，斷無舍內河而禦大洋之理。賊入內河，則止能魚貫，不能棋錯四布。我止禦上游一面，先擇淺狹要隘，沉舟組筏以遏其前，沙垣大砲以守

---

[097]　《魏源集》下冊，補錄，〈籌海篇一〉，中華書局，1983 年，第 839 頁。

第三節　海防思想的萌芽：先驅者的探索與啟蒙

其側，再備下游樁筏以斷其後，而後乘風潮，選水勇，或駕火舟，首尾而攻之（沉舟塞港之外，必留洪路以出火舟），或仿粵中所造西洋水雷，黑夜泅送船底，出其不意一舉而轟裂之，夷船尚能如大洋之隨意駛避，互相救應乎？倘夷分兵登陸，繞我後路，則預掘暗溝以截其前，層伏地雷以奪其魄，夷船尚能縱橫進退自如乎？兩岸兵炮，水陸夾攻，夷炮不能透垣，我炮可以及船，風濤四起，草木皆兵，夷船自救不暇，尚能回炮攻我乎？即使向下游沉筏之地，豕突衝竄，而稽留片時之間，我火箭、噴筒已燼其帆，火罐、火牛已傷其人，水勇已登其艙，岸上步兵又扛炮以攻其後，乘上風縱毒煙，播沙灰以迷其目，有不聚而殲旃者乎？是口門以內，守急而戰緩，守正而戰奇；口門以外，則戰守俱難為力。一要既操，四難俱釋矣」[098]。這些論述，顯著地豐富了林則徐「以守為戰」觀念的內容。

在正面論述「以守為戰」的基礎上，魏源還認真的總結鴉片戰爭期間歷次戰役失敗的教訓：其一，強調「舍守口外之力以守內河」。此前英軍之所以能夠先後侵入粵東珠江、寧波甬江和黃埔松江，皆由於「唯全力拒口外，而堂奧門庭蕩然無備，及門庭一失，而腹地皆潰」之故。因此，「守遠不若守近，守多不若守約，守正不若守奇，守闊不若守狹，守深不若守淺」。其二，重要的問題在於「調度有人」。「粵東初年有殲夷之備，而無其機；近日江浙有殲夷之機，而無其備。機與才會，事功乃出。」才者，將才也。否則，「排程不得其人，雖謀之碁年，亦潰之一旦」。其三，尤其重視「器利」與「人和」的關係。「兵無利器與徒手同，器不命中與徒器同。」、「不講求用炮之人，施炮之地，與攻炮、守炮之別，陸炮、水炮之宜，紛紛唯以畏炮為詞，鑄炮為事，不過只借兵而資寇。故曰：城非不高也，池非不深也，兵甲非不堅利也，委而去之，是器利不如人和也。」其

---

[098] 《魏源集》下冊，補錄，〈籌海篇一〉，第 839～841 頁。

第一章　列強叩關與中國海防意識的覺醒

四，講究兵法，奇正並施。「節制紀律不可敗，堅壁清野不可犯，正也；出奇設伏，多方誤敵，使不可測，奇也。」、「今師出無律，是不知有正也；臨出無謀，是不知有奇也。以無律無謀之兵，即盡得夷炮夷艘，遂可大洋角逐乎？不知自反，而唯歸咎於船炮之不若，是疾誤庸醫，不咎方而咎藥材之無力也。」[099] 魏源在他的總結中理解到人的因素和主觀能動性的重要作用，的確是難能可貴的。

在兵員的來源問題上，林則徐始終堅持「用民」的觀念，而且認為，「今之所恃，唯此一端」。指出：「剿夷有八字要言，器良、技熟、膽壯、心齊而已。」[100] 其中，除「器良」外，「技熟」、「膽壯」、「心齊」皆關乎人的因素。魏源繼承了林則徐的「用民」觀念，強調「各省之精兵」來自「各省之勇民」，臨戰而調客兵是無濟於事的。指出：「各省之勇兵，原足充各省之精兵。練一省之精兵，原足捍一省之疆圉。所要者，止在募練得法；所難者，止在排程之得人。不在紛紛多調客兵也。」因此，他提出走精兵之路，就要突出一個「練」字。「練益精，則調益寡；調益寡，則費益省。以所省者練兵，兵何患不精？費何患不給？」兵精的核心問題是勤練，而勤練又必須與精選、優養、嚴節三者相結合，才能真正練成一支禦敵之師。他說，所用之兵，「必須平日精選，優養勤練而嚴節制之。必使人人心靈膽壯，技精械利，且將士一心，臂指呼應，臨時方足出奇制勝。此則全在訓練得人，有非空言所能取效者」[101]。

以上所論，乃係魏源鑑於此前的沉痛教訓而提出的正面建議。鴉片戰爭期間，為防堵英軍在東南各省沿海一帶竄犯，清政府頻繁調動兵員，不

---

[099]　《魏源集》下冊，補錄，〈籌海篇一〉，第 841～857 頁。
[100]　《林則徐書簡》，第 293、193 頁。
[101]　《魏源集》下冊，補錄，〈籌海篇一〉，第 858、859、865 頁。

第三節　海防思想的萌芽：先驅者的探索與啟蒙

但勞師糜餉，而且於防衛毫無所補。因此，魏源尖銳地指出：「夷事，無所謂用兵也，但聞調兵而已，但聞調鄰省之兵而已。夷攻粵，則調各省之兵以赴粵；夷攻浙，則調各省之兵以赴浙；夷攻江蘇，則又調各省之兵以赴江蘇。兵至而夷已就撫，則供客兵者又逆歸兵；兵甫旋而夷或敗盟，則又調歸兵以為戰兵。」往返穿梭般地調動，在軍事上造成了很大的被動，以敵人之行止為行止，欲其不敗，豈可得乎？他還以鴉片戰爭的實踐為例：「何以夷初至閩、粵時，未嘗調他省一兵而守禦屹然？及徵兵半天下，重集於粵，而粵敗塗地；重集於浙，於江，而江浙又敗塗地。」[102] 以此進一步證明臨戰之際亂調客兵是有害無益的。

兵貴精而不在多，視其實而不視其名。魏源認為，誠能汰各省虛冒冗濫之缺，並兩兵以養一兵，精訓練而嚴節制之，則國家可增無數之精兵。「養兵數萬而無數千之用，視一千有一千之用者，則不侔矣；視一千可當數千之用者，更不侔矣。調外省之兵，而置本省之兵於不練，則本省之餉皆濫餉，外調之費皆冗費。」[103] 所以，以一省之精兵守一省之海防，以一省之糧餉養一省之精兵，實為魏源之最佳構想。[104]

以守為戰與走精兵之路相結合，乃是一種積極的防禦策略。這本是林則徐海防觀念的重要構成部分，魏源將其加以發展，使之更加系統化了。

魏源雖主張以守為戰，而且強調內守，但絕不認為守是唯一的禦敵方法。相反，他指出：「內守既固，乃禦外攻。」[105] 就是說，在內守堅固的基礎上還要採取攻戰的方針。這是一種內守與外攻相統一的海防觀。

---

[102]　《魏源集》下冊，補錄，〈籌海篇二〉，第 857～858 頁。
[103]　《魏源集》下冊，補錄，〈籌海篇二〉，第 862～863 頁。
[104]　參見王家儉：〈清季的海防論〉，《中國近代海軍史論集》，文史哲出版社，1984 年，第 249～250 頁。
[105]　《魏源集》下冊，補錄，〈籌海篇二〉，第 865 頁。

第一章　列強叩關與中國海防意識的覺醒

　　魏源認為，敵情多變，非專守內河或近岸即可收創敵之功。「夷兵之橫行大洋者，其正也；其登岸及入內河者，其偶也。夷性詭而多疑，使我岸兵有備而彼不登岸，則若之何？內河有備而彼不入內河，則若之何？」形勢發生了變化，專守內河或近岸而不謀外攻，已經無濟於事了。他說：「使夷知內河有備，練水勇備火舟如廣東初年之事，豈肯深入死地哉？……即使殲其內河諸艇，而奇功不可屢邀，狡夷亦不肯再誤。且夷貪戀中國市埠之利，亦斷不肯即如安南、日本之絕交不往，此後則非海戰不可矣。鴉片躉船仍泊外洋，無兵艦何以攻之？又非海戰不可矣。」並指出：「夷船全幫數十艘……散泊各岸，不聚一處。即用兀朮之火攻，而天時風色難必，亦不過殲其三分之一，究恐有竄出大半之艦，則亦非追剿不可矣。」[106] 面對海上強大的敵人，專講守內河，守近靠，而不能海戰，是不足言禦敵的。

　　但是，謀外攻必須掌握時機，掌握時機則需要了解敵情的形勢。「籌夷事必先知夷情，知夷情必先知夷形。」因為外攻亦非徒然浪戰，要看是否有可乘之機。他蔑視那些冥頑不化而以閉眼不看世界為榮之徒，稱：「苟有議翻夷書、刺夷事者，則必曰多事；嘉慶間，廣東有將漢字夷字對音刊成一書者，甚便於華人之譯字，而粵吏禁之。及一旦有事，則或詢英夷國都與俄羅斯國都相去遠近，或詢英夷何路可通回部，甚至廓夷效順，請攻印度而拒之，佛蘭西、彌利堅願助戰艦，願代請款而疑之。以通市二百年之國，竟莫知其方向，莫悉其離合，尚可謂留心邊事者乎？」他非常讚賞林則徐在廣州翻譯英文書刊、報紙的做法，認為這是成功的經驗，因此強調說：「欲制外夷者，必先悉夷情始；欲悉夷情者，必先立譯館翻夷書始。」[107]

---

[106]　《魏源集》下冊，補錄，〈籌海篇三〉，第 877～878 頁。
[107]　《魏源集》下冊，補錄，〈籌海篇三〉，第 865～866、868 頁。

第三節　海防思想的萌芽：先驅者的探索與啟蒙

　　在掌握敵情和了解形勢的基礎上，魏源認為在不同時期要採取不同的攻戰辦法。他將對敵攻戰分為兩個時期，而在兩個時期各有其不同的對策：一是未款之前，「調夷之仇國以攻夷」；一是既款之後，「師夷之長技以制夷」。[108]

　　所謂「調夷之仇國以攻夷」，其法有二：一為陸攻；一為海攻。根據魏源分析，陸攻之法的關鍵在印度，而與印度接壤的國家是俄羅斯和廓爾喀。英國調印度兵艘入犯，深恐俄羅斯乘其虛，「故英夷之懼俄羅斯者，不在國都而在印度，此機之可乘者一。廓爾喀者，亦在西藏之西，與東印度逼處。方乾隆中，我師往廓夷時，英夷印度兵船亦乘勢攻其東境。故上年英夷罷市後，廓夷亦即稟駐藏大臣願出兵攻擊印度。當時若許廓夷擾其東，俄羅斯其西，則印度有瓦解之勢，寇艘有內顧之虞，此機之可乘者二」。海戰之法則莫如聯法蘭西和美利堅。因為法蘭西、美利堅兩國與英國之間早有芥蒂，而「自罷市之後，英夷並以兵艘防遏諸國，不許互市，各國皆怨之，言英夷若久不退兵，亦必各回國調兵艘與之講理」[109]。此亦可乘之機也。這些分析和計畫未免流於空泛，且在實踐中也難以行得通，但提出利用列國之間的衝突，以全力對付最主要的敵人，使之陷於孤立無援之境，應該說還是值得重視的。

　　所謂「師夷之長技以制夷」，乃魏源海防論的核心。他指出：「武備之當振，不繫乎夷之款與不款。既款之後，夷瞰我虛實，覘我廢弛，其所以嚴武備、絕狡啟者，尤當倍急於未款之時。所以懲具文，飾善後者，尤當倍甚於承平之日。未款之前，則宜以夷攻夷；既款之後，則宜師夷長技以制夷。」[110]

---

[108]　《魏源集》下冊，補錄，〈籌海篇三〉，第839頁。
[109]　《魏源集》下冊，補錄，〈籌海篇三〉，第866～867頁。
[110]　《魏源集》下冊，補錄，〈籌海篇三〉，第868～869頁。

第一章　列強叩關與中國海防意識的覺醒

西洋長技，首推船炮，故船炮為海防必需之物。這是林則徐和魏源的共同理解。但是，魏源對西洋長技的理解卻比林則徐更為深刻。

這主要表現在兩個方面：第一，他對船炮的來源提出了具有遠見的措施；第二，他認為西洋的長技不止是船炮，還有養兵、練兵之法。

關於船炮的來源，魏源起初傾向於購自外洋。曾提出：「造炮不如購炮，造舟不如購舟。」[111] 這是因為他看到了中國的工業技術落後，而且購買洋船便捷的一面。指出：「水戰之器，莫烈於火炮。有守炮，有攻炮。其制莫精於西夷，其用莫習於西夷，與其制之內地，不如購之外夷。」中國商船往來於新加坡、孟買、孟加拉等地者，「但令每舶回帆入口，必購夷炮數位，或十餘位，繳官受值，力省而器精，事半而功倍」。「至火輪逆駛之舟，為四夷哨探報信之利器。苟非其本國專門工匠，即出外夷兵、夷商亦用之而不知其詳，每遇炮傷礁損過甚，即修之而不得其法，斷未易於創造。」因此，魏源認為：「以彼長技禦彼長技，此自古以夷攻夷之上策。蓋夷炮、夷船但求精良，皆不惜工本。中國之官炮，之戰船，其工匠與監造之員，唯知畏累而省費，炮則並渣滓廢鐵入爐，安得不震裂？船則脆薄窳朽不中程，不足遇風濤，安能遏敵寇？」[112]

其後魏源進一步理解到，船炮雖可購自外洋，但仍以自製為根本之計。蓋「英夷船炮在中國視為絕技，在西洋各國視為平常」，中國人也是可以透過學習而掌握的。奇怪的是，「廣東互市二百年，始則奇技淫巧受之，繼則邪教毒煙受之；獨於行軍利器則不一師其長技，是但肯受害不肯受益也」。這是很不正常的，因此，他建議：

---

[111]　魏源：《聖武記》(下) 附錄，卷一四，〈武事餘記〉，中華書局，1984 年，第 544 頁。
[112]　魏源：《聖武記》(下) 附錄，卷一四，〈武事餘記〉，中華書局，1984 年，第 538、544～545 頁。

第三節　海防思想的萌芽：先驅者的探索與啟蒙

「請於廣東虎門外之沙角、大角二處，置造船廠一，火器局一。行取佛蘭西、彌利堅二國各來夷目一二人，分攜西洋工匠至粵，司造船械，並延西洋舵師司教行船演炮之法，如欽天監夷官之例。而選閩、粵巧匠精兵以習之，工匠習其鑄造，精兵習其駕駛、攻擊。計每艘中號者，不過二萬金，計百艘不過二百萬金。再以十萬金造火輪舟十艘，以四十萬金造配炮械，所費不過二百五十萬，而盡得西洋之長技為中國之長技。」[113]

這是中國近代史上第一個設廠製造船炮的實際方案。

魏源還認為，西洋之長技並不限於船炮，「人但知船炮為西夷之長技，而不知西夷之所長不徒船炮也」，強調除製造船炮之外，養兵、練兵也必須貫徹「師夷長技」的原則。他以葡、英兩國兵為例：「澳門夷兵僅二百餘，而刀械則晝夜不離，訓練則風雨無阻。英夷攻海口之兵，以小舟渡至平地，輒去其舟，以絕反顧。登岸後則魚貫肩隨，行列嚴整，豈專恃船堅炮利哉？」從而指出：「無其節制，即僅有其船械，猶無有也；無其養贍，而欲效其選練，亦不能也。」其實際辦法是，「汰其冗濫，補其精銳」。即以廣東水師而言，經過汰冗補精，「以三萬有餘之糧，養萬五千之卒，則糧不加而足」。若能如此，即以粵洋之綿長，「今以精兵駕堅艦，晝夜千里，朝發夕至，東西巡哨，何患不周？」[114]

中國近代歷史的悲劇首先表現於，魏源「師夷長技」說的意義當時並不為世人所理解。直到10幾年後，還有些開明人士在著述中仍對魏源的「師夷長技」說表示懷疑，如稱：「中國水師與之爭鋒海上，即便招募夷士，仿其製作，而茫茫大海，無從把握，亦望洋而嘆耳！然則欲以禦夷將

---

[113]　《魏源集》下冊，補錄，〈籌海篇三〉，第869～870頁。
[114]　《魏源集》下冊，補錄，〈籌海篇三〉，第874～875頁。

第一章　列強叩關與中國海防意識的覺醒

何道之從？」[115]「今效之鑄銅炮，即精善亦是其徒，徒豈能勝師乎？」[116] 甚至指責「師夷長技」有失天朝體制，如稱：「今天下非無講求勝夷之法也，不曰以夷攻夷，即曰師夷長技。……天朝全盛之日，既資其力，又師其能，延其人而受其學，失體孰甚！」[117] 連開明人士尚且如此，普通士人更是不言而喻了。

其實，魏源對此早已料及，為之設問曰：「西洋與西洋戰，亦互有勝負，我即船炮士卒一切整齊，亦何能保其必勝？」回答是：「夫力不均技不等而相攻，則力強技巧者勝；力均技等而以客攻主，以主待客則主勝。」進而分析道：

「夫海戰全爭上風，無戰艦則有上風而不能乘。即有戰艦而使兩客交鬨於海中，則互爭上風，尚有不能操券之勢。若戰艦戰器相當，而又以主待客，則風潮不順時，我艦可藏於內港，賊不能攻。一俟風潮皆順，我即出攻，賊不能避，我可乘賊，賊不能乘我，是主之勝客者一。無戰艦則不能斷賊接濟，今有戰艦，則賊之接濟路窮，而我以飽待飢，是主之勝客者二。無戰艦則賊敢登岸，無人攻其後。若有戰艦則賊登岸之後，舶上人少，我兵得襲其虛，與陸兵夾擊，是主之勝客者三。無戰艦則賊得以數舟分封數省之港，得以旬日遍擾各省之地。有戰艦則賊舟敢聚不敢散，我兵所至，可與鄰省之艦夾攻，是主之勝客者四。」

「客兵利速戰，主兵利持重。不與相戰而唯與相持，行與同行，無淡水可汲，無牛羊可掠，無硝藥可配，無鐵物可購，無篷纜可補，煙土貨物無處可售，柁檣無處可修。又有水勇潛攻暗襲，不能安泊。放一彈即少一彈，殺一夷即少一夷，破一船即少一船。而我之沿海腹地，既有戰艦為外

---

[115]　夏燮：《中西紀事》卷二三〈防禦內河〉，文海出版社影印本，第 5 頁。
[116]　包世臣：《安吳四種》卷三五〈答傅臥雲書〉，文海出版社影印本，第 15 頁。
[117]　梁廷枏：《夷氛紀聞》卷五，第 116 頁。

衛，則內河近岸高枕無虞。」[118]

根據魏源的分析，中國若師夷之長技而與之力均技等，兼具以主待客的優勢，則海防之鞏固不是不可能的。

魏源的海防論是對林則徐海防觀念的發展和具體化，從全世界來看雖不足為奇，但在中國來說卻是超前的觀念，怪不得不為當時人乃至當政者所重視。直到 60 年代以後，洋務派始將魏源的「師夷長技」觀念付諸實施，然已蹉跎了 20 幾年，中國也因此錯過了歷史所賦予的近代第一次發展國力以自強禦侮的大好機遇。

尤為值得注意的是，魏源的海防論包含了樸素海權觀念的成分[119]，這是應該進一步發掘和研究的。

魏源與林則徐一樣，都是中國近代最早開眼看世界的先進人物，他也的確不辜負老友的託付，廣泛蒐集相關資料，編成了《海國圖志》一書。在編纂此書的過程中，魏源更充分地理解到，世界已經進入一個「海國」競爭的時代，那些掌握海權的西方國家大肆向外擴張，已經成為不可逆轉的現實。面對這一嚴峻的形勢，中國人應該警覺而及早籌劃對策，否則其前景將是不可想像的。

根據魏源的考察，地氣之變，歐洲國家海權之興，可追溯到明代。他在《海國圖志》中引《萬國地理全圖集》說：「歐羅巴內城邑大興，並操自主之權，始知印書，知製火藥，初造羅經。洎明嘉靖年間，舟楫無所不至，初尋出亞默利加大地，次到五印度國，後駛至中國，通商日增，見識日廣。此時歐列國萬民之慧智才能高大，緯武經文，故新地日開，遍於四

---

[118]　《魏源集》下冊，補錄，〈籌海篇三〉，第 875～876、879 頁。
[119]　臺灣師範大學王家儉教授撰有〈魏默深的海權思想〉一文，首倡此說，頗具創見。該文收入所著《清史研究論藪》，文史哲出版社，1994 年，第 235～255 頁。

第一章　列強叩關與中國海防意識的覺醒

海焉。」[120] 西方資本主義勢力之所以能夠東漸，主要是因為掌握了海上霸權。「紅夷東駛之舶，遇岸爭岸，遇洲據洲，立城埠，設兵防，凡南洋之要津已盡為西洋之都會。」[121] 蓋「恃其船大帆巧，橫行海外，輕視諸國，所至侵奪」[122]。

魏源認為，在歐洲列國中，最需要注意和警惕的是英國。「英吉利尤熾，不務行教而專行賈，且佐行賈以行兵，兵賈相資，遂雄島夷。」[123]「本國雖褊小，而除本國外，所割據他洲之藩屬國甚多。」[124]

「蓋四海之內，其帆檣無所不到，凡有土人之處，無不睥睨相度，思睒削其精華。」[125]「遇有可乘隙，即用大砲兵舶，占據海口。」[126] 以此「繞地一周，皆有英夷市埠」[127]。英國既是當時世界上最強大的國家，也是直接威脅中國的最危險的敵人。他指出：「英吉利者，昔以其國在西北數萬里外，距粵海很遠，似非中國切膚之患，今則移兵而南，凡南洋瀕海各國，……皆為其脅服，而供其賦稅。其勢日南，其心日侈，豈有饜足之日哉？」[128] 尤其是英國侵占新加坡後，其侵華野心更是暴露無遺。「自英夷以兵奪據，建洋樓，廣衢市，又多選國中良工技藝，徙實其中。有鑄炮之局，有造船之廠，並建英華書院，延華文為師，教漢文漢語，刊中國經史子集圖經地誌，更無語言文字之隔，故洞悉中國情形虛實。」、「蓋欲扼

---

[120]　魏源：《海國圖志》（重訂 60 卷本）卷二四〈大西洋總沿革〉，第 15 頁。
[121]　魏源：《海國圖志》（重訂 60 卷本）卷三〈東南洋敘〉，第 2 頁。
[122]　魏源：《海國圖志》（重訂 60 卷本）卷三〈東南洋海岸國一〉，第 10 頁。
[123]　魏源：《海國圖志》（重訂 60 卷本）卷二四〈大西洋總敘〉，第 1 頁。
[124]　魏源：《海國圖志》（重訂 60 卷本）卷三四〈大西洋英吉利國二〉，第 1 頁。
[125]　魏源：《海國圖志》卷五二〈大西洋英吉利國二〉，光緒二年甘肅慶涇固道署重刊 100 卷本，第 27 頁。
[126]　魏源：《海國圖志》（重訂 60 卷本）卷三四，〈大西洋英吉利國二〉，第 22 頁。
[127]　魏源：《海國圖志》（重訂 60 卷本）卷二〈圜圖橫圖敘〉。
[128]　魏源：《海國圖志》（重訂 60 卷本）卷一一〈東南洋海島國四〉，第 12 頁。

第三節　海防思想的萌芽：先驅者的探索與啟蒙

此東西要津，獨擅中華之利，而制諸國之咽喉。古今以兵力行商賈，未有如英夷之甚者！」[129] 面對西方海權國家的瘋狂擴張，中國如何才能擺脫困境？「塞其害，師其長，彼且為我富強。」[130] 這就是魏源所得出的答案。

魏源朦朧地理解到，唯有師海權國家之長，即以我之海權對付彼之海權，才足以制馭海權國家。他的海權觀念主要包括以下三項內容[131]：

第一，創設一支強大的海軍。魏源認為，欲「制夷」必先「洞夷情」，然後始可言「師夷」。他說：「夫制馭外夷者，必先洞夷情。今粵東番舶，購求中國書籍轉譯夷字，故能盡識中華之情勢。若內地亦設館於粵東，專譯夷書夷史，則殊俗敵情，虛實強弱，恩怨攻取，瞭悉曲折，於以中其所忌，投其所慕，於駕馭豈小補哉！」[132] 西洋各國以海舶橫行海上，與中國之師船相較，其優劣相差何止天壤！「西夷之海艘，堅駛巧習，以其恃貿易為生計，即恃海舶為性命也。中國之師船，苟無海賊之警，即終年停泊，雖有出巡會哨之文，皆潛泊於近嶴內島無人之地，別遣小舟攜公文，往鄰界交易而還。其實，兩省哨船相去數百里，從未謀面也。其船窳漏，斷不可以涉大洋。」[133] 正由於此，他建議設立造船廠和火器局，製造戰船和火輪舟，並造配炮械。

但是，僅有若干艘洋式戰船，還不足以稱新式水師。魏源認為：「舟艦繕矣，必練水師。」[134] 他主張「盡裁併水師之虛糧、冗糧以為募養精兵之費」。而新建水師「所配之兵必憑選練，取諸沿海漁戶梟徒者十之八，

---

[129]　魏源：《海國圖志》(重訂60卷本)卷六〈東南洋海岸國四〉，第17、15頁。
[130]　魏源：《海國圖志》(重訂60卷本)卷二四〈大西洋總敘〉，第2頁。
[131]　參見王家儉：〈魏默深的海權思想〉，《清史研究論藪》，第243～249頁。
[132]　《聖武記》(下)附錄，卷一二，〈武事餘記〉，第499頁。
[133]　《聖武記》(下)附錄，卷一四，〈武事餘記〉，第545頁。
[134]　《聖武記》(下)附錄，卷一四，〈武事餘記〉，第538頁。

第一章　列強叩關與中國海防意識的覺醒

取諸水師舊營者十之二」[135]。強調能否建成一支新式水師的關鍵所在，即「水師二要」：「一專號令，二重募練。」透過募練，新建水師之兵選其有膽者，且要掌握各種海上作戰的技能。「募練之法，因其漁丁而用之，因其老商而用之，因其鹽徒而用之，因其蜑民而用之。其效用也，或泅鑽敵舟而溺之，或夜抽艘隊而亂之，或蓄燧潛發而燎之，或鐵綆繫舟而拽之，或出奇載炮而擾之，或冒險伺間而偵之……」[136]若如此，「必使中國水師可以駛樓船於海外，可以戰洋夷於海中」[137]。

海軍建成之後，還要重視海軍人才的培養。魏源建議學習西洋「專以造舶、駕舶，造火器、奇器取士掄官」的經驗，在武試中增設水師一科。同時規定：「有能造西洋戰船、火輪舟，造飛炮、火箭、水雷、奇器者，為科甲出身；能駕駛颶濤，能熟風雲沙線，能槍炮有準者，為行伍出身。皆由水師提督考取，會同總督拔取送京驗試，分發沿海水師教習技藝。凡水師將官必由船廠、火器局出身，否則由舵工、水手、炮手出身，使天下知朝廷所注意在是，不以工匠、舵師視在騎射之下，則爭奮於功名，必有奇才絕技出其中。」[138]

晚清之論海軍者，雖著文連篇累牘，然其宏論大旨，大抵不出魏源所論之範圍。而且，按照魏源的構想，仿粵省之例，由粵海而閩浙，而上海，「而後合新修之火輪、戰艦，與新練水犀之士，集於天津，奏請大閱，以創中國千年水師未有之盛」[139]。直到中法戰爭以後，他的理想才得以初步實現，然而遲延已達40幾年之久。

---

[135]　《魏源集》下冊，補錄，〈籌海篇三〉，第870頁。
[136]　《聖武記》（下）附錄，卷一四，〈武事餘記〉，第538頁。
[137]　《魏源集》下冊，補錄，〈籌海篇三〉，第870頁。
[138]　《魏源集》下冊，補錄，〈籌海篇三〉，第871頁。
[139]　《魏源集》上冊，〈道光洋艘征撫記上〉，第186頁。

第三節　海防思想的萌芽：先驅者的探索與啟蒙

　　第二，大力發展工業和航運業，以推動國際間貿易的發展。魏源認為，造船廠也好，火器局也好，都是鑄造之局。創設鑄造局之後，一則可切實了解工料之值、工食之值及每艘每炮之定價，一則中國工匠「習其技巧，一二載後，不必仰賴於外夷」。這樣，經過實踐和累積經驗之後，推而廣之，既能製造各種類型的火器，又能由製軍用產品擴大到製造民用產品。他說：「火器亦不徒配戰艦也。戰艦用攻炮，城壘用守炮，況各省綠營之鳥銃、火箭、火藥，皆可於此造之。此外，量天尺、千里鏡、龍尾車、風鋸、水鋸、火輪機、火輪車、自來火、自轉碓、千斤秤之屬，凡有益民用者，皆可於此造之。是造炮有數，而出鬻器械無數。」[140]

　　不僅如此，造船廠所造之艦不只是用於戰事，而且也不是只造戰艦。如戰艦可用於護運，「自後即無事之期，而戰艘必歲護海運之米，驗收天津。閩、廣則護運暹米、呂宋米、臺灣米；江浙則各護蘇、松、杭、嘉、湖之米」。再如所造之船可用於航運和其他用途，「以通文報，則長江、大河，晝夜千里，可省郵遞之繁；以驅王事，則北觀南旋，往還旬日，可免跋涉之苦；以助戰艦，則能牽淺滯損壞之舟，能速火攻出奇之效，能探沙礁夷險之形。誠能大小增修，詎非軍國交便？戰艦有盡，而出鬻之船無盡」[141]。

　　更重要的是，船廠之設，製造戰艦，必可促使民間商船製造業的興起，從而推動本土銷售交易和海外貿易的發展。「戰艦已就，則閩、廣商艘之泛南洋者，必爭先效尤；寧波、上海之販遼東、販粵洋者，亦必群就購造，而內地商舟皆可不畏風颶之險矣。」[142] 並且特地規定，出洋貿易的商

---

[140]　《魏源集》下冊，補錄，〈籌海篇三〉，第 870、873 頁。
[141]　同上。
[142]　《魏源集》下冊，補錄，〈籌海篇三〉，第 873 頁。

第一章　列強叩關與中國海防意識的覺醒

船，經商家稟請，可派戰艦護航，以保安全。「凡內地出洋之商，願稟請各艘護貨者聽。」[143]

第三，扶植南洋華人墾殖事業，經營之以為藩鎮。魏源認為，東西海權的爭奪實在南洋，西方國家之本土距離中國甚為遙遠，其侵略中國必以南洋為基地。因此，對於南洋歷史和現況的研究，他傾注較多的心力。他多次讚頌鄭和弘揚海權和開拓南洋的功績。如稱：「華人自明永樂時，三寶太監鄭和等下西洋採買寶物，至今通商，來往不絕。於冬至後廈島開棹，廿餘日可達巴城（今雅加達），連衢設肆，夷民互市，貴賤交易，所謂利盡南海者也。富商大賈，獲利無窮。」[144]華人在南洋除貿易外，從事開礦和耕種者亦甚眾。然近年荷蘭殖民者限制華人，「禁革新唐，令隨船回」；對遠販到此的華人，「今則嚴禁不許攜銀出口，必令將銀轉置貨物，方許揚帆。而其貨物又皆產於他處，未到巴城，以致唐船久候，風汛過時，年年不能抵廈，甚遭夏秋風颶，人船俱沒。數十年如是，商賈莫不嗟嘆，國課亦因減額，唯付之莫可如何」[145]。面對西方海權國家的擴張和凌迫，中國卻毫無作為，魏源不禁感慨繫之曰：「西班牙搜奇天外，荷、佛蠻觸海隅，英人極意經營，可謂好勤遠略矣！」[146]

儘管如此，在南洋西方海權勢力達不到之處，如婆羅洲的內地，尚有華人居住而自立者。此處「古今唐人萃焉，廣東嘉慶州人最多，或開肆，或採金沙，或販錫藤胡椒烏木。……內地多高山，每年掘金沙者二十萬人，所掘金沙約十萬兩有餘，每月一人出金一兩有餘。其中漢人自立長領，不服他國，亦有大富建廣屋者，亦有務農者」。「每年有廣東一二船隻，往其

---

[143]　《魏源集》下冊，補錄，〈籌海篇三〉，第 871 頁。
[144]　《海國圖志》（重訂 60 卷本）卷一〇〈東南洋海島國三〉，第 10 頁。
[145]　《海國圖志》（重訂 60 卷本）卷一〇〈東南洋海島國三〉，第 7、20～21 頁。
[146]　魏源：《海國圖志》（100 卷本）卷一六〈東南洋海島國四〉，第 15 頁。

第三節　海防思想的萌芽：先驅者的探索與啟蒙

洲貿易發財。唐人若肯開此大洲之荒地而總統之，其利益甚大。……如許大地方可養幾百萬饑民，運出貨物，利及國家。」由此，魏源想到：「息力山大（今婆羅洲）夙稱金穴，近年粵東流富，幾於成邑成都，倘有虯髯其人者，創定而墾招之，亦海外之一奇歟！」於是提出：「倘因諸華人流寓島上者，舉其雄桀，任以干城，沉思密謀，取醜夷聚而殲旃，因以漳泉惠潮嘉人為流官，雄長其上，破除陳例，歸於簡要，自闢僚屬，略等藩鎮，庶足為南服鎖鑰與！」[147]這真是石破天驚之論，言前人之所未言也。

以上三項構成了魏源海權觀念的主要內容。

眾所周知，「海權」一詞是因美國人馬漢的名著《海上力量對歷史的影響》（西元1890年）而聞名於世的。此書的基本觀點是：「在整個歷史上，控制海洋是決定一個國家的領導地位和繁榮的主要因素，同時也常常是決定一個國家存亡的主要因素。」[148]何謂海權？在馬漢看來，海權是海軍艦隊、商船隊、海外基地（殖民地）三者的總和。這與魏源的觀點頗為相似。而從提出的時間看，魏源要比馬漢約早了40年。同時，他們的海權觀念雖在形式上有類似之處，而在性質上卻存在著根本的區別。魏源的海權觀念是著眼於抵抗西方海權國家的侵略；馬漢的海權觀念則是站在帝國主義立場，為西方海權國家的對外侵略擴張提供理論依據。當然，限於自身的經歷以及所處的時代和環境，魏源的海權觀念只是一種樸素的海權觀，還不可能像馬漢那樣構成一個完整的體系。而用歷史的觀點看，在當時的中國，他的這一觀念具有超前的先進性，還是應該充分讚賞的。

---

[147]　魏源：《海國圖志》（100卷本）卷一二〈東南洋海島國二〉，第12～13、18頁。
[148]　羅伯特・西格：《馬漢》，解放軍出版社，1989年，第200頁。

第一章　列強叩關與中國海防意識的覺醒

第二章
初試水軍：清政府的海軍建制實驗

第二章　初試水軍：清政府的海軍建制實驗

第一節　湘軍水師的崛起與長江戰線

　　林則徐建立近代海軍的方案既被否定，爾後興起的海防運動復遭夭折，於是歷史又回復到原先的老樣子，綠營水師仍然是當時唯一的水軍。實際上，綠營水師早已有名無實，「承平時用朦艟巨舸，繪以雲龍。無事委舟江畔，帆楫隳弛弗之問。遇大操則新之，軍士腰皮帶浮水面，往來攢刺，務為美觀。操畢復委之，虛應故事而已」[149]。及太平軍起，以水軍屢勝，曾國藩始變綠營水師舊制，而另建湘軍水師。

　　先是在西元1852年12月，太平軍連下湖南益陽、岳州，得民船數千，船工水手多加入太平軍。因當時無水軍編制，頗不便統轄。楊秀清在岳州得湖南祁陽商人唐正財，甚是器重，「封典水匠，職同將軍」[150]，於是太平軍始有水營。隨後，太平軍便水陸並進，「千船健將，兩岸雄兵，鞭敲金鐙響，沿路凱歌聲，水流風順」[151]，連下漢陽和漢口。楊秀清又命唐正財以「船橫江作浮橋，鐵索環之，自漢陽直達省城，儼如坦道」，遂克武昌。1853年2月，太平軍繼續東進，船約萬艘，「蔽江而下，帆檣如雪」[152]，進逼南京。3月19日，攻占南京，改稱天京。唐正財統率水營，以功升任指揮。6月，封恩賞丞相。10月，升殿左五指揮，提督水營事務，總辦船隻。太平軍水營原分前、後、左、右、中五軍，不久增至九軍，皆歸唐正財調遣。此時，太平軍「既據金陵，揚帆上駛，往來楚、皖、江西，運糧濟師，數日千里」[153]，基本上控制了長江水面。在一個時期內，太平軍水

---

[149]　王定安：《湘軍記》，岳麓書社，1983年，第342頁。
[150]　向達等編：《太平天國》(中國近代史資料叢刊)(三)，上海人民出版社，1957年，第69頁。
[151]　《太平天國》(叢刊三)，第5頁。
[152]　《太平天國資料彙編》，第1冊，中華書局，1980年，第11、13頁。
[153]　王定安：《湘軍記》，第342頁。

第一節　湘軍水師的崛起與長江戰線

營在戰爭中發揮了重要的作用。對此，清朝統治者十分驚慌。為了對付太平軍的水營，乃有建造戰船之議。

最早提出加強水師建議的清朝官員，是湖北巡撫常大淳。當太平軍進逼武昌時，常大淳奏稱：「寇水陸攻武昌，船炮充斥，聞湖南大軍有廣西炮船，江南水師有廣艇炮船，及中小號炮船，請調集江上下游，乃可制遏賊勢，斷其糧道。」咸豐皇帝詔欽差大臣署湖廣總督徐廣縉等飭行。「時武備弛，徒存水師名，無船也。」故詔雖下而難落實。西元1853年春，太平軍克九江後，專辦軍務的欽差大臣向榮奏調廣東、福建兩省之紅單、快蟹、拖罟等外海戰船，取海道至江南。6月間，太平軍北渡淮河，南圍南昌，御史黃經上書言兵勢，始建議「造船練士」。清廷詔飭湖南巡撫駱秉章，駱「以力所不及，又凡言官論列，例不行，未甚省也」[154]。知府江忠源初援湖北，與曾國藩論長江戰局，「議造戰船數百，先清江面」[155]。9月初，江忠源守南昌時，正式向清廷建議創立水師：「行軍之法，因敵致勝」，今「欲肅清江面，必破賊船，欲破賊船，必先製造戰船，以備攻擊」[156]。他的建議很快得到了朝廷的批准。於是，曾國藩移駐湖南衡州造船，專練水軍。江忠源死後，曾國藩追述此事道：「公嘗疏請三省造舟練習水師，又嘗寓書國藩，堅囑廣置炮船，肅清江面以弭巨禍。其後，國藩專力水軍，幸而有成，從公謀也。」[157]故曾國藩衡州造船實為湘軍水帥籌辦之始。

---

[154]　王闓運：《湘軍志》，岳麓書社，1983年，第71頁。
[155]　王定安：《湘軍記》，第343頁。
[156]　《郭侍郎奏疏》卷一，光緒壬辰年刊本，第1頁。
[157]　曾國藩：〈江忠烈公神道碑〉。見《續碑傳集》卷五五〈清代碑傳全集〉下，上海古籍出版社，1987年，第1091頁。

第二章　初試水軍：清政府的海軍建制實驗

曾國藩

　　曾國藩造船而不懂船制，完全以意為之。開始排木為筏，長 1 丈 5 尺，寬 7 尺，削尖兩頭以衝敵。試之不靈，才轉而專造炮船。又仿端午競渡船，短橈長槳，以為戰船。「然皆用己意締造，無成法可循，其制屢更未定。」[158] 岳州營守備成名標頗能言炮船事，自長沙來，告曾國藩廣東快蟹、舢板船式，廣西候補同知褚汝航自桂林來，告曾國藩長龍船式。曾國藩下令仿造，試炮果然不震。於是，奏留大營粵餉 8 萬，飭成名標在衡州造快蟹、舢板；並在湘潭設分廠，飭褚汝航監造長龍。

　　到西元 1854 年 2 月，船廠畢工，共造快蟹 40 艘，長龍 50 艘，舢板 150 艘，計 240 艘，皆仿照廣東戰艦式樣，並造拖罾 1 艘，以為座船。又改造釣鉤船 120 艘，僱載輜重船 100 多艘。還從廣東先後購到大炮 320 門，借用廣西 150 門，從本省提用 100 多門，合計近 600 門。募水師 5,000 人。「水路分為十營，前、後、左、右、中為五正營。正營之外，又分五

---

[158]　王定安：《湘軍記》，第 343 頁。

第一節　湘軍水師的崛起與長江戰線

副營。」[159] 衡州6營，以成名標、諸殿元、楊載福、彭玉麟、鄒漢章、龍獻琛統之；湘潭4營，以褚汝航、夏鑾、胡嘉坦、胡作霖統之。褚汝航為水師總統。是為湘軍水師之始。

湘軍水師建立後，與太平天國水軍在長江中游進行過多次水戰。其中主要有以下6次：

第一次：靖港之戰，時在西元1854年4月28日。

靖港之戰，是湘軍水師與太平天國水軍進行的第一次水上大戰。先是在2月下旬，清廷諭曾國藩統帶水陸各軍「刻日間行，由長江下駛」，「力遏凶鋒，肅清江面」。曾國藩以水師業已建成，當即率師北上，於3月6日進抵長沙。隨後，命楊載福、彭玉麟等帶水師順湘水而下。30日，曾國藩率湘軍水師駐泊岳州。4月4日，師船猝遇大風，沉沒數十艘，撞傷無數。7日，太平軍進攻岳州，清軍潰敗。曾國藩自思「水軍亦無固志」，「大風以後，各船損壞，力難應敵，誠恐輕於一擲，或將戰船洋炮盡以資賊」[160]，乃退守長沙。太平天國水軍乘勝繼進，南渡洞庭湖而深入湘江，列水營於靖港至樟樹港一帶江面，距長沙僅60里。靖港一帶，汊港紛歧，水陸兩路而旁通湘江西岸之寧鄉、益陽、湘潭等縣，於是太平軍決定一面以水軍進逼長沙；一面以陸軍取道寧鄉攻占湘潭，對長沙採取包圍的形勢。4月27日，曾國藩召集諸將議戰，彭玉麟主張攻湘潭。曾國藩令湘潭水師5營先發，擬次日自率5營繼之。當日夜半，長沙鄉團來請兵，謂：「靖港寇屯中數百人，不虞我可驅而走也。團丁特欲借旗鼓以威賊，已作浮橋濟師，機不可失。」[161] 曾國藩聞靖港空虛，也想進行牽制，使太

---

[159]　《曾國藩全集》，奏稿一，岳麓書社，1987年，第99頁。
[160]　《曾國藩全集》，奏稿一，第122頁。
[161]　王闓運：《湘軍志》，第24頁。

第二章　初試水軍：清政府的海軍建制實驗

平軍首尾不能相顧,便決定改變作戰計畫,親率水師進攻靖港。

4月28日黎明,曾國藩率大小戰船40餘艘,駛至靖港以上20里之白沙洲,伺機進攻。到中午時,西南風陡發,水流湍急,湘軍師船駛至靖港不能停留,只好更番發炮轟擊。太平軍開炮還擊,適中哨船頭桅,湘軍水師急落船帆,收泊靖港對岸之銅官渚。太平天國水軍出小划船200多艘,順風駛逼敵船。湘軍水營開炮轟擊,炮高船低,不能命中。湘軍水師見勢不支,紛紛棄船登岸,戰船或被焚毀,或遭俘獲。曾國藩在白沙洲聞信,急率陸隊援救。但陸隊見水師失利,心懷疑怯,不肯前進。太平軍見狀,出隊迎擊,團勇反奔,湘勇隨之,「爭浮橋,橋以門扉、床板,人多橋壞,死者百餘人」。曾國藩親自仗劍督陣,立令旗於岸上,大呼:「過旗者斬!」[162]然湘軍不顧,皆從令旗旁繞過,爭先奔逃。曾國藩目睹此狀,羞憤不已,自投江中,被幕中章壽麟救起,逃歸長沙。

經過靖港一戰,湘軍水師損失慘重,潰不成軍。曾國藩自稱:「是日風太順,水太溜,進戰則疾駛如飛,退回則寸步難挽,逮賊舟來逼,炮船牽挽維艱,或縱火自焚,或間以資賊,戰艦失去三分之一,炮械失去四分之一。」戰後,他以「靖港之敗,失去船炮」,「愧恨不能自容」,準備以死謝罪。[163]適湘潭勝報至,曾國藩奏報大獲勝仗,復自請罪,才僅受到褫職自效的處分。

第二次:君山之戰,時在西元1854年7月24日。

太平天國水軍雖在靖港水戰中獲勝,陸軍卻在湘潭失利,只好撤至岳州。曾國藩則趁此機會抓緊造船置炮。他說:「查水師事宜,以造船置炮二者為最要。船隻縱修造堅固,而風波間有飄失,戰陣不無損傷。數月之

---

[162]　王闓運:《湘軍志》,第24頁。
[163]　《曾國藩全集》,奏稿一,第137、141頁。

第一節　湘軍水師的崛起與長江戰線

後，損失都必須添補，完好者亦須油艙。若非早為預備，隨時整理，直待全數破壞之時，眾船修齊，必至停兵待船，坐失機宜。」於是，他一面下令修造戰船，在衡州續造新船 60 艘，又在長沙設廠修理舊船一百多艘，一面奏請飭令兩廣總督葉名琛購買洋炮，到月初已先後運到 600 門。他認為，此前湘潭之勝「實賴洋炮之力」，「現止來六百尊，尚屬不敷分配。且江面非可遽清，水師尚須增添，尤須有洋炮陸續接濟，乃能收愈戰愈精之效」。[164] 與此同時，曾國藩還從各地調募水勇，以加強湘軍水師。

曾國藩見太平軍集中於岳州，有「舟累萬盈千，非舟師莫能制」，遂令水師後營、副後營、左營、右營及先鋒營共 2,000 多人進逼岳州。7 月 21 日，湘軍水師進泊萬石湖，後營兼營務處褚汝航親駕小船前往君山一帶「探明虛實，察看地形」。見灣內太平軍水營船隻甚多，不敢輕進，便決定採用「誘敵出擊，乘隙截擊」之計。[165]

7 月 24 日凌晨，湘軍水師分 5 隊進兵，左營埋伏於君山南岸，右營埋伏於雷公湖上游，副後營及先鋒營由扁山直趨南津港，後營隨後策應。並派隊在新檔河口多張旗幟，作為疑兵。到中午時，湘軍水師副後營及先鋒營向太平天國水軍進逼，開炮一週，轉舵佯敗。太平軍水營並不出擊。湘軍水師副後營等又轉頭開炮，並派舢板數只斜趨進港，太平軍水營各船遂蜂擁而出。舢板又復佯卻，水營各船左右攻圍。

突然間，湘軍水師右營從雷公湖竄出，包抄太平軍船隻之後；左營從君山繼起，攔擊太平軍船隻之腰。此時，副後營趕到，併力合攻。太平天國水軍多為民船，「旋轉不利戰，退則相撞礙」[166]，沉船 100 多艘，並有

---

[164]　《曾國藩全集》，奏稿一，第 161 頁。
[165]　《曾國藩全集》，奏稿一，第 153～154 頁。
[166]　王闓運：《湘軍志》，第 73 頁。

第二章　初試水軍：清政府的海軍建制實驗

大小船 34 艘被俘獲。

經過此戰，太平軍只好放棄岳州，退至城陵磯駐守。

第三次：城陵磯之戰，時在西元 1854 年 8 月 9 日。

太平軍放棄岳州後，略事休整，又舉行反攻，試圖奪回岳州。7 月 27 日清晨，太平軍水營船三四百只，與陸軍配合，發起反攻。湘軍水師已有準備，即分 5 路迎戰，「槍炮兼施，趁北風稍逆之字斜行，穿梭開炮」。湘軍水師並拋擲火罐，中太平軍之火藥船，「大煙突起，迷漫半湖」。太平軍水營損失嚴重，仍退回。先是在 7 月 30 日，曾國藩率湘軍水師後隊及陸勇從長沙啟程，山東登州鎮總兵陳輝龍帶廣東水師 400 多人，廣西升用道李孟群帶兩廣水勇 1,000 人，並攙配湖南舵工、水手人等，於 8 月 8 日抵達岳州。是為湘軍水師後隊。此時，太平天國水軍又從漢口調來船隻數千，「連檣數十里，出沒無常」[167]，氣勢頗壯。陳輝龍聞水師前隊戰勝，以為太平天國水軍不堪一擊，主張於翌晨即發起進攻。曾國藩以大隊剛到岳州為由，認為必須相機漸進，不可貿然進攻。當時有人擔心「南風下水難退」。陳輝龍誇口說：「吾習水戰三十年，諸君無以為憂。」[168] 湘軍水師統領褚汝航和營官夏鑾亦俱慫恿，並請同行。曾國藩認為：「陳輝龍在水師營伍四十餘年，老成練達，必能相機而行。且褚汝航等屢勝之將，每論戰守，皆合機宜，當不至於貽誤。」[169] 便同意了他們的要求。

8 月 9 日清晨，陳輝龍自乘拖罟座船，督隊前行。褚汝航、夏鑾分坐戰船繼進。李孟群尚未到岳州，其前隊廣勇先到者隨行。左營彭玉麟、右營楊載福，均撥長龍、舢板以作聲援。陳輝龍率領師船順江下駛，至城陵

---

[167]　《曾國藩全集》，奏稿一，第 155、171 頁。
[168]　王闓運：《湘軍志》，第 73 頁。
[169]　《曾國藩全集》，奏稿一，第 172 頁。

第一節　湘軍水師的崛起與長江戰線

磯與太平天國水軍相遇。廣東游擊沙鎮邦乘炮船先進。陳輝龍乘拖罟繼至，見風勢愈颳愈猛，即插旗收隊。拖罟至於中流，以船身重大，膠淺於漩渦激流之中。太平天國水軍見拖罟膠淺，即以小劃蜂擁而上，湖港內先已埋伏的船隻亦出，將其團團圍住。湘軍後至諸船急往救援，「又被風橫吹而下，互相擁擠，槍炮難施」。太平天國水軍陣斃陳輝龍、沙鎮邦，俘獲其拖罟大船。褚汝航、夏鑾率船前來助戰，勢不能支，均被重創，落水而死。其餘師船見狀，向南遁逃。太平天國水軍獲得大勝。

在這次水戰中，陳輝龍一營船炮盡失，褚汝航、夏鑾二營失船 1 艘，李孟群一營失船 11 艘。曾國藩奏稱：「經營數月，晝夜趕辦，每船器械至百餘件之多。一旦損失將半，傷心隕涕，憤恨何言！」[170]

第四次：田家鎮之戰，時在西元 1854 年 12 月 2 日。

清軍雖在城陵磯失利，卻在陸戰中獲勝。8 月 25 日，大雨滂沱，東南風緊，曾國藩下令水陸齊發。太平天國水營乃鑿沉前獲之拖罟，與陸軍皆退往武漢。於是，湘軍水師得以進入長江，並控制了武漢以西的江面。10 月 2 日，曾國藩進駐金口。8 日，與諸將會商進兵之策，確定了「以水師先剿江面，使武漢之賊消息隔斷；陸路則先攻武昌，後攻漢陽」[171] 的方案。湘軍水師實行火攻，太平軍水營損失很大，失船一千多艘。14 日，武漢再度失守。楊秀清見形勢嚴峻，一面命石達開赴安慶，主持長江中游戰守事宜，一面加派將領前往田家鎮，以協助秦日綱布置防禦。

清軍既陷武漢，曾國藩制定了分 3 路下犯的方案：南路為陸營，進攻江南岸的興國、大冶；北路亦為陸營，進攻江北岸的蘄州；中路為水師，由楊載福、彭玉麟率前幫先行，自率後幫繼進。湘軍水師前幫於 10 月 28

---

[170]　《曾國藩全集》，奏稿一，第 172～173 頁。
[171]　《曾國藩全集》，奏稿一，第 215 頁。

第二章　初試水軍：清政府的海軍建制實驗

日啟航，後幫於 11 月 3 日啟航。在武漢陷落的一個多月內，太平軍在田家鎮修築了嚴密的防禦工程。臨江之半壁山孤峰峻峙，俯瞰大江，與田家鎮諸山相雄長，最為險要。秦日綱在山上紮大營 1 座，小營 4 座，挖溝寬三四丈，深丈餘，引湖水環灌之。溝內豎立炮臺、木柵，溝外密釘竹籤、木樁。在田家鎮江面，橫安鐵鎖 6 條、竹纜 7 條。「連舟承其下，上作大筏，列炮橫中流，守以砲艦。」[172] 北岸亦築土城多處，安設炮位，專防湘軍戰船。這樣，水陸配合，構成了嚴密的防禦體系。針對太平軍的部署情況，曾國藩決定先奪取半壁山，以便設法毀橫江鐵鎖。此計畫得到清廷的批准。

11 月 23 日，曾國藩下令進攻半壁山，將橫江鐵鎖及竹纜砍斷。25 日，太平軍又將被砍斷之鐵鎖續行鉤聯。28 日，湘軍戰船進紮蘄州。12 月 1 日，又進紮見峰嘴，距田家鎮僅 9 里。楊載福、彭玉麟等合議，決定將戰船分成 4 隊：第一隊，專管砍斷鐵鎖，備齊炭爐、鐵剪、大椎、大斧之類；第二隊，專管進攻太平軍戰船，與之相對轟擊；第三隊，俟鐵鎖開後，直追下游，焚燒太平軍船隻；第四隊，堅守老營，以防太平軍戰船突向上游。

12 月 2 日，湘軍師船出隊。第一隊循南岸急槳而下，一炮不發，徑赴半壁山下鐵鎖之前。太平軍炮船開近救護。第二隊燒其快蟹船隻，迫其退回。湘軍師船又將鐵鎖下之船抽出，繼用洪爐、大斧，邊熔邊椎，須臾鎖斷。於是，第三隊的舢板從缺口處飛槳駛下。傍晚時，到達 30 餘里的武穴地方，又縱火上行。是時東南風大作，太平軍戰船難以下行。有些戰船盡力東駛，被勁風吹回，撞近南岸，湘軍陸隊又縱火焚之。太平天國水軍船隻被燒 4,000 多艘，被奪 500 多艘。3 日凌晨，秦日綱等自焚營壘，退

---

[172]　王闓運：《湘軍志》，第 75 頁。

第一節　湘軍水師的崛起與長江戰線

向黃梅一帶。

經過田家鎮一戰，太平軍水營損失慘重，元氣大傷，湘軍水師已控制了湖北境內的江面。曾國藩奏稱：「長江之險，我已扼其上游，金陵賊巢所需米石油煤等物來路，半已斷絕，逆船有減無增，東南大局似有轉機。」[173] 可見，此次水戰對戰局影響之大。

第五次，湖口之戰，時在西元 1855 年 1 月 29 日。

田家鎮失守後，湘軍水師前隊即順江下駛，到達九江府附近江面。此時，太平軍已在九江一帶嚴密設防。九江城與江北岸之小池口、湖東岸之湖口，鼎足而立，互為犄角。南岸九江城外築炮臺 3 座，附城泊水軍大戰船 6 艘，雜船 10 多艘；北岸小池口設營壘 3 處，炮臺座；江心沙洲建營盤 1 座，高築望樓，密排炮位，洲尾有巨排橫亙數十丈，攔截江面，上環木城，安炮兩層，以大戰船數艘、雜船一百多艘護之。同時，還吸取此前失敗的教訓，作戰純用戰船，以小划輔之，而不用民船，並緊泊江岸，與陸營緊密配合，改變過去陸水兩路各自為戰的戰術。不久，石達開又自安慶來到湖口，親自主持軍務，太平軍的防禦更為加強。太平軍水營還一改過去單純防禦的打法，經常用小划往攻湘軍水師。陸營則在岸邊用火箭、火球向敵船拋擲。湘軍船隻若泊於江心，則難禦風濤；若泊近江岸，則易遭火攻。因此，徹夜戒嚴，不敢安枕。

多日以來，湘軍水師屢次發起進攻，皆未得手，且失船 100 多艘。曾國藩奏稱：「水師在湖口者，以內河狹窄，賊排數十丈橫亙江心，排側有炮船，排外有鐵鎖、篾纜，層層固護，兩岸營牆，百炮轟擊，皆以堅守此排，百計攻之，終不能衝入排內。傷亡愈多，軍心愈憤。」[174] 他認為，只

---

[173]　《曾國藩全集》，奏稿一，第 308 頁。
[174]　《曾國藩全集》，奏稿一，第 370 頁。

第二章 初試水軍：清政府的海軍建制實驗

有攻破木排，水師才易得手。1月23日，湘軍水師分為兩隊：一隊從外江進口，發炮環攻；一隊先抵木排之下，砍斷鐵鎖、篾纜。激戰中，一炮擊中排上藥箱，巨煙轟擊，將排爛毀。木排被燒後，石達開命鑿沉大船，裝載砂石，以堵塞鄱陽湖口，僅在兩岸留一出口，並以篾纜攔之。曾國藩決定採取水陸兩路進兵，以破太平軍水營的防線。29日，湘軍陸隊進攻太平軍營壘，「攻逼終日，以炮多壘堅，卒不能破」。湘軍水師營官肖捷三等率各營長龍、舢板120多艘，衝入篾纜之內，焚太平軍戰船30多艘，民船約50艘。肖捷三等小勝而驕，揚帆南駛，深入鄱陽湖內，日暮不歸。石達開見湘軍小船皆突入內湖，即派小劃20多艘突出篾纜之外，圍攻敵之快蟹大船。是日深夜，又派小劃三四十艘攢入湘軍水師老營，焚燒敵船。兩岸陸營數千人，「火箭噴筒，迷亂施放，呼聲震天」。湘軍水師被焚快蟹數艘，長龍7艘，雜色座船30多艘。曾國藩感到，「百餘輕捷之船，二千精健之卒，陷入鄱湖內河，業被賊卡隔絕，外江所存多笨重船隻，運棹不靈，如鳥去翼，如蟲去足，實覺無以自立」[175]。遂下令掛帆退至九江。

第六次：小池口之戰，時在西元1855年2月11日。

小池口之戰是湖口水戰的繼續。自湖口大捷後，太平軍渡江占領小池口，並在該處紮營。2月8日，湘軍副將周鳳山渡江進攻小池口，遭到失敗。曾國藩以水師陷於鄱陽湖內，陸營又挫於小池口，於是將胡林翼、羅澤南二軍調回九江，與小池口之太平軍隔江對峙。

2月11日午夜，太平天國水營將岸上的小劃數十艘投入江中，乘月黑迷濛，進入湘軍水師船隊間隙，將火彈、噴筒突然拋擲，猛燒敵船。一船起火，各船慌亂，紛紛掛帆西逃。曾國藩親坐舢板督陣，禁黑夜不許開船，然江闊船多，莫能禁止。太平軍船隻遂將曾國藩坐船圍住，猛攻不

---

[175] 《曾國藩全集》，奏稿一，第376～377頁。

第一節　湘軍水師的崛起與長江戰線

已，擊斃其管駕官把總劉盛槐、李子成和監印官典史潘兆奎等，奪其座船。曾國藩將要被擒，情急投江，被左右救起，乘小船逃至羅澤南陸營。

在爭奪長江中游的6次水戰中，湘軍水師與太平天國水軍互有勝負，說明自湘軍水師建立後，太平軍水營已失去了初期的絕對優勢地位。雖然太平軍水營在湖口、小池口兩次水戰中獲得很大勝利，為太平天國在軍事上進入鼎盛時期創造了條件。但太平天國的領導者並未充分利用這一條件。湖口之戰後，湘軍水師被截為外江、內湖兩段，其內湖水師已成為甕中之鱉，本應抓住時機，圍而殲之。然而，太平天國的領導者卻計不出此，不僅使湘軍內湖水師贏得了喘息和補充的時間，而且使其外江水師得到進一步的加強。唯其如此，湘軍水師後來捲土重來，這才有了可能。所以，湖口之戰和小池口之戰，既是太平軍水營發展的頂峰，也是它由盛而衰的轉捩點。

無論太平天國水軍還是湘軍水師，都是當時特定歷史條件下的產物。兩相比較，後者要比前者先進。前者只是木船加土炮，而後者卻是木船加洋炮。湘軍水師的船式主要有3種，即快蟹、長龍和舢板，並無用蒸汽機發動的新式輪船。據估計，其最大的戰船大約為二三百噸。船上的配炮，快蟹、長龍皆為7門，舢板則為4門，係廣東購自外洋的洋莊大砲。從船式到配炮數量，都不僅遠比鴉片戰爭時期的英國戰船落後得多，而且比當時中國自己仿造的帆船還要落後。儘管如此，湘軍水師究竟與舊式的綠營水師不同。因為它在戰船上普遍地安裝了新式的洋莊大砲，所以它已經接近於早期的海軍，也可以說是走向近代海軍的一種過渡形式。

第二章　初試水軍：清政府的海軍建制實驗

第二節　英法聯軍來襲與清軍水師的抗戰

一　「亞羅」號事件與珠江之戰

英國侵略者發動鴉片戰爭，憑藉堅船利炮打開了中國閉關鎖國的大門，從而向西方海權國家證明，中國既無海權可言，海防也如同虛設，是一攻即破的。因此，為了謀求進一步擴大特權，英國等西方海權國家準備尋找機會再行發動一次侵略戰爭。這次戰爭，係由英、法兩國於西元1856年10月挑起，歷時4年，是鴉片戰爭的繼續和擴大，故史稱第二次鴉片戰爭。

起初，英國企圖透過「修約」的外交訛詐手段達到擴大侵略的目的。西元1844年中美《望廈條約》有「至各口情形不一，所有貿易及海面各款恐不無稍有變通之處，應俟十二年後，兩國派員公平酌辦」之語，1842年中英《南京條約》本無「稍有變通」的規定，而英國卻援引片面最惠國待遇的條款，聲稱《南京條約》簽訂已屆12年，要求兩國派員修訂新約。從1854年開始，以英國為首，法、美兩國身為幫凶，對清政府軟硬兼施，極盡威脅利誘之能事，然歷時兩年，終未能達到目的，於是便決定採用戰爭手段來強迫清朝統治者就範。

不過，侵略者還需要尋找一個發動戰爭的藉口。西元1856年2月，廣西發生「西林教案」，法國傳教士馬賴非法潛入西林縣被處死，「對於法國來說這就是一個好藉口，而對於英國來說這個藉口還不太妙」。

但是，「由於克里米亞戰爭法國和英國之間建立起來的利害一致，使兩強有可能並且有精神準備對中華帝國採取共同行動。不管是外交上進行

第二節　英法聯軍來襲與清軍水師的抗戰

干涉也好，還是軍事上進行干涉，而找到藉口總是輕而易舉的事」[176]。的確如此。同年10月8日「亞羅」號事件的發生，正好幫英國提供這樣一個藉口。是日，千總梁國定偵知該艇「有內地水手十二人，常在洋面行劫，伺其艇進港，徑往執之，解赴讞局。艇主蕭成亦內地人，折落艇上夷旗，激怒英酋，慫恿其索回逸犯」[177]。本來，事件的真相很清楚：第一，「亞羅」號是一艘中國船，雖曾在香港登記過，但執照已經過期，按法律不允許再懸掛英國旗。第二，「亞羅」號上的英國旗是船主蕭成有意扯下的，與中國執勤弁兵完全無關。連英國的香港總督兼駐華全權公使包令也私下承認：「經過調查，看來『亞羅』號是無權懸掛英國國旗的，允許它這樣做的執照於9月27日滿期，此後它就無權接受保護。」但是，他卻要藉此挑起釁端，指示其駐廣州領事巴夏禮（Harry Parkes）說：「你應該通知欽差大臣（指兩廣總督葉名琛），對已發生的事情我要求道歉，並要求保證將來英國國旗將受到尊重；這種通訊往來限於四十八小時內，一旦超過時間，你便受命隨即要求海軍當局協助你強迫要求賠償。」[178]正如一位西方歷史學家指出：「這位全權公使顯然很不誠實。當然，要向中國啟釁，不愁找不到合法的藉口；如果需要的話，他還有本領找到比劫持『亞羅』更好的藉口。」[179]

其實，早在「亞羅」號事件發生的前一天，即10月7日，英國艦隊已經開始了軍事行動，以「兵船入內河，攻毀獵德炮臺」。[180]10月日發生的

---

[176]　齊思和等編：《第二次鴉片戰爭》（中國近代史資料叢刊）（六），上海人民出版社，1974年，第53～54頁。
[177]　史澄纂：《廣州府志》卷八二〈前事略八〉，同治十年刊本。見《第二次鴉片戰爭》（叢刊一），第290頁。
[178]　〈包令爵士致函巴夏禮領事〉，《第二次鴉片戰爭》（叢刊六），第51頁。
[179]　科爾迪埃：〈一八五七—一八五八中國之征〉，《第二次鴉片戰爭》（叢刊六），第54頁。
[180]　史澄纂：《廣州府志》卷八二〈前事略八〉。見《第二次鴉片戰爭》（叢刊一），第290頁。

第二章　初試水軍：清政府的海軍建制實驗

「亞羅」號事件，更替英國提供了「合法的藉口」。從 10 月 11 日起，英國艦隊司令麥可・西摩爾（Michael Seymour）海軍少將率領軍艦 3 艘接連進攻，轟毀多座炮臺。並一度轟破廣州新城城牆，派隊從牆缺進城，突入總督衙門。雖然葉名琛採取不抵抗政策，但廣州一帶百姓則紛起抵抗。「在廣州河面上正面的騷擾也越來越多；中國人鑿沉許多沙船以堵塞通道，並且繼續發送放火筏，它們經常讓英國船隻造成很大的危險。飄揚著西摩爾海軍上（少）將軍旗的『科羅曼德號』在潮水最低時竟然遭到攻擊……」由於兵力不足，西摩爾於西元 1857 年 1 月 1 日決定撤退，以等待援軍到來。英國艦隊退至大黃滘外，在所占領的炮臺中「只保留一個位於河流中段，離廣州又不遠的小島上稱之為奧門的炮臺」[181]。

到西元 1857 年 5 月，英國艦隊的力量有所加強，「新添淺水輪船，與大船相輔而行，如虎傅翼」。瓊州鎮總兵黃開廣募集到紅單船 60 多艘，合各巡船 100 多號，總數達到 200 多艘。中國師船駐泊在珠江平洲三山河面，「擬與血戰一次，驅令出境」[182]。從 5 月 25 日開始，英國海軍準將艾略特（Charles Elliot）率領砲艦搜查中國師船，並發起炮擊，致使中國師船損失 16 艘。26 日，英艦再次向遂溪的中國師船發起進攻。水師官兵用火槍向英國水手猛擊。同時，「中國官員沙船的甲板上有著火藥，並且有引火繩直通到岸上。靠近它的一間房子被點著了火，沙船於是就炸了起來，幾乎把一艘大的英國舢板也炸掉了」。儘管在這次戰爭中有 12 艘師船被擊沉，但英國海軍也損失不輕。據英國《泰晤士報》隨軍記者柯克（Cooke）報導：「在這次交鋒中，每十個人就有一個人被打中，即使在歐洲戰爭中也算得上是一個很大的比例。遠征遂溪的結果就是如此。」[183]

---

[181]　德巴贊古：〈遠征中國和交趾支那〉，《第二次鴉片戰爭》（叢刊六），第 56 頁。
[182]　華廷傑：〈觸藩始末〉卷中。見《第二次鴉片戰爭》（叢刊一），第 177 頁。
[183]　柯克：〈中國－泰晤士報一八五七－一八五八特派中國報導〉，《第二次鴉片戰爭》（叢刊六），

第二節　英法聯軍來襲與清軍水師的抗戰

　　6月1日，英國艦隊又發起進攻三山江中國師船總隊的戰鬥。按照預定計畫，英國海軍，艦船先於第一天晚上在珠江河面集結。整個艦隊由司令西摩爾海軍少將親自指揮，下分兩個支隊，一隊由海軍準將凱佩爾（Donald Keppel Bain）率領，一隊由海軍準將艾略特率領。是日凌晨，進攻開始了。旗艦「科羅曼德爾」號作為先導前進，最先近距離轟擊海心沙島上的炮臺，並加以占領。但當英國艦艇上溯到灣口時，遭到守軍的頑強抵抗。凱佩爾準將的坐艦「西比爾」號被擊中沉沒，凱佩爾本人僥倖被部下救起。另一艘敵篷汽艇則被一發砲彈穿透而沉沒。英國官兵共傷亡84人。據西方報導說：「英國人遭受到嚴重的損失。他們承認，在西元1842年的戰爭裡曾目睹天朝帝國的師船和士兵不經一擊，一觸即潰；然而在這以後，中國人的軍事訓練和武裝卻已大有進步。大炮造得很好，口徑很大，另外，火繩槍也由射程很遠的歐洲槍所代替。」[184]西摩爾在呈給本國政府的報告中甚至認為：「這次戰鬥揭開了中國戰史上的新紀元：中國人在防禦方面極為靈活，而且很有勇氣。」[185]

　　但是，中國師船還是抵不住英國堅船利炮的進攻，有180艘船被擊毀。英艦乘勢進至佛山鎮。於是，英國艦隊終於掌握了珠江的控制權。

　　此後，英國為了進一步擴大侵略，並使這次侵華戰爭「帶有國際性質」[186]，一面協調組建英法聯合艦隊，並陸續抽調艦隻東來，一面散布英軍「在孟加拉大敗，中埋伏，覆其全軍」[187]的假情報，以麻痺中國方面。

　　　　第64頁。
[184]　〈兩個世界雜誌的年鑑〉第7期（1856～1857年），《第二次鴉片戰爭》（叢刊六），第65頁。
[185]　《第二次鴉片戰爭》（叢刊六），第66頁。
[186]　〈海軍大臣閣下給印度支那艦隊司令果戈・德熱努依里海軍少將的急件〉，《第二次鴉片戰爭》（叢刊六），第91頁。
[187]　華廷傑：〈觸藩始末〉卷中。見《第二次鴉片戰爭》（叢刊一），第178頁。

第二章 初試水軍：清政府的海軍建制實驗

葉名琛更加自信,「謂省城絕無事,故沿海內外俱不設備」[188]。

先是早在 4 月間,英國政府即任命原駐加拿大總督額爾金(Lord Elgin)及其弟普魯斯(Frederick Bruce)為正副全權特使,並組織遠征軍開赴中國。其後,法國政府也派葛羅男爵(Jean-Baptiste Louis Gros)為特命全權公使,率一支遠征軍來華。7 月初,額爾金先抵達香港。10 月中旬,葛羅抵達香港後,雙方經過多次協商,決定組成聯軍,先攻占廣州,然後北上白河口,以威逼清政府簽訂新約。到 12 月上旬,英法聯軍正式組成。是月 28 日,英艦 8 艘和法炮艇 3 艘用 130 門大砲猛轟廣州,並以大量部隊,其中英海軍旅 1,800 餘名、水兵 2,000 餘名、陸兵 800 名、法海軍旅 990 名,共約近 6,000 名,在獵德炮臺和東定炮臺的中間地帶登陸。中國守軍「置身在灌木叢中,躲在墳墓的後面,……突如其來地用熾烈的火力向我們的人進行射擊,把像冰雹似的子彈和箭傾瀉在他們身上」。守軍的節節抵抗,也讓英、法侵略者造成很大傷亡,「有百餘英國人被打死或負傷;有三十多個法國人喪失了戰鬥力,其中三人被打死」[189]。但是,分散的守軍小隊終於抵不住聯軍強勁炮火的進攻。29 日,英法聯軍從城東北隅攀緣登城,遂陷廣州。

二　英法強行修訂新約與大沽炮臺之陷

英法聯合艦隊既占領廣州,便進一步實施貫徹其政府的侵華計畫,連檣北上,逕趨天津。於是,發生了第一次大沽口之戰。

先是在 4 月間,英、法兩國在遠東的艦艇便陸續奉調北上,向白河口

---

[188] 《廣州府志》卷八二〈前事略八〉。見《第二次鴉片戰爭》(叢刊一),第 290 頁。
[189] 德莫熱:〈1857 和 1858 年出使中國和日本的回憶錄〉,《第二次鴉片戰爭》(叢刊六),第 129～130 頁。

第二節　英法聯軍來襲與清軍水師的抗戰

集中。到 5 月 11 日，集結於白河口的英法聯合艦隊共 26 艘，其中英艦 15 艘，法艦 11 艘。如下表[190]：

國別	艦名	艦類	火炮（門）	艦員	馬力（匹）
英國艦隊	加爾各答號	帆艦	84	720	—
	煽動號	快速帆艦	40	270	—
	憤怒號	明輪蒸汽護衛艦	6	220	400
	納姆羅號	蒸汽砲艦	6	120	180
	鸕鶿號	蒸汽砲艦	8	98	200
	瑟普萊斯號	蒸汽砲艦	8	98	200
	富利號	明輪蒸汽砲艦	8	160	515
	克羅曼德爾號	明輪蒸汽砲艦	5	60	150
	斯萊尼號	蒸汽淺水炮艇	5	48	80
	萊文號	蒸汽淺水炮艇	5	48	80
	䲀號	蒸汽淺水炮艇	3	48	60
	負鼠號	蒸汽淺水炮艇	3	48	60
	堅固號	蒸汽淺水炮艇	3	48	60
	弗姆號	蒸汽淺水炮艇	3	48	60
	海斯坡號	蒸汽供應艦	5	54	120
法國艦隊	復仇者號	快速帆艦	50	—	—
	果敢號	快速帆艦	50	—	—
	普利姆蓋號	蒸汽砲艦	8	—	—
	弗勒格頓號	蒸汽砲艦	8	—	—
	監禁號	蒸汽砲艦	12	—	—

---

[190]　參見茅海建：〈第二次鴉片戰爭中清軍與英法軍兵力考〉，《近代史研究》1985 年第 1 期，第 200～201 頁。

第二章　初試水軍：清政府的海軍建制實驗

國別	艦名	艦類	火炮（門）	艦員	馬力（匹）
法國艦隊	梅耳瑟號	蒸汽砲艦	12	—	—
	雪崩號	蒸汽淺水炮艇	6	—	—
	霰彈號	蒸汽淺水炮艇	6	—	—
	火箭號	蒸汽淺水炮艇	6	—	—
	龍騎兵號	蒸汽淺水炮艇	6	—	—
	雷尼號	輪船（租用）	—	—	—

聯軍共有3,000餘名官兵，裝備大炮356門，其中英軍官兵2,088名，大炮192門，法軍1,000餘名，大炮164門。另有美艦3艘和俄艦1艘也隨同停泊於白河口外。

白河，源出河北沽源縣，古稱沽水，亦稱沽河。南流至密雲縣，與潮河相會，稱潮白河，經香河、武清等縣至天津。天津以下入海，稱海河，亦即直沽，而有大小之分，其上流曰小直沽，下流曰大直沽。因此，白河或海河之入海口，俗稱大沽口。大沽口為天津的門戶，口外「空闊千里，並無島嶼堪以寄碇，近口三十餘里，有攔江沙口外之險」[191]。然攔江沙並不能阻擋所有船隻駛入河口。故署直隸總督譚廷襄奏稱：「至海防關係緊要，攔江沙素稱天險，大船出入較難，而舢板往來，究竟未能阻隔。」[192]正由於此，大沽炮臺被清政府視為防禦重點，曾多次下令檢查修葺，然措施不力，一直拖而未辦。到西元1868年春間再行檢查，「炮臺舊存兵房四十間，房頂半多滲漏，牆垣坍塌不全」[193]，已經破敗不堪了。天津鎮總兵達年於4月2日親到大沽查勘，認為必須擇要妥為籌布，以資保衛。

---

[191] 〈譚廷襄籌辦天津海防情形折〉，《籌辦夷務始末》（咸豐朝）卷一九，第670頁。
[192] 〈譚廷襄籌辦天津海防情形折〉，《籌辦夷務始末》（咸豐朝）卷一五，第539頁。
[193] 《振麟給醖卿信》，《第二次鴉片戰爭》（叢刊一），第630頁。

第二節　英法聯軍來襲與清軍水師的抗戰

因此決定：「所有南、北兩岸四炮臺炮位、火藥、鐵子等項，按炮整備齊全，哨探各船飭令不分晝夜勤加探巡，並飭將兵丁器械亦皆飭修精純。其平常無事之時，南岸三炮臺擬各派兵一百兵，北炮臺派兵二百兵，查河查街、看守火藥軍器各庫等項差使，派兵一百名；倘遇緩急，移撥津標兵三百五十名前赴北炮臺。」[194] 這樣，海口南岸三座炮臺各有守兵 100 名，北岸炮臺有守兵 200 名，合計 700 名；即使到情況緊急時，移撥 350 名津標兵增援北炮臺，總共才 1,050 名。何況倉促布置，器械窳劣，以禦眾多船堅炮利之敵，焉有取勝之理！

更為重要的是，咸豐皇帝對於英、法侵略者蓄謀挑起釁端的野心始終缺乏應有的理解。他認為，英、法雖詭譎異常，未必遽起釁端，而應「設法羈縻」[195]，「待之以禮，動之以誠」[196]。在聖諭的明示下，自 4 月 2 日以來，英、法等國船隻經常進入攔江沙，停泊於南岸炮臺前，譚廷襄及以下官員，「時請諸夷來會，並屢送牛、羊、豬、雞、果品、蔬菜等物，足徵我天朝懷柔遠人之意，備極周旋也」。據時人記述：「督憲與烏憲、崇憲、藩司均在中炮臺之左設蘆棚，每日筵宴諸國，備陳我皇上威德如天，開導夷人，……其蘆棚也，座西向東，紅布為幔，紅氈鋪地，鼓樂送迎，各大憲及兵將，均免刀劍，僅穿缺襟之袍。其設座也，以西方為上，大憲等南北相陪，款待優容，誠為衣冠之會。」[197] 似此卑躬屈節，曲意逢迎，希圖感動侵略者，純係自取敗績之道！

自進入 5 月以來，英、法艦隊竟不斷劫掠海戶商船和海運沙船，並用

---

[194]〈達年給醞卿信〉，《第二次鴉片戰爭》（叢刊一），第 630～631 頁。
[195]〈廷寄〉，《籌辦夷務始末》（咸豐朝）卷一九，第 671 頁。
[196]〈譚廷襄奏遵旨赴津折〉，《籌辦夷務始末》（咸豐朝）卷二，第 705 頁。
[197]〈天津夷務實記〉，《第二次鴉片戰爭》（叢刊一），第 475～476 頁。按：「督憲」指署直隸總督譚廷襄；「烏憲」指內閣學士正紅滿洲副都統烏爾棍泰；「崇憲」指天津驗米大臣崇綸；「藩司」指直隸布政使錢炘和。

第二章　初試水軍：清政府的海軍建制實驗

竹竿沿海插立，試水深淺，甚至頻駕小船，進入口岸探水。面對英、法日益囂張的挑釁行徑，譚廷襄等無計可施，仍然照舊每日宴請不誤。直到5月15日，即英法聯合艦隊發動進攻的前一天，英、法軍事頭目各帶刀劍來赴宴時，竟大言恫嚇，聲稱「他國火炮準而遠，他國兵刃鋒而快。並云，如我勝他，則彼用白旗展退，永不敢藐視天朝」，已露決戰之意。譚廷襄則以「皇上神威，士卒果敢」之空言應之。[198]

實際上，早在4月下旬，英、法即做出了「封鎖河道，攻打並占領白河口的炮臺，並派出遠征軍占領天津」的決定。只是由於英國艦隊要等待淺水炮艇前來，不得不將進攻的時間推遲而已。5月18日，聯軍頭目舉行軍事會議，一面研究制定作戰方案，一面草擬最後通牒的文稿。其作戰計畫包括兩部分內容：一是透過炮艇的大炮進行攻擊；二是將登陸部隊分成兩支，登岸將炮臺加以占領。炮艇又分為兩組：第一組，英國淺水炮艇「鸕鶿」號，法國淺水炮艇「霰彈」號和「火箭」號，攻擊大沽北岸炮臺，另有登陸部隊457人，其中英軍289人，法軍168人，負責攻打北岸，並奪取北岸炮臺；第二組，英國淺水炮艇「納姆羅」號，法國淺水炮艇「雪崩」號和「龍騎兵」號，另有登陸部隊721人，其中英軍371人，法軍350人，負責攻打南岸炮臺，並以南岸三臺中位置最北的左炮臺為主攻方向，因為占領這座炮臺就可以保障攻占南岸所有的清軍陣地。同時商定，必須最先將北岸炮臺摧毀和占領，並將其大炮拆除，以防清軍以其炮火轟擊負責攻占聯絡南岸工事的登陸點。根據聯軍的作戰計畫，到5月19日，「所有的作戰命令均已下達，各艦艇的艦長均已接到了在轟擊炮臺期間應堅守職位和順序前進的訓令」[199]。

---

[198]　〈天津夷務實記〉，《第二次鴉片戰爭》（叢刊一），第476頁。
[199]　德巴贊古：〈遠征中國和交趾支那〉，《第二次鴉片戰爭》（叢刊六），第145～147頁。

第二節　英法聯軍來襲與清軍水師的抗戰

5月20日上午8點，英法聯軍送來最後通牒，內稱：「現因大英、大法國欽差大臣議定進京，以便會同京師大臣辦理兩國事宜。護衛二位欽差大臣入京，實屬緊要，相應照會。為此照會貴大臣，即將北（白）河左右兩涯（岸）炮臺與河口各炮，交與本提督把守，免生事端。若限一個時辰之久，不見有將各炮臺連炮交出，本提督即時開炮轟擊。」[200]

10點，聯軍開始向大沽炮臺發起攻擊，以「斯萊尼」號為旗艦，「鸕鶿」號等6艘炮艇分兩隊迅速衝進海口，開始轟擊炮臺。炮臺守軍猛烈地進行回擊，戰鬥異常激烈。官兵捨生忘死，英勇殺敵，絕不屈服。據目擊當時戰鬥的美國人丁韙良（William Alexander Parsons Martin）記載：「中國人的確打得不錯。有人打賭說只要打半個小時就行了，結果他們卻堅持了兩個小時又一刻鐘。在這期間，炮臺上和炮臺內的木架都被爆炸的砲彈打得起火，守衛者實在不能再撐下去了。只要大砲還在還擊就立刻會被一顆瞄得很準的砲彈打翻在地。……（但是）看不到任何屈服的象徵，在被砲彈打掉或被火焰吞沒前，有些旗幟還在繼續飄揚。」[201] 事後，丁韙良逢人便說：「予見中國兵械雖不甚精，而兵弁大都忠勇。」[202] 另一位目擊者美國人衛三畏（Samuel Wells Williams）也記述道：「炮臺的設施都遭受重大的破壞：炮架被打壞了，許多大砲也就倒在地上，或炮口都被炸碎，這樣就全都不能用了。然而中國人卻還沒有放棄自己的陣地，繼續奔向那些還沒有被打壞的大砲。他們的炮手一個接著一個地被我們靈活的射手所擊中，然而卻立即就有人替補。」、「炮臺裡有些大砲打得很快，整體說來

---

[200]　〈英法兩國水師提督為護衛使臣進京限時交出北［白］河炮臺照會〉，《第二次鴉片戰爭》（叢刊三），第329頁。
[201]　丁韙良：〈中國六十年〉，《第二次鴉片戰爭》（叢刊六），第152頁。
[202]　夏燮：《中西紀事》卷一四，附錄〈西人月報〉，文海出版社影印本，第12～13頁。

第二章　初試水軍：清政府的海軍建制實驗

中國人進行了英勇的保衛戰。有些軍官就地自刎而不願苟生。」[203] 另據香港報紙所載寄自中國的西人報導，亦盛讚大沽炮臺官兵之英勇：「此時官兵武弁，膽略甚壯，其堅守炮臺之人，三次為英人砲彈所中，三次去而復返。又有一弁，於英人逼近炮臺時，單身從炮臺上跳躍而下，前來迎戰。……此等武弁，忠勇異常，我外國人亦心慕焉。」[204]

在中國炮臺守軍的頑強抵抗下，儘管敵我力量強弱懸殊，仍然嚴重殺傷聯軍。據當時參加戰鬥的法國人德莫熱自述：「『霰彈』號的暗輪纏在打漁人的網上，有好幾分鐘暴露在敵人的火力下，無法還手。炮彈穿過船身、機器和其他部分，到處都是彈痕。船上有十一個人被打傷；二十歲的年輕海軍中尉比多先生的頭被砲彈削掉。……在『龍騎兵』號上，一位學員巴拉蒂先生被劈成兩段拋入海中，只有他的一把寶劍還留在甲板上。『火箭』號的副艦長波爾克先生也被炸成兩段。從桅櫓上指揮射擊的勒尼奧先生被打中面頰，受了傷。我們一共有四位軍官被打死，三十多名水手受傷。……中國人的射擊既持久又準確，使大家都感到驚奇。毫無疑問，這是精選出來的軍隊。」[205] 經過兩個多小時的激烈戰鬥，清軍「死傷兵勇四百餘名」[206]。聯軍也受到重創，共計死傷 133 人，其中英軍死 5 人，傷 17 人；法軍死 16 人，傷 95 人。[207]

---

[203]　〈衛三畏日記〉，《第二次鴉片戰爭》（叢刊六），第 149、151 頁。
[204]　夏燮：《中西紀事》卷一四，附錄〈西人月報〉，第 12 頁。
[205]　德莫熱：〈一八五七和一八五八年出使中國和日本的回憶錄〉，《第二次鴉片戰爭》（叢刊六），第 153～154 頁。
[206]　〈金大鏞稟報〉，《第二次鴉片戰爭》（叢刊一），第 642 頁。
[207]　關於第一次大沽口之戰英法聯軍的傷亡數字，歷來沒有精確的統計，故說法不一。據夏燮《中西紀事》附錄〈西人月報〉稱：「英兵死者五名，傷者十七名；法兵死傷者八十八名。」（見該書卷一四第 13 頁）。另據《兩個世界雜誌的年鑑》卷八稱：「法國人有七名被打死，五十九名負傷；英國人有五名被打死，十七名負傷。在進行占領時，由於北岸炮臺內某火藥庫的爆炸，所以法國人的損失就更加重了。」（《第二次鴉片戰爭》（叢刊六）第 153 頁）。英軍傷亡數兩相一致，當無疑問。至於法軍傷亡數，前說比較籠統，姑且置之；後說比較確定，似應加

第二節　英法聯軍來襲與清軍水師的抗戰

到中午12點多，英法聯軍先攻占了北岸炮臺。守將游擊沙春元「中炮陣亡，炮臺失陷，該夷搶上炮臺，用北岸之炮並夷船之炮轟擊南岸炮臺，都司陳毅等陣亡，炮臺亦即失陷」[208]。至此，大沽南北兩岸炮臺完全落入聯軍之手。

第一次大沽口之戰清軍失敗的主要原因有四：

其一，發動第一次大沽口之戰是英法聯軍早有預謀的，打的是一場主動仗，而中國方面則打的是一場被動仗。自4月25日至5月1日，其間凡25天，清朝前敵統兵大員日日宴請敵軍頭目，致使我方情況完全為彼方所掌握。例如聯軍以5月20日上午10點為發起進攻的時間，便是經過精心研究確定的。是日為夏曆四月初八日，而上午1點剛好是潮落之時，非常有利於敵人的進攻，卻不利於炮臺守軍的回擊。據時人指出：「夷等得勢者，蓋乘潮落也。夫海水日夜兩潮，水高過丈，若夷等潮長而進，則我炮臺與彼船相對，轟擊必多，似可取勝。奈彼潮落而來，彼船開炮，乃以下攻上，兼各樣火器，置造輕妙而準，我炮雖多，係以上打下，炮子屢空，兼動轉不靈，致受其敵。」[209]當時身臨戰場的外國人也指出，「有許多砲彈從空中朝著我們這裡打過來，……在超過我們頭上後就落到後面幾百碼的水中去了」[210]。相反，在兩軍相持的關鍵時刻，清軍派出50艘放火筏，試圖用來焚毀聯軍的艇船，而由於完全是被動作戰，沒有選擇進攻時機的可能，又剛好趕上風向相反，結果卻都「被擱淺在河道轉彎處的淤

　　　　　上在北岸炮臺因火藥庫爆炸而死傷的數目。綜合其他資料，可知火藥庫爆炸使法軍「九個人死掉了」，「約有近四十人負傷」。（《第二次鴉片戰爭》（叢刊六）第154～155頁）這樣，法軍被斃人數應為16人；若火藥庫爆炸所傷以36人計，則負傷人數共為95名。
[208]　〈綿愉等奏訊明海口失事各員分別按律定擬折〉，《籌辦夷務始末》（咸豐朝）卷三〇，第1102頁。
[209]　〈天津夷務實記〉，《第二次鴉片戰爭》（叢刊一），第477頁。
[210]　丁韙良：〈中國六十年〉，《第二次鴉片戰爭》（叢刊六），第152頁。

第二章　初試水軍：清政府的海軍建制實驗

泥中」[211]，未能奏效。

其二，雙方武器裝備等級差距過大。戰後直隸總督譚廷襄曾比較敵我火器的破壞力，稱：「夷炮所至，兩岸一二里內不能駐足，抬槍、抬炮不能傷及其船，……萬斤及數千斤之炮，轟及其船板，僅止一二孔，尚未沉溺，而北炮臺三和（合）土頂被轟揭去，南炮臺大石鑲砌塌卸小半，炮牆無不碎裂，我之大砲不及其勁捷，船炮兩面齊放，不能躲避。」[212] 在聯軍船炮的巨大威力的打擊下，大沽炮臺的掩蔽建築幾乎發揮不了多少作用。炮彈射穿到炮臺內部，其破壞力尤為劇烈。當敵人占領炮臺後，目睹了這樣一幅悽慘的景象：「在那裡的守軍由於掩蔽得很差，所以傷亡慘重。大部分的建築物都被在內部所爆炸的砲彈所震壞。當我們的士兵占領這些工事的時候，進行了清點，單在一個砲兵陣地上就有二十九個炮手躺在他們的大砲旁。炮臺指揮官的腦袋也被砲彈打掉了。」[213] 第一次鴉片戰爭後，西方國家的武器裝備進入一個更新換代的時期，木製帆艦漸為蒸汽鐵艦所代替，滑腔炮也為線腔炮所更替；中國在武器裝備上本來就比西方國家落後很多，而在這十幾年中卻毫無作為，一切依舊，差距更為擴大，因而不能不帶來嚴重的後果。

其三，清軍部署不當，指揮不力，未能制定正確的防禦方針。當時集結於大沽附近的清軍並不算少，4月中旬譚廷襄等陸續帶部赴防，「兵弁齊集，約八千有奇」。後又欽派刑部左侍郎宗室國瑞等「領京營馬步各隊，兼內火器營，計二千餘名，萬斤大砲數尊，均赴海口聽調」[214]。總兵力達

---

[211]　德莫熱：〈一八五七和一八五八年出使中國和日本的回憶錄〉，《第二次鴉片戰爭》（叢刊六），第154頁。
[212]　〈直隸總督譚廷襄奏宜撫不宜戰緣由折〉，《第二次鴉片戰爭》（叢刊三），第337頁。
[213]　德巴贊古：〈遠征中國和交趾支那〉，《第二次鴉片戰爭》（叢刊六），第149～150頁。
[214]　〈天津夷務實記〉，《第二次鴉片戰爭》（叢刊一），第473～474頁。

第二節　英法聯軍來襲與清軍水師的抗戰

1萬多人，是英法聯軍的3倍多。譚廷襄認為，「夷長於水，而不長於陸，狡猾性成，未必肯舍長就短」，因此制定了「設防仍以水路為主，兼備炮臺後陸路」[215]的防禦方針。這樣，赴防各營完全分布於炮臺後路，離海口較遠，而且過於分散，「以水路為主」成了一句空話，炮臺守軍在敵人的猛烈進攻下只能孤軍作戰了。當聯軍進攻岸炮臺時，守將游擊沙春元奮力指揮，「親擊敵船」[216]，不幸被敵「炮傷，洞腹腸出，登時陣亡」[217]，而副都統富勒敦泰時駐北岸於家堡，距北炮臺陸路約有六里，「不能接應，以致北炮臺先失，南炮臺兵勇均站不住，一齊退散，同時失守」[218]。刑部侍郎國瑞「所帶馬隊，紮營南岸新城迤南距炮臺約有二十餘里，是日帶隊趕到，炮臺已失」[219]。水路和陸路，前隊和後隊，皆是各自為防，未能聯為一體，因此一處被破，全線敗退，也就勢所必然了。

其四，以羈縻開導為上策，幻想總不致決裂，未能認真備戰，是導致第一次大沽口之戰失敗的最根本的原因。本來，英、法發動第二次鴉片戰爭，是得到美、俄全力支持的，四國相互勾結，沆瀣一氣，其侵略目的並無二致。但美、俄偽裝成一種調解的姿態，而清廷又看不清其假象，以致大上其當。咸豐皇帝曾經想採取分化英、法與美、俄的策略：「先解散俄、米（美）兩酋，不至助逆，則英、佛（法）之勢已孤，再觀其要求何事，從長計議。」[220]這不過是一廂情願，不但不會有任何結果，反而造成了嚴重的惡果。清政府對美、俄「外雖講好，中尚袒護英、佛」[221]的行徑不是沒

---

[215] 〈譚廷襄奏籌辦天津海防情形折〉，《籌辦夷務始末》（咸豐朝）卷一九，第670頁。
[216] 高彤皆纂：《天津縣新志》卷一八〈吏政四〉。見《第二次鴉片戰爭》（叢刊一），第610頁。
[217] 〈直隸總督譚廷襄等奏炮臺被占津郡勢難戰守折〉，《第二次鴉片戰爭》（叢刊三），第332頁。
[218] 〈王榕吉稟報〉，《第二次鴉片戰爭》（叢刊一），第646頁。
[219] 〈僧格林沁奏查天津失事大員折〉，《籌辦夷務始末》（咸豐朝）卷二九，第1073頁。
[220] 〈廷寄〉，《籌辦夷務始末》（咸豐朝）卷一九，第685頁。
[221] 〈譚廷襄等奏俄使來見要求進京及分界通商各事折〉，《籌辦夷務始末》（咸豐朝）卷二〇，第723頁。

第二章　初試水軍：清政府的海軍建制實驗

有覺察，但自覺力不從心，只有採取羈縻之計，把希望寄託在美、俄的調解上。咸豐皇帝屢次諭示「不可先行用武」，「未必遽起釁端」，即為此也。直到5月22日，即英法聯軍攻占大沽炮臺的第三天。他仍然希望尋找「挽回補救之方」，降旨「暫緩進攻，且看俄、米二夷日內有無投文說合之事，再作計議」。[222] 身為前敵統帥的譚廷襄，也認為「仍有俄、米說合，雖必要求無厭，較之用兵，究有把握」，奏請准予「先為籠絡俄、米，仍示羈縻」。[223] 像這樣一意企盼調解，而在軍事上卻不肯加強戒備和立足於戰，其結局也就不問可知了。

經過第一次鴉片戰爭，一些先進的中國人開始理解到「船堅炮利」為西洋「長技」，並有「師夷之長技以制夷」口號的提出。將近20年的時間過去了，西洋的「長技」又有了新的發展，而中國的「師夷」卻未見諸行動，錯過了這一難得的歷史機遇。這樣，中國的海防不是得到加強，而是形勢愈來愈趨於嚴峻。外國軍艦竟任意游弋於中國海口，甚至深入堂奧，攻打海岸炮臺，強迫訂立城下之盟，弄得個大好神州幾於國將不國！沒有鞏固的海防就談不上國防，這就是第一次大沽口之戰的重要教訓所在。

三　進京換約路線之爭與大沽海口大捷

第一次大沽口之戰後，在侵略者的武力威脅之下，清政府先後與英、法、俄、美分別簽訂了進一步喪權辱國的《天津條約》。在這個條約中，除中美《天津條約》籠統地規定「限於一年之內……屆期互換」外，其他三個條約都明確地寫上了「限一年之內兩國互交於京」、「以一年為期，彼此

---

[222] 〈廷寄〉，《籌辦夷務始末》（咸豐朝）卷二〇，第708～709頁；卷二二，第801頁。
[223] 〈譚廷襄等又奏俄美願為說合請准斟酌辦理片〉，《籌辦夷務始末》（咸豐朝）卷二二、第803頁。

第二節　英法聯軍來襲與清軍水師的抗戰

大臣於大清京師會晤，互相交付」、「限以一年，即在京師互動存照」[224]等字樣。沒想到此項規定竟引發了大沽口的再次釁兵。

先是當欽差大臣大學士桂良、吏部尚書花沙納到天津議和之際，對英、法所要求的一些條款，從咸豐皇帝到朝廷大臣，即皆表示反對。在清廷看來，這些條款「以派員駐京、內江通商，及內地遊行、賠繳兵費始退還廣東省城四項，最為中國之害」[225]。而尤對「派員駐京」一款最不能容忍。吏部尚書周祖培、刑部尚書趙光、工部尚書許乃普等 24 位官員上奏朝廷，歷數「外使駐京」之害，並指出：「該夷一入京師，則一切政令，必多牽制，即欲為生聚教訓之謀，不可得矣。」[226]咸豐皇帝對周祖培等的意見十分重視，諭示桂良與英、法使臣交涉時，「告以遇有要事，儘可來京面訴，不必留人遠駐京師。或照俄夷成例，但派學生留住，不能有欽差名目。須改中國衣冠，遵中國制度，不得與聞公事」[227]。但是，桂良認為，「應允之患無窮，而決裂之患尤重」、「不可輕試其鋒」，不如先混過一時，「迅速了結為得計」：「此時英、佛兩國和約，萬不可作為真憑實據，不過假此數紙，暫且退卻海口兵船。將來倘欲背盟棄好，只須將奴才等治以辦理不善之罪，即可作為廢紙。」[228]並申述從權允准外使駐京的理由說：「夷人之欲駐京，一欲誇耀外國，一欲就近奏事，並非有深謀詭計於其間也。……今議一年始行復來，並不帶兵，即數十人，亦不過如高麗使臣，國家待之禮，且彼必欲挈眷，是仿古人為質者，防範倘嚴，拘束亦易，且以數十人深入重地，不難鈐制。……夷人最怕花錢，任其自備資斧，又畏

---

[224]　〈籌辦夷務始末〉（咸豐朝）卷二七，第 998、990 頁；卷二八，第 1023、1024 頁。
[225]　〈廷寄〉，《籌辦夷務始末》（咸豐朝）卷三一，第 1167 頁。
[226]　《周祖培等奏外使駐京八害折》，《籌辦夷務始末》（咸豐朝）卷二六，第 954 頁。
[227]　〈廷寄〉，《籌辦夷務始末》（咸豐朝）卷二六，第 963 頁。
[228]　〈桂良等奏英自定條約五十六款逼令應允折〉，《籌辦夷務始末》（咸豐朝）卷二六，第 966 頁。

第二章　初試水軍：清政府的海軍建制實驗

風塵，駐之無益，必將自去。」[229] 這純屬自欺欺人之談！儘管清政府最終還是被迫接受了所有條款，然於心不甘，總想在換約之前予以反悔。而英、法侵略者則不僅準備用武力保住業已到手的獵物，並且還想攫取更多的在華侵略特權。因此，第二次大沽口之戰的發生也就勢所必然了。

為了改訂條約和商訂海關稅則，咸豐皇帝於西元1858年9月派桂良、花沙納前往蘇州，意欲用「稅課全免」的辦法將「四項全行消弭」。[230] 但英、法代表態度強硬，聲言「條約以外之事，均可商量，條約既定之說，萬不能動」[231]。「即駐京一節，且以奉到硃批，業經奏明伊國君主，不能更動為詞。」[232] 咸豐皇帝十分惱火，斥責桂良等：「在津濫許該夷所求之事，據奏原思日後挽回，若至今仍無補救，不獨無顏對朕，其何以對天下？」[233] 桂良等又想用在上海換約的辦法，以阻止外使進京，也為英、法代表所拒絕。

其實，決意北上進京換約，是英、法侵略者的既定方針。西元1859年初，英國政府派普魯斯為駐華公使，法國政府派布爾布隆（Alphonse de Bourboulon）為駐華公使，同於6月2日離開香港北上。據巴黎《祖國報》所刊法國使團祕書夏瑟龍（Henri de Chasseloup-Laubat）的一封來信稱：「英國使團的離開其性質就完全不一樣，看上去不那樣懷有和意。事先預見到事態的發展，普魯斯先生也就決定用他所擁有的一切方法進入北京，……他由兩艘大型帆艦、三艘小型帆艦、兩艘報信兵船以及九只炮艇護送，除

---

[229]　〈桂良等奏對外不可戰者五端英法要求可從權允准折〉，《籌辦夷務始末》（咸豐朝）卷二七，第982頁。
[230]　〈廷寄〉，《籌辦夷務始末》（咸豐朝）卷三一，第1173頁。
[231]　〈桂良等奏連日與各國會議條約萬不能動折〉，《籌辦夷務始末》（咸豐朝）卷三二，第1184頁。
[232]　〈桂良等奏洋務辦理棘手各國不肯罷棄條約折〉，《籌辦夷務始末》（咸豐朝）卷三二，第1189頁。
[233]　〈廷寄〉，《籌辦夷務始末》（咸豐朝）卷三二，第1191頁。

第二節　英法聯軍來襲與清軍水師的抗戰

艦上人員外,還隨帶了一千五百人的登陸部隊。」[234] 所以,這兩位公使於6月7日到上海後,根本拒絕與桂良等會面,只是共同商量下一步如何行動。普魯斯對布爾布隆說:「假如要有麻煩的話(我們應該對此有所準備),那末不如就直截了當地去找上這些麻煩,甚至可以說最好事前就去挑起這些麻煩。」[235] 其不惜使用武力威脅之心昭然若揭。布爾布隆心領神會,當即表示「在任何情況下都和他站在一起」,並保證說:「一旦衝突發生,我們的旗幟就應該和英國的旗幟在一起飄揚。」他們還共同商定將挑起戰端的決定權交給英國艦隊司令霍普(James Hope)海軍少將,因為只要他「認為打開通向天津的道路確係切實可行的話,那末我們就只有把所有事情都委託給他,除此以外就沒有別的選擇了」[236]。英、法侵略者蓄謀挑起第二次大沽口之戰,它的發生在所難免了。

6月中旬,普魯斯、布爾布隆由上海起碇北航,直赴大沽口外。美國新任駐華公使華若翰(John Elliott Ward)也隨同北上,以期一起進京換約。先後到達大沽口外的英國軍艦有20艘,法國軍艦有2艘。如下表[237]:英國艦隊載炮174門,有官兵2,000多人;法國艦隊載炮50多門,有官兵數百人。另有美國「託依旺」號等3艘艦艇,也隨同來到。

咸豐皇帝見英法聯軍再次壓境,欲演去年故事,只好應允如期在京換約,但規定外國換約人員須走北塘,到天津靜候,不准執持軍械,至多不過20人之數。降旨派員諭知:「唯大沽海口不能行走,設竟無理闖入,以

---

[234]　《第二次鴉片戰爭》(叢刊六),第190頁。
[235]　科爾迪埃:〈一八六〇年中國之征〉,《第二次鴉片戰爭》(叢刊六),第191頁。
[236]　〈布林布隆致函外交大臣〉,《第二次鴉片戰爭》(叢刊六),第191頁。
[237]　參見茅海建:〈第二次鴉片戰爭中清軍與英法軍兵力考〉,《近代史研究》1985年第1期,第203頁。按:表中阿爾及林號以下9艘淺水蒸汽炮艇船員自37人至60人不等,馬力自40匹至80匹不等。

第二章　初試水軍：清政府的海軍建制實驗

致誤有損傷，中國不任其咎。」[238] 由直隸總督恆福派易州知州李同文送照會給普魯斯，但得到的答覆是：「定行接仗，不走北塘。」[239] 英、法侵略者在蓄意尋釁，這是再清楚不過的了。對此，馬克思特地在《紐約每日論壇報》上發表了一篇題目〈新的對華戰爭〉的評論文章，指出：「既然天津條約中並無條文賦予英國人和法國人以派遣艦隊駛入白河的權利，那末非常明顯，破壞條約的不是中國人而是英國人，而且，英國人預先就決意要在規定的交換批准書日期以前向中國尋釁了。」[240]

國別	艦名	艦類	火炮（門）	艦員	馬力（匹）
英國艦隊	切撒皮克號	蒸汽巡洋艦	51	520	400
	高飛號	蒸汽護衛艦	21	240	250
	巡洋號	蒸汽砲艦	16	165	60
	魔術師號	蒸汽砲艦	16	220	400
	納羅姆號	蒸汽砲艦	6	120	180
	鸕鷀號	蒸汽砲艦	8	98	200
	富利號	明輪蒸汽砲艦	8	160	515
	科羅曼德爾號	明輪蒸汽砲艦	5	60	150
	負鼠號	淺水蒸汽炮艇	5	48	80
	阿爾及林號	淺水蒸汽炮艇	3	—	—
	庇護號	淺水蒸汽炮艇	3	—	—
	巴特勒號	淺水蒸汽炮艇	3	—	—
	佛里斯特號	淺水蒸汽炮艇	3	—	—
	鴇鳥號	淺水蒸汽炮艇	3	—	—

[238]〈廷寄〉，《籌辦夷務始末》（咸豐朝）卷三八，第 1441 頁。
[239]〈恆福奏洋人驕傲尋釁請派大員辦理折〉，《籌辦夷務始末》（咸豐朝）卷三八，第 1456 頁。
[240]《馬克思恩格斯選集》第 2 卷，人民出版社，1972 年，第 46 頁。

第二節　英法聯軍來襲與清軍水師的抗戰

國別	艦名	艦類	火炮（門）	艦員	馬力（匹）
英國艦隊	歐掠鳥號	淺水蒸汽炮艇	3	—	—
	傑紐斯號	淺水蒸汽炮艇	3	—	—
	茶隼號	淺水蒸汽炮艇	3	—	—
	高貴號	淺水蒸汽炮艇	3	—	—
	協助號	蒸汽運兵船	6	118	400
	海斯坡號	蒸汽供應艦	5	54	120
法國艦隊	迪歌拉號	蒸汽巡洋艦	50	—	—
	諾爾札加拉號	淺水蒸汽炮艇	—	—	—

但是，英、法侵略軍並不曾料到，大沽口炮臺的防禦形勢已經今非昔比了。自《天津條約》簽訂和英法聯軍南撤後，巡防王大臣惠親王綿愉奏稱：「現在夷船業經退出，其天津海口一帶，急應妥為布置，以防後患。」[241] 於是，咸豐皇帝派柯爾沁親王僧格林沁和署直隸總督、禮部尚書瑞麟前往天津，布置海口防務。瑞麟於 7 月 18 日抵天津，22 日到海口查勘，見南北兩岸炮臺全被聯軍拆毀，只剩斷壁頹垣，認為亟須修復。同時根據天津全郡紳商聯名稟請，建議復設天津水師。奏云：「查直隸海口水師，自道光元年裁撤之後，現在海口大沽兩營，僅止額設陸路弁兵一千八百餘名，本形單薄。歷年防堵，均係臨時徵調，現在海氛未靖，設或再有警報，仍復倉猝排程，既虞緩不濟急，且調來陸路之兵，於防海亦不得力。思患預防，因時制宜，唯有復設水師，方可捍衛海疆。」他的計畫主要有以下三點：一是「請設立水師二千名，步兵八百名，馬兵二百名，統共三千名，除海口大沽兩營原設弁兵一千六百餘名抵補外，計增兵

---

[241] 〈綿愉等奏酌裁前路官兵天津海口可否令僧格林沁佈置折〉，《籌辦夷務始末》（咸豐朝）卷二八，第 1052 頁。

第二章　初試水軍：清政府的海軍建制實驗

一千三百餘名」；二是「請旨敕下閩、廣兩省督撫，抽調大號戰船艇船各二只，配帶炮械，酌派熟諳海洋將弁二員，精健水兵各四十名，管駕前項戰船艇船，星速赴直，藉資教演」；三是「由津招募熟習水性土著鄉民，補足兵額，交該提督逐日訓練，出洋演習，期成勁旅」。[242] 此計畫得到咸豐皇帝的批准。

僧格林沁

僧格林沁奉旨後，先在通州督造大砲，迄於 8 月下旬，由水路運赴天津大小炮 40 門，以備海口各炮臺應用。隨後，他本人於 8 月 23 日移營赴津，28 日前往大沽海口查勘，發現舊炮臺「均已傾頹殘缺，炮臺下擋潮攔水壩，亦經沖汕（涮）坍沒」，於是決定將其改修加固：「炮臺仍在原地基建立，攔水壩亦須照舊修整。但原舊炮臺高止丈餘，誠恐受敵，必須增高三丈四丈五丈不等，並宜加寬培厚，方資鞏固致遠。炮臺下隨牆，亦須安設大砲，以備近擊。」[243] 到 11 月 17 日，歷時 3 個多月，重建的大沽兩岸炮臺終於竣工，並由 4 座增至 6 座。重建後的大沽炮臺形勢，正如僧格林

---

[242] 〈瑞麟奏請複設天津水師以重海防折〉，《籌辦夷務始末》（咸豐朝）卷三〇，第 1112 頁。

[243] 〈僧格林沁等奏查勘雙港及海口炮臺工程折〉，《籌辦夷務始末》（咸豐朝）卷三〇，第 1110 頁。

第二節　英法聯軍來襲與清軍水師的抗戰

沁所奏：「海口南岸炮臺三座，高自三丈至五丈不等；北岸炮臺二座，一高三丈，一高五丈，均經次第興工。豎立椿木，安設炮臺口，周圍堅築堤牆，沿牆修蓋土窰，密布炮門槍眼，堤外開挖濠溝，並置木柵，聯成巨筏，以扼海口要隘。又於北岸石頭縫地方，添設三丈高炮臺一座，以為後路策應。」[244] 每座炮臺駐兵 400 名。並設游擊、都司、守備等官共 6 員，分駐 6 座炮臺。又每炮臺設千總以下官弁 8 員，隨營操防。同時還在口內雞心灘設置了木筏和鐵戧，以防敵人突襲。在僧格林沁的督率下，「各營官兵，排列隊伍，演放炮位，嚴密設防」[245]。大沽炮臺的攻守力量大幅加強。

英、法侵略者既堅持不走北塘，要以艦隊沿海河上駛，武裝護送進京換約，便於 6 月 17 日派船駛入雞心灘內，聲稱「允以三日為期，令將海口安設木筏鐵戧等項均行撤去」[246]。18 日午後風雨陡作，數艘英船在傍晚乘風濤黑暗之中，拽倒攔江鐵戧 4 座，內有一艘輪船被鐵戧刺傷而擱淺。20 日，直隸總督恆福派員上英艦曉諭，英方仍要求撤去鐵戧木筏，否則即自行搬運，以便進船。21 日，聯軍又派小艇駛至炮臺前，經守軍攔阻，臨退走時又提出將攔河鐵戧等物撤去。所有這些無理要求，皆遭到守軍的拒絕，於是英國艦隊司令霍普決定用武力「打開通向天津的道路」。據一位英軍參戰者的記述：「二十一日，法國和美國艦隊到達我們的停泊地點。從此到二十四日全從事於戰爭行動的準備，以便一當我們沿河上溯遭到攻擊時能加以應付。……中國人提出普魯斯先生訪問北京應經由北塘的建議

---

[244] 〈僧格林沁等奏雙港海口等處竣工繪圖呈覽折〉，《籌辦夷務始末》（咸豐朝）卷三二，第 1199～1200 頁。

[245] 〈欽差大臣僧格林沁奏英船如蜂擁而至即奮力截擊折〉，《第二次鴉片戰爭》（叢刊四），第 41 頁。

[246] 〈僧格林沁恒福奏英船已抵海口俟三日後派員談判折〉，《籌辦夷務始末》（咸豐朝）卷三八，第 1427 頁。

第二章　初試水軍：清政府的海軍建制實驗

被拒絕,由於霍普艦隊司令命令為普魯斯先生開闢一條經由白河到達天津的航道,我們著手於二十五日執行這些指示。」[247]

自英國艦隊先行集結於大沽口外以來,每天派有「火輪船八九隻,在鐵戧外游駛,意在乘間闖入。屢在船桅用千里鏡打看,止見營壘數座,不見炮位官兵」。只好再派舢板就近偵探,「每到河邊,必詢炮位多少,鐵戧鐵練(鏈)木筏之外,有無別項物件」。然亦不得要領。因為炮臺守軍在直隸提督史榮椿和大沽協副將汝龍元的督率下,早就有所戒備,「飭令官兵在暗處瞭望,炮臺營牆不露一人,各炮門俱有炮簾遮擋,白晝不見旗幟,夜間不聞更鼓」[248]。

參加進攻大沽炮臺的英法聯軍艦艇共 12 艘,其中英國炮艇 11 艘,即「歐掠鳥」號、「傑紐斯」號、「鴇鳥」號、「鸕鶿」號、「庇護」號、「茶隼」號、「巴特勒」號、「納姆羅」號、「負鼠」號、「佛里斯特」號和「高貴」號,法國軍艦 1 艘,即「迪歇拉」號。英軍參戰官兵約 1,100 人,其中有海軍登陸部隊 600 人[249];法軍參戰官兵 100 多人,其中有海軍登陸部隊 60 人。[250] 美國艦隊司令達底拿(Josiah Tattnall)海軍準將竟高喊著「血濃於水」,命令美艦「依託旺」號幫助聯軍進攻。[251]

在發動進攻之前,霍普制定了攻擊和登陸的計畫:炮艇都停靠拋錨在鐵戧以下不遠的地方,成梯形橫過河面,離炮臺平均距離大約 800 碼。海軍陸戰隊留在帆船上,以備登陸之用。工兵們則分散在各個炮艇上,身為

---

[247]　費舍:〈在中國服役三年的個人記述〉,《第二次鴉片戰爭》(叢刊六),第 195～196 頁。
[248]　〈僧格林沁恒福奏英人等到津後兩方情形折〉,《籌辦夷務始末》(咸豐朝)卷三八,第 1439 頁。
[249]　〈衛三畏給 W. F. 威廉士教士的信〉,《第二次鴉片戰爭》(叢刊六),第 215 頁。
[250]　參見〈布林布隆致函外交大臣〉及雷尼著〈在華北和日本的英國武裝力量〉,《第二次鴉片戰爭》(叢刊六),第 102、215 頁。
[251]　丁韙良:〈中國六十年〉,《第二次鴉片戰爭》(叢刊六),第 216 頁。

第二節　英法聯軍來襲與清軍水師的抗戰

射擊炮眼的狙擊手,這種特種部隊的每一個小隊,都要配備各式各樣的工具準備上岸時使用,而每支登陸的分遣隊都必須攜帶這樣的一套設備。進攻的頭一個目標是衝過橫江鐵鏈,在炮臺上方占據一個位置,這樣可以展開正面縱射,並製造機會從背面攻取。此後,準備海軍陸戰隊登陸以獲得勝利。[252]

根據這一計畫,霍普先於 6 月 24 日午夜派舢板駛入鐵戧內,用炸炮轟斷攔河大鐵鏈兩根。守軍未予還擊,隨即仍將鐵連結繫牢固,照舊橫攔河面。25 日拂曉,又派幾艘炮艇去破壞鐵戧木筏,但當時還在漲潮,好不容易才到達指定地點,由於海潮洶湧激盪,而且木筏造得十分堅牢,「一連搞了幾個小時,卻怎麼也拔不掉它們,於是只得宣告放棄這個打算」[253],等待潮汐的變化。在這幾小時內,炮臺守軍仍自巋然不動。

這天為夏曆五月二十五日,午後兩點左右剛好是完全落潮的時間,霍普見潮汐轉變了,必須立即行動,下令吹響號角,「水手被召集起來,砲彈上了膛,『負鼠』號駛行到前面。她悄悄地靠近鐵戧,用大纜索套緊其中的一個,倒轉引擎開駛,拖著鐵戧離開,把它放到一邊,然後放下浮標以標幟所開闢的通道」[254]。接著又連續拖走其他鐵戧。關於當時的詳細情形,僧格林沁、恆福奏稱:「該夷火輪船十餘只,排列鐵戧口門外,又傍南岸炮臺下,駛入火輪船三只,直逼鐵戧。旁以數人鳧水,用絲繩繫鐵戧前柱,而引其端於該夷船尾,另以一船輪回曳之,一二小時之久,拉倒鐵戧共十餘架。其排列多船皆豎紅旗,立意啟釁用武。」但炮臺守軍「仍復隱忍靜伺」,「派員持天津道照會前往曉諭,該夷不准投遞」,只好中途返回。[255]

---

[252]　費舍:〈在中國服役三年的個人記述〉,《第二次鴉片戰爭》(叢刊六),第 196 頁。
[253]　《兩個世界雜誌的年鑑》第 9 期,《第二次鴉片戰爭》(叢刊六),第 209 頁。
[254]　費舍:〈在中國服役三年的個人記述〉,《第二次鴉片戰爭》(叢刊六),第 197 頁。
[255]　〈僧格林沁恆福奏洋船先行開炮我軍回擊折〉,《籌辦夷務始末》(咸豐朝)卷三八,第 1445 頁。

第二章　初試水軍：清政府的海軍建制實驗

　　大約到下午3點，戰鬥開始打響。那麼，是誰開的第一炮呢？許多英國人的記述比較含混，但有一點是相同的，即在字裡行間都隱約地指出是中國守軍先開的炮。如稱：「通過第一障礙物的航道現在被清理乾淨了，『負鼠』號帶路，緊隨在後的是『鴇鳥』號，船上懸掛著艦隊司令霍普的旗幟。接著，我們猛烈地對橫江鐵鏈衝去，但被擋回來。掛在炮眼前面的草蓆升起來了，先僅是一兩發砲彈越過我們，隨之便激烈迅速地射向我們。」[256] 按照這一說法，英國炮艇只是猛烈地衝，卻沒有開炮。再如稱：「他（霍普）遂下令全體人員就餐並於一時半下達攻擊訊號。炮艇剛開始攻擊第一道障礙物，炮臺的炮眼就頓時全開了，這支小小的艦隊遂遭到打得準且又打得猛的炮火的襲擊。」[257] 而按照這一說法，英國炮艇雖然開始攻擊，也並未開炮。但是，僧格林沁等的報告則正好相反：「該夷……竟將合船蜂擁直上，衝至第二座炮臺，直撞鐵鏈，兩次皆被攔截，不能徑越。該夷即開炮向我炮臺轟擊，我軍鬱怒多時，勢難禁遏，各營大小炮位環轟疊擊。」[258] 明確指出中國守軍是在忍無可忍的情況下被迫還擊的。究竟以何者為是呢？當時親臨目睹這場戰鬥的美國傳教士丁韙良揭開了這個謎底：「大約午後三時，炮艇開了進來並開始炮擊。頓時兩岸的土壘上閃過一道又一道的火光，除稍有間歇外炮擊一直持續到夜幕的降臨。」這就證實是英國炮艇先開炮，隨後炮臺守軍才還擊。他還著重指出：「戰火重起，大家都責難中國人說是他們的背信棄義挑動了這場戰爭。然而他們又有什麼過錯呢？他們不過是阻攔通往未被開放的城市的去路而已。難道聯軍公使又有權乘輪船前去天津嗎？他們根本沒有千方百計地想透過任何條款來獲得這一權利。不僅因為他們打了第一槍（炮），所以是侵略者，在整個

---

[256]　費舍：〈在中國服役三年的個人記述〉，《第二次鴉片戰爭》（叢刊六），第198頁。
[257]　《兩個世界雜誌年鑑第9期》，《第二次鴉片戰爭》（叢刊六），第210頁。
[258]　〈僧格林沁恒福奏洋船先行開炮我軍回擊折〉，《籌辦夷務始末》（咸豐朝）卷三八，第1445頁。

第二節　英法聯軍來襲與清軍水師的抗戰

事件中他們也都是錯的。」[259]

　　戰鬥開始後，雙方展開了激烈的炮戰。「該夷炮勢如雨，向我**轟擊**，炮子之大，有重五六十斤者，火箭炸炮，絡繹齊施，幸炮營圍牆深厚，尚足抵禦。而各炮臺口門，適當夷船，與之相對**轟擊**。」[260]交戰不久，霍普便發現自己的處境十分不利。美國艦隊司令達底拿在給海軍部長托西（Isaac Toucey）的信中有這樣的一段記述：「中國人炮火的命中是這樣致命地熟練，而且完全集中於英國艦隊司令座艦以及最鄰近他的船隻。由於他的旗艦已進退無力而水兵又受重創，他把旗艦的標幟轉移到另一艘艦艇上，但這一艘艦隻遭受到像前一只艦隻的命運，他再一次將標幟旗轉移給『鸕鶿』號，這是一條很大的運輸汽艇。這時，炮火仍然集中於這位英勇的司令的標幟旗上。到達下午 4 時，他的好幾艘艦艇已被擊沉，我看得很清楚，除去了後備的小艇和帆船上的人員外，他已經無法逃脫並退出這場絕望的戰鬥了。」[261]

　　經過一個小時的炮戰，聯軍損失慘重。據僧格林沁等奏稱：「與該夷接仗，共火輪船十三只，我軍**轟擊**，有直沉水底者，有桅桿傾倒不能移動者，僅有火輪船一只駛出攔江沙外，餘皆受傷不能撐駕。」[262]一位參加戰鬥的英國軍人也承認：「從一開始就很清楚，和我們交手的不是普通的中國砲兵。他們的炮火無論就其砲彈的**重量**來講，或就其射擊的準確來講都達到了這樣的標準，以致參加過中國戰役的人，很少有人，我甚至可

---

[259]　丁韙良：〈中國六十年〉，《第二次鴉片戰爭》（叢刊六），第 216～217 頁。
[260]　〈僧格林沁等又奏查明接仗情形請恤陣亡將弁折〉，《籌辦夷務始末》（咸豐朝）卷三八，第 1448 頁。
[261]　《泰晤士報》1859 年 10 月 25 日。見《第二次鴉片戰爭》（叢刊六），第 211 頁。
[262]　〈僧格林沁等又奏查明接仗情形請恤陣亡將弁折〉，《籌辦夷務始末》（咸豐朝）卷三八，第 1448 頁。按：引文中「共火輪船十三隻」應包括美艦「依託旺」號。

第二章　初試水軍：清政府的海軍建制實驗

以斷定沒有一個人在以前曾經領教過。」[263]「負鼠」號行駛在前，首先受到炮火打擊，傷亡一片。炮臺火力又集中於其後的英國旗艦「鴇鳥」號，使其受到更嚴重的打擊。艦長拉桑（Rigault de Genouilly）海軍少校、艦隊司令部參謀官凱南（Keran）上尉和英國駐華遠征軍司令部聯絡官麥肯納（McKenna）上尉立時斃命。艦隊司令霍普也身負重傷，「只能一動也不動地盯著這一死亡的場面，眼睜睜地看著他最勇敢的水兵們一個接一個地躺在他的腳下」。這時，「鴇鳥」號甲板上呈現出一幅「可怕的圖畫」：「在一片廢墟中，砲艦上堆滿了死人和傷員，他們最後的呻吟聲也全都消失在震耳欲聾的大砲聲中。在放在前面的六八號炮的周圍全是一堆人肉。炮手已換了好幾批，由於敵人打得很準確，且又持續不斷，所以這門大砲簡直是全都泡在炮手們的血汗中了。對於這樣一場力量懸殊的戰鬥會有什麼樣的結果，自己不容懷疑。」[264] 在「鴇鳥」號的 40 名船員中，只有一人得以無傷倖免。[265] 旗艦終因傷重擱淺，霍普只好棄艦而走，逃到「鸕鶿」號上去。

但「鸕鶿」號的處境也並不妙。隨著督旗的轉移，炮火又集中到「鸕鶿」號上。美國艦隊司令達底拿海軍準將冒著紛飛的彈丸乘汽艇去慰問霍普，當靠近「鸕鶿」號之際，一陣槍炮打來擊中汽艇，其舵手被打死，旗艦的副艦長受傷，好不容易才登上「鸕鶿」號。他看到霍普在甲板上，筋疲力盡的樣子，「情景非常可怕，後者則準備送入醫院，因為所有能打仗的人都在忙著開炮無暇他顧」[266]。於是不敢久留，趕快返回「託依旺」號。沒多久，「鸕鶿」號也和「鴇鳥」號一樣，被擊傷擱淺了。據一位參加戰鬥者記述，英國其他艦艇想奮力救護擱淺的「鴇鳥」號和「鸕鶿」號，「但是它

---

[263]　香港《中國郵報》1859 年 7 月 22 日。見《第二次鴉片戰爭》（叢刊六），第 203 頁。
[264]　德巴贊古：〈遠征中國和交趾支那〉，《第二次鴉片戰爭》（叢刊六），第 217～218 頁。
[265]　〈衛三畏給 W.F. 威廉士教士的信〉，《第二次鴉片戰爭》（叢刊六），第 216 頁。
[266]　〈衛三畏日記〉，《第二次鴉片戰爭》（叢刊六），第 207 頁。

第二節　英法聯軍來襲與清軍水師的抗戰

們不斷受到敵人的炮擊,所以我們所有的嘗試都成為無效的,最後它們還是被炸掉了」。[267]

除「鴇鳥」號和「鸕鷀」號外,「庇護」號也被擊中要害,立沉河底。「茶隼」號則被擊毀。其他參戰艦艇受傷輕重不等,無一瓦全。當時正在霍普身邊的法國「迪歇拉」號艦長特里古(Trigoulet)海軍中校見此情景,知取勝絕無希望,不如及早撤退,向霍普建議道:「我們看來是衝不過去了,這樣打下去是沒有出路的。就看看你的周圍吧!」[268] 霍普雖明知水上進攻已告失敗,但不肯認輸,還想孤注一擲,派海軍陸戰隊登陸,以挽回敗局。因為按照霍普的想法,在此緊要關頭,需要利用「登陸部隊精神抖擻和渴望求戰的情緒」,以考驗「對手在肉搏方面的勇氣」。他認為,是到這樣的時刻了。「曾看到很多中國人抵抗的情況——頑強而且固執,直到他們看到你是不開玩笑的,他們才不可思議地屈服下來。」[269] 因此堅信在面對面的近戰搏鬥中,中國官兵定會棄營落荒而逃的。

下午5點,霍普發出了登陸作戰的命令。參加登陸作戰的法軍陸戰隊為60人,由「迪歇拉」號艦長特里古海軍中校親任指揮官;英軍陸戰隊為600人,由勒蒙(Lemoine)上校任指揮官,並擔任聯軍登陸部隊的總指揮。本來,霍普考慮,實施攻擊的艦艇均已喪失戰鬥力,從陸上攻占炮臺是唯一挽回敗局之法。但是,聯軍官兵很快地發現,這是一次「再糟糕也沒有的了」的作戰。由於作為後備的大部陸戰隊都在遠離炮臺的海口,「待在射程外的沙船中。決心使用他們已在午後太晚的時候,但是卻沒有辦法把他們都運過來,唯一能越過柵欄的船隻或者已經沉沒,或者都已擱

---

[267]　費舍:〈在中國服役三年的個人記述〉,《第二次鴉片戰爭》(叢刊六),第202頁。
[268]　德巴贊古:〈遠征中國和交趾支那〉,《第二次鴉片戰爭》(叢刊六),第217頁。
[269]　費舍:〈在中國服役三年的個人記述〉,《第二次鴉片戰爭》(叢刊六),第197、199頁。

第二章　初試水軍：清政府的海軍建制實驗

淺」[270]。在美國艦隊司令達底拿的幫助下，派「依託旺」號拖曳裝載預備隊的船隻，他們才得以投入登陸的戰鬥。

英、法海軍陸戰隊的登陸作戰開始了。按照霍普的命令，聯軍陸戰隊分乘舢板 20 多艘，「徑行攏泊南炮臺河岸，該夷步隊一併上岸」[271]，企圖先奪取南岸三座炮臺。但他們迎來的卻是猛烈的射擊。據英國侵略兵的自述：「載滿著水手和水兵的小船用槳划著駛向河岸，到了那裡大家才發覺原來這是一片泥濘之地，要在上面前進的確非常困難。同時炮臺又重新開火，為進攻者帶來可怕的傷亡。」[272]「就在第一只船剛靠岸的時候，突然砰地一聲，又有一炮從炮臺上打來，頓時砲彈、霰彈、槍彈和火箭從南岸所有的炮臺裡打來，如雨而下，一下子就把我們剛登陸的打倒了十幾個。」[273]「一部分部隊作為散兵向前推進，而其他人則掙扎搬運雲梯和便橋來備作跨過溝壕之用。對於這些人，敵人的炮火非常集中，他們遭受到很大的損失。我們必須跨過的泥淖地的廣度是約五百碼到六百碼之間，它深及踝部，跨越費力，上面有些孔穴，……泥漿非常深而軟，許多人跌倒在這些孔穴中，搞得步槍塞滿了泥漿。」[274]「登陸的人只有百來個才能達到三道又大又深的水壕中的第一道；只有在泥濘中艱難地跋涉上幾百步後，這一小批勇士才得以到達水壕的前面。而這一小批人中能使武器和彈藥保持上乾燥可用的人卻勉強只有二十來個。……但是所有帶來的梯子除了一個以外，都被砲彈打壞或陷在泥裡。結果還是有十個奮不顧身的人帶著唯一的梯子衝向前去，其中三個人立即被子彈所擊斃，五個人身負重傷。」[275]

---

[270]　雷尼：〈在華北和日本的英國武裝力量〉，《第二次鴉片戰爭》（叢刊六），第 214 頁。
[271]　〈僧格林沁恒福奏洋船先行開炮我軍回擊折〉，《籌辦夷務始末》（咸豐朝）卷三八，第 1445 頁。
[272]　《兩個世界雜誌的年鑑》，《第二次鴉片戰爭》（叢刊六），第 210 頁。
[273]　香港《中國郵報》1859 年 7 月 22 日。見《第二次鴉片戰爭》（叢刊六），第 204 頁。
[274]　費舍：〈在中國服役三年的個人記述〉，《第二次鴉片戰爭》（叢刊六），第 200 頁。
[275]　香港《中國郵報》1859 年 7 月 22 日。見《第二次鴉片戰爭》（叢刊六），第 204～205 頁。

第二節　英法聯軍來襲與清軍水師的抗戰

在炮臺守軍的堅決抗擊下，聯軍登陸部隊死傷累累，寸步難行，只好下令隱蔽到天黑漲潮時撤退。這時，指揮官勒蒙上校被彈所傷，並有多名軍官被打死。到傍晚10點撤離時，「在登陸的軍官中至少有四分之三的人不同程度地身負重傷。不過在撤退的時候，損失的人可能比前進的時候還要多；因為中國人放出煙火就能準確地知道我們這些蹣跚而行、筋疲力盡的究竟在什麼地方，所以就像打鳥一樣地把他們一個一個都打倒。就是在來到河邊的時候，情況也不見得好轉，因為許多船隻都給轟成了碎片，剩下的幾艘再也容納不下全部的倖存者。有些人試著逃跑，然而卻給淹死；還有很多的人為了能在小船上占一個位置，只能在沒到脖子的水中等上一個多小時。由於炮臺的火力依然很猛，所以即使到這時候他們也無法全部脫險，有幾只滿載傷員的小船在划向軍艦的時候都被擊中沉沒」[276]。直到6月26日凌晨時，聯軍登陸部隊的倖存者才全部撤離南岸。

在這次幾近一晝夜的激戰中，中國炮臺守軍打得堅決、機智而又勇敢。守將直隸提督史榮椿、大沽協副將龍汝元奮勇督戰，指揮得力。當時，史榮椿駐守南岸炮臺，龍汝元駐守北岸炮臺，「奮勇先登，親燃巨炮，擊中夷船，英夷凶焰正熾，炮火橫飛。二公酣戰多時，有請回帳少息者，輒大聲叱之」。遂先後不幸中彈捐軀。「諸將感二公之義，無不以一當百，槍炮連環，聲撼天地。」[277] 鏖戰之際，都司奇車布以下4名官員及弁兵32名，「並以挾仗奮不顧身，中炮陣亡」[278]。以較少的犧牲換來了這次重大的勝利。

至於聯軍方面，所付出的代價卻十分慘重。「鸕鶿」號、「庇護」號和

---

[276]　香港《中國郵報》1859年7月22日。見《第二次鴉片戰爭》（叢刊六），第205頁。
[277]　高彤皆纂：《天津縣新志》卷二四〈碑刻三〉。見《第二次鴉片戰爭》（叢刊一），第615、617頁。
[278]　〈僧格林沁等又奏查明接仗情形請恤陣亡將弁折〉，《籌辦夷務始末》（咸豐朝）卷三八，第1448頁。

第二章　初試水軍：清政府的海軍建制實驗

「鴿鳥」號 3 艘炮艇被擊沉，「茶隼」號被擊毀，其他進入河口的艦艇或擱淺或受傷。登陸部隊也遭受重創。「沿河夷屍堆積，除該夷拉運上船外，尚餘一百數十具，並洋槍四十一桿，及隨槍器具夷人什物多件。又有三（舢）板船三只，闖入淺灘，內夷兵一人蹲伏船內，為我軍擒獲，並由灘岸生擒夷兵一名。」[279] 據統計，英軍死傷 46 人，法軍死傷 14 人，共計 478 人。[280] 其傷亡數是中國守軍的 12 倍半。

戰鬥結局使侵略者不得不承認這次進攻計畫是完全錯誤的：「現在搞清楚了，除了進入一條河道外，想要讓一艘艦艇靠近岸邊，即使在漲潮的情況下，靠近這一帶海岸的任何地方，這都將是不可能的。」[281]

第二次大沽口之戰是以英、法侵略者的徹底失敗而告終。自第一次鴉片戰爭以來，這是中國軍隊進行海口保衛戰所取得的最大的一次勝利。之所以能夠獲得如此重大的勝利，其原因也主要有四：

其一，這次中國守軍打的是有準備的仗，而且準備得比較充分。自第一次大沽口之戰後，清政府接受失敗的教訓，派僧格林沁辦理海防，「晝夜辛勤，殫誠竭慮」，「又親至海口駐紮，與士卒誓同甘苦，風雨無間」，「所有木筏鐵鏈等件，層層布置」[282]，大幅地改善了大沽海口的防禦設施。實際負責大沽南北岸炮臺重修工程的史榮椿和龍汝元，工作十分認真，「此次辦理海防，鉅細經理，未嘗一刻休息，所以能辦有成效。」[283]

---

[279] 〈僧格林沁等又奏查明接仗情形請恤陣亡將弁折〉，《籌辦夷務始末》（咸豐朝）卷三八，第 1447 頁。

[280] 《兩個世界雜誌的年鑑》第 9 期（1858～1859），《第二次鴉片戰爭》（叢刊六），第 210 頁。按：關於此役聯軍的傷亡數位，其他個人的記述很不一致，《年鑑》所引應該是最後綜合和核實的數位。馬克思在《新的對華戰爭》一文中所引用的數字，也與此相同（見《馬克思恩格斯選集》第 2 卷，第 42 頁）。

[281] 費舍：〈在中國服役三年的個人記述〉，《第二次鴉片戰爭》（叢刊六），第 202 頁。

[282] 〈恒福奏洋人驕傲尋釁請派大員辦理折〉，《籌辦夷務始末》（咸豐朝）卷三八，第 1456 頁。

[283] 〈僧格林沁等又奏查明接仗情形請恤陣亡將弁折〉，《籌辦夷務始末》（咸豐朝）卷三八，第

第二節　英法聯軍來襲與清軍水師的抗戰

「凡相度形勝之地,創造攻守工具,選練士卒教習戰陣,無不盡美。」[284] 尤其是在戰與撫的界限方面,清政府做出了明確的規定。先是僧格林沁提出,若「決裂情形已露,自未便專恃羈縻」,並向朝廷建議:「若仍俟闖入內河,已入咽喉重地,再行觀釁而動,則毫無把握,必至如去歲所墮詭計。似宜以攔江沙內雞心灘為限,雖仍應遵旨派員往諭,然即須加倍提防。設竟闖入雞心灘,勢不得不懾以兵威,只可鼓舞將士,奮力截擊,開炮轟打。」[285] 咸豐皇帝認同了僧格林沁的意見,「若竟恃其船多,一擁而前,直入雞心灘,則是有意尋釁,亦不能不懾以兵威,唯在僧格林沁相機酌辦」[286]。這就排除了「釁自我開」的顧慮,使前敵統帥有了掌握戰機的主動權。故當聯軍顯露決裂之勢,於其發起進攻之初,即能當機立斷,不再遲疑,勇敢回擊。正如恆福奏稱:「該夷於二十五日連檔而來,向內直駛,迭開大砲,意欲搶上炮臺。此時若再遲疑,則炮臺營壘悉非我有,又蹈上年覆轍。」[287] 所言極是。這是第二次大沽口之戰清軍能夠獲得大捷的關鍵所在。

其二,軍民團結一致,士氣旺盛,官兵上下一心,抗敵意志堅定,在這次大沽海口保衛戰中表現得十分突出。本來,海口水師就是採納天津全郡紳商稟請而復設的。天津城鄉人民痛恨英、法侵略者,大力支持軍隊抗戰,「均各歡欣鼓舞,饋送餅麵食物,於矢石交下之時,運赴營盤,絡繹不絕」[288]。許多紳商毀家紓難,或「捐修海口土壘,並營門外大道」,或報效銀兩、火藥,或備辦羊、餅慰勞前敵,或「採買米石,解送大營,以

1448 頁。
[284] 〈雙忠祠記〉,《第二次鴉片戰爭》(叢刊一),第 616～617 頁。
[285] 〈僧格林沁奏複陳籌備機宜折〉,《籌辦夷務始末》(咸豐朝)卷三五,第 1337 頁。
[286] 〈廷寄〉,《籌辦夷務始末》(咸豐朝)卷三五,第 1338 頁。
[287] 〈恆福奏洋人驕傲尋釁請派大員辦理折〉,《籌辦夷務始末》(咸豐朝)卷三八,第 1456 頁。
[288] 〈恆福又奏天津民團辦理情形片〉,《籌辦夷務始末》(咸豐朝)卷三九,第 1480 頁。

第二章　初試水軍：清政府的海軍建制實驗

助軍糧」[289]，這便顯著地鼓舞了官兵的抗敵意志。史榮椿、龍汝元等將領「身先督戰，奮不顧身」[290]，兵弁「均能一往無前，異常奮勇」[291]，士氣十分高漲。正如僧格林沁所說：「此次接仗一晝夜之久，各軍奮力堵禦，戰氣百倍。」[292] 如果沒有旺盛的士氣和抗敵的堅強決心，是不可堅持下來並贏得這次勝利的。

其三，戰術運用得當，軍事技術精熟，各軍配合默契，對取得這次大沽海口保衛戰的勝利發揮重要的保證作用。當戰鬥打響之前，聯軍屢次挑釁，中國將領則立意「恣該夷之驕，而蓄我軍之怒」，「仍復隱忍靜伺」[293]。不僅如此，炮臺守軍還很好地掩蔽起來，使敵人難窺虛實。據聯軍連日用望遠鏡觀察所得的印象：「在一段時間內，大沽炮臺靜悄悄的；它的炮眼都用蓆子蓋得很好，遠遠望過去一個炮口都看不到，城牆上也看不到一個士兵。」[294]，「所有炮臺像怪物似地沉睡在沙岸上，聽不到它們的一點聲音，也看不到什麼旗幟。」[295] 甚至當 6 月 2 日英艦去移動鐵戧時，仍然「沒看到有什麼動靜，也很少看到有人還在活動，許多人於是都認為炮臺已撤離一空」[296]。造成了很大的錯覺。所以，當霍普下令開始攻擊時，炮臺的炮眼全部打開，猛烈開火，將聯軍打得措手不及，損失慘重。[297] 而且守軍的火力又猛又準，更是出乎侵略者的意料之外。「中國炮

---

[289]　〈天津夷務實記〉，《第二次鴉片戰爭》（叢刊一），第 528、534～535 頁。
[290]　〈僧格林沁等又奏查明接仗情形請恤陣亡將弁折〉，《籌辦夷務始末》（咸豐朝）卷三八，第 1449 頁。
[291]　〈恒福奏兩盟官兵出力開單請獎折〉，《籌辦夷務始末》（咸豐朝）卷三九，第 1476 頁。
[292]　〈僧格林沁等又奏查明接仗情形請恤陣亡將弁折〉，《籌辦夷務始末》（咸豐朝）卷三八，第 1448 頁。
[293]　〈僧格林沁恒福奏洋船先行開炮我軍回擊折〉，《籌辦夷務始末》（咸豐朝）卷三八，第 1445 頁。
[294]　《兩個世界雜誌的年鑑》第 9 期（1858～1859），《第二次鴉片戰爭》（叢刊六），第 209 頁。
[295]　費舍：〈在中國服役三年的個人記述〉，《第二次鴉片戰爭》（叢刊六），第 197 頁。
[296]　丁韙良：〈中國六十年〉，《第二次鴉片戰爭》（叢刊六），第 216 頁。
[297]　《兩個世界雜誌的年鑑》第 9 期（1858～1859），《第二次鴉片戰爭》（叢刊六），第 210 頁。

第二節　英法聯軍來襲與清軍水師的抗戰

手的炮打得既有技巧，且又非常準確，我們的海軍以前和他們交鋒的時候從來沒有看見過這樣的情況。」[298]「幾乎它所有的砲彈都是算準了距離的。」[299] 連布爾布隆也承認：「所有戰役的參加者和目擊者均認為，從戰鬥開始到結束，中國人在瞄準射擊和操炮方面已足以和訓練有素的歐洲軍隊相媲美。」[300] 尤其是當聯軍實行登陸作戰之際，各炮臺「大小炮位環轟迭擊」[301]，步隊「排列濠溝以外，擊退夷眾，力保營盤」，馬隊「於槍炮如雨之中，往來馳突，連環槍炮，轟斃極多」[302]，齊心協力，配合默契，以落後的軍事器械打敗了裝備優良的敵人。不僅如此，尤其值得稱道的是，守軍還做了進行夜戰的準備。據僧格林沁報告，當 6 月 25 日入夜後，聯軍陸戰隊在南岸「藏匿葦間」，「伏地搶進，不辨遠近」，守軍難以瞄準射擊，因備有火彈噴筒，「每火光一亮，瞥見該夷，即排施槍炮，對準開放，該夷術窮力盡，不敢戀戰，向船逃竄」[303]。可見，就是在戰術準備上充分而周密，故能臨戰應付裕如，指揮有條不紊，終於克敵致勝。

其四，聯軍指揮官驕傲輕敵，貿然進攻，因而招致失敗。對此，時人多有論述。如僧格林沁認為：「該夷此次之敗，率因驕滿欺敵。其意以為炮臺營壘，唾手可得，水戰失利，繼以步卒。是該夷不信中國敢於一戰。其輕視官兵，至於如此。」[304] 所論是也。當時，英法聯軍中「唯一能

---

[298]　雷尼：〈在華北和日本的英國武裝力量〉，《第二次鴉片戰爭》（叢刊六），第 214 頁。
[299]　香港《中國郵報》1859 年 7 月 22 日。見《第二次鴉片戰爭》（叢刊六），第 204 頁。
[300]　〈布林布隆致函外交大臣〉，《第二次鴉片戰爭》（叢刊六），第 219 頁。
[301]　〈僧格林沁恒福奏洋船先行開炮我軍回擊折〉，《籌辦夷務始末》（咸豐朝）卷三八，第 1445 頁。
[302]　〈恒福奏兩盟官兵出力開單請獎折〉，《籌辦夷務始末》（咸豐朝）卷三九，第 1476 頁。
[303]　〈僧格林沁等又奏查明接仗情形請恤陣亡將弁折〉，《籌辦夷務始末》（咸豐朝）卷三八，第 1447 頁。
[304]　〈欽差大臣僧格林沁為天津籌防事致軍機處王大臣函〉，《第二次鴉片戰爭》（叢刊四），第 260 頁。

第二章　初試水軍：清政府的海軍建制實驗

對軍事問題作出判斷的」是霍普，他堅信將「穩操勝券」[305]。在發動攻擊之前，「他滿臉得意洋洋，神氣非凡，因為他的預見馬上就要兌現」[306]。在他的影響和感染下，聯軍官兵中間充滿了盲目樂觀的情緒，都認為不會遇到真正的抗擊。所以，當他們開始破壞鐵戧時，看到「炮臺內的中國人還是沉寂如死」，雖然感覺「一切看上去似乎靜寂得可疑」，卻根本「沒有理解到……將遭受襲擊」。艦艇在水上作戰失利後，當霍普下達登陸作戰的命令時，陸戰隊官兵竟發出了「飽滿和清脆的歡呼聲」[307]，「都很熱烈地響應，每一艘滿載兵員的船隻都爭先希望第一個到達岸邊」。因為他們認為勝利正在等待著他們的到來。正像一個侵略兵自白那樣：「我相信在這時候艦隊沒有一個人會懷疑，我們很快就能取得勝利。」[308] 在驕傲輕敵的想法指導下所制定的作戰方案，必然帶有很大的盲目性。正如薛福成指出：「是役也，英人狃於往歲海口之無備，且窺見臺中炮力輕弱，未知我增置大砲也，貿然輕進。迨我炮擊壞數船，洋兵相顧愕眙，心手瞀亂，縱炮鶩擊，多不能中。海潮方上，易進難退，倉卒不能出口。而我臺瞭擊敵船，蔑不中者，是以獲捷。」[309] 因此，驕傲輕敵，貿然進攻，應該是聯軍慘敗的最主要的原因。

在中國近代反侵略戰史上，大沽海口保衛戰的勝利是非常光輝的一頁，是應該大書而特書的。但是，我們必須看到，從中外形勢的全局看，這只是一次區域性的勝利，並不能從根本上扭轉敵強我弱的局面，也不能以此來否定早已發生的中國海防危機的嚴重性。所以，這一戰鬥的結局，

[305]　〈布林布隆致函外交大臣〉，《第二次鴉片戰爭》（叢刊六），第 191 頁。
[306]　德巴贊古：〈遠征中國和交趾支那〉，《第二次鴉片戰爭》（叢刊六），第 217 頁。
[307]　費舍：〈在中國服役三年的個人記述〉，《第二次鴉片戰爭》（叢刊六），第 197、200 頁。
[308]　香港《中國郵報》1859 年 7 月 22 日。見《第二次鴉片戰爭》（叢刊六），第 204 頁。
[309]　薛福成：〈書科爾沁忠親王大沽之敗〉，《第二次鴉片戰爭》（叢刊一），第 598 頁。

對敵我雙方來說,當然都有其必然性,但其中卻包含著更多的偶然性。正由於此,英、法才會決定繼續策劃更大規模的侵華行動。

四 英法聯軍第三次北犯與大沽炮臺再次陷落

英法聯軍在大沽海口遭到慘敗的消息傳到歐洲後,在倫敦和巴黎都掀起了一陣「大規模報復」的喧囂。英國首相巴麥尊致函外交大臣羅素(John Russell)說:「我們要派一支陸海軍武裝部隊攻占北京,趕走中國皇帝,把我們的全權使節駐紮在那裡,這是最適當的措施。」[310] 巴麥尊派的報紙《每日電訊》甚至鼓吹:「如果採取更大膽的政策,則應該在奪取北京以後永遠占領廣州。我們能夠像占有加爾各答那樣把廣州保持在自己手裡,把它變為我們在遠東的商業中心,……並奠定新領地的基礎。」[311] 法國政府也不甘落後,其外交大臣華勒夫斯基伯爵(Alexandre Walewski)上奏拿破崙三世(Napoléon III),也提出在戰爭賠款之外,還要「乘此千載良機從即將到來的遠征中撈取另一種性質的好處:這就是在中國領土上獲得某個據點,以使我們的軍艦和商船在將來得在我們旗幟的保護下,在那裡停泊和得到庇護」[312]。儘管英、法兩國在出兵計畫方面存在分歧,但共同的利益將它們拴到了一起,決定繼續組織聯軍侵華。於是再次分別任命額爾金和葛羅為特命全權代表,並以格蘭特(Ulysscs S. Grant)陸軍中將和孟托班(Charles Cousin-Montauban)陸軍中將為遠征軍總司令。

到西元 1860 年夏,英國海軍在華艦艇達 79 艘,並僱用船隻 126 艘,地面部隊總兵力為 20,499 人,其中包括炮兵 2,000 名,騎兵 1,000 名,工

---

[310] Palmerston to Russell, 12th. Sept. 1859. 轉引丁名楠等:《帝國主義侵華史》第 1 卷,人民出版社,198 年,第 151 頁。

[311] 馬克思:〈新的對華戰爭〉,《馬克思恩格斯選集》第 2 卷,第 43 頁。

[312] 科爾迪埃:〈一八六〇年中國之征〉,《第二次鴉片戰爭》(叢刊六),第 237 頁。

第二章　初試水軍：清政府的海軍建制實驗

兵 400 名；法國海軍艦艇達 40 艘，地面部隊總兵力為 7,632 人，其中包括炮兵 1,200 名。[313] 在強大的英法海軍艦隊兵鋒所指下，中國海上藩籬竟成虛設。到 5、6 月間，聯軍先後占領了大連灣和煙臺港，並以此為進攻的前進基地。

最初，在聯軍海陸軍將領舉行的一次軍事會議上，曾「決定部隊應在白河右岸登陸」[314]。後又決定改為分兩路實行登陸，即在英軍從北塘登陸的同時，法軍從白河右岸（大沽海口南岸）登陸。為此，孟托班中將特遣兩名中國基督教徒送密信給北京法國大主教穆利，要求他提供有關大沽炮臺的準確情報。穆利回信告知，中國人「把所有的防務方式都集中在白河入口處」，並且，「在大沽要塞遍布大砲，而大沽要塞的所有炮眼又都是朝著大海」。還進一步建議說：「中國人只作過一種推測：聯合艦隊將強行通過。至於派一支軍隊在海岸某處登陸，然後再從背後進攻要塞的可能性，他們甚至連想都沒想過。」[315] 穆利所提供的軍事情報，引起了這位總司令的高度重視。

於是，孟托班便特派艦隊司令官布古阿（Bouguereau）海軍上校、遠征軍參謀長斯米茲（Smith）陸軍中校親自率領一批海陸軍校官和尉官，前往勘察。因為「這一次勘察具有十分重要的意義：它是關係到部隊究竟應該在什麼地方登陸和究竟登陸或不登陸的問題」。根據過去的偵察報告，若從大沽海口南岸登陸，只要穿過一片水深剛及步兵踝骨的泥濘地帶，就會進入各兵種都可通過的堅實地段。而這次勘察的結果卻推翻了此前的報告，認定：「要使炮隊、車輛、戰地醫院和馬匹在白河右岸進行登陸是不

---

[313]　茅海建：〈第二次鴉片戰爭中清軍與英法軍兵力考〉，《近代史研究》1985 年第 1 期，第 205 頁。
[314]　夏爾·德米特勒西：《中國戰役日誌（1859～1861）》上卷，《第二次鴉片戰爭》（叢刊六），第 270 頁。
[315]　德里松伯爵：〈翻譯官手記〉，《第二次鴉片戰爭》（叢刊六），第 268 頁。

第二節　英法聯軍來襲與清軍水師的抗戰

可能的；而且即使部隊能到達中國海灘，那麼要海軍進行供應也是完全不可能的。」[316] 就是由於這次勘察的結果，孟托班才與格蘭特達成協議，決定法軍不從白河右岸登陸，改為在北塘與英軍會師。

那麼，為什麼聯軍要選擇北塘作為登陸的地點呢？首先，北塘為清政府專門指定的英、法公使登陸進京換約的地點，並且曾降諭直隸總督恆福，如英、法代表逕抵北塘，「稱欲進京換約，不肯遽言用兵，或投遞文書，該督亦不必拒絕」[317]。因此，聯軍正在「進京換約」的合法名義掩蓋下，輕而易舉地占領北塘。甚至到聯軍從登陸北塘以後，其部隊遇見清軍，仍然可以打出「白旗一面，上書『免戰』二字」[318]，以進行矇混，使清軍不敢制止，對之無可如何。其次，聯軍曾周密的勘察過北塘河，認為尚可有選作登陸地點之處。據偵察軍官報告：河口在漲潮時約有 3.048 公尺深，能通行吃水較淺的船隻；沿河上溯 4.8279 公里，除捕魚場以外別無障礙物，即可在此右岸登陸；上岸後要經過近 200 平方公尺的積水黏土地帶，再走過一片長達 300 多平方公尺的比較結實的淤泥地帶，然後就到了堅土地段。由於沒有更理想的地段，因此認為選擇此處作為登陸地點，尚算差強人意。[319] 復次，關於從北塘到大沽一線清軍的設防情況，聯軍不僅已從穆利主教的密報中得其概略，而且還從俄國公使伊格納切夫（Nikolai Pavlovich Ignatyev）那裡得到了他親口說出的重要情報。[320] 這樣，聯軍對大沽北岸炮臺後路的布防情況瞭如指掌，完全掌握了戰爭的主動權。最後，也是最為重要的一條，就是北塘根本沒有設防。這也剛好是穆

---

[316] 夏爾‧德米特勒西：《中國戰役日記（1859～1861）》上卷，《第二次鴉片戰爭》（叢刊六），第 270 頁。
[317] 〈廷寄〉，《籌辦夷務始末》（咸豐朝）卷五三，第 2015 頁。
[318] 〈某人給醞卿信〉，《第二次鴉片戰爭》（叢刊一），第 660 頁。
[319] 布隆代爾：〈一八六〇年遠征中國記〉，《第二次鴉片戰爭》（叢刊六），第 269 頁。
[320] 德里松伯爵：〈翻譯官手記〉，《第二次鴉片戰爭》（叢刊六），第 271 頁。

第二章　初試水軍：清政府的海軍建制實驗

利建議的主旨所在。基於以上諸種原因，聯軍選擇北塘作為登陸地點，從軍事的角度看，應該是最佳的作戰方案。

清軍北塘撤防，不僅是一個嚴重的軍事錯誤，而且也是一個嚴重的政治錯誤，為世人所詬病。然其故何在？北塘在寧河縣境，距大沽30里，舊有炮臺7座，因長期廢置，迄於第二次鴉片戰爭時，「各炮存放炮臺，日久飄零並無遮蓋，鐵炮均已長鏽，火門膛口間有損傷」，「炮架車輛多有破爛」[321]，而且「炮臺土壘，均被水沖刷，日久未修」。

西元1859年春，直隸提督史榮椿前往北塘查勘，認為該處「地勢險要，亟宜設法駐守」[322]。直隸總督慶祺採納史榮椿的建議，決定重新修葺。由僧格林沁派察哈爾都統西凌河統帶提標官兵500名在海口駐守。後又增派通永鎮標兵300名，北塘營本標兵300名。4月間，英、法決意要進京換約，僧格林沁提出換約代表須由北塘登陸到津，再乘船至通州，得到了咸豐皇帝的批准。同時，另有諭示，設若英、法艦隊駛至大沽口外，務要「隨機應變，與之羈縻」[323]。在這種情況下，僧格林沁考慮在北塘安炮屯兵，深恐洋兵上岸滋擾，易啟釁端，因此奏請：「在北塘、蘆臺適中之營城地方，兩岸另建立營壘，緊趕修築炮臺，一俟竣工，即將北塘安設炮位移往，並將現紮北塘之兵移紮該處。」[324]6月中旬以後，英、法軍艦糜集大沽口外，情況緊急，既遵旨令英、法移泊北塘，「由此進口，自應撤後以示不疑」。因此，「除酌留兵丁數十名看守兩岸炮臺，其餘前項官兵

---

[321]　〈春保給醞卿信〉，《第二次鴉片戰爭》（叢刊一），第629頁。
[322]　〈慶祺奏遵查沿海情形請敕修葺炮臺防守大沽口折〉，《籌辦夷務始末》（咸豐朝）卷三五，第1302～1303頁。
[323]　〈廷寄〉，《籌辦夷務始末》（咸豐朝）卷三五，第1338頁。
[324]　〈僧格林沁等奏擬在營城修築炮臺以備不虞折〉，《籌辦夷務始末》（咸豐朝）卷三七，第1381頁。

第二節　英法聯軍來襲與清軍水師的抗戰

與一應炮位，均令星速撤往營城駐紮」[325]。此北塘撤防之由來也。

　　大沽海口大捷後，在清廷內部「撫馭懷柔」主張更為抬頭。6月27日，即大沽海口大捷的第三天，咸豐皇帝接到僧格林沁的勝利捷報後，深恐「夷情狡悍，來圖報復」，便諭令直隸總督恆福，俟普魯斯來到，「設法開導」，「冀其悔悟轉圜，以全撫局，此事如有可乘之機，恆福等切不可失，是為至要！」[326]其急迫之情溢於言表。於是，恆福單銜復奏，極言「撫馭懷柔，為歷來禦夷之策」，提出：「目前大局，夷人既經挫折，稍斂凶鋒，若派員趕快來津，專辦和議，或能辦理較易。」[327]此奏正投合咸豐皇帝的想法，立即發出廷寄，雖認同僧格林沁「親督官兵，奮力轟擊，使該夷大受懲創，尚屬排程有方」，但又警告說：「唯馭夷之法，究須剿撫兼施，若專事攻擊，恐兵連禍結，終無了期，不如乘此獲勝之後，設法撫馭，仍令就我範圍，方為妥善。……該大臣必能深悉此意，唯恐各官兵因此次獲勝，總以攻剿為是，致誤大局。」諭令恆福駐紮北塘，「專辦撫局」[328]。所謂「剿撫兼施」，實際上是以「撫」為主，而且北塘又成為「專辦撫局」之地，那麼還要不要在此設防呢？由此而引發了一場長達數月的爭論，其結果關係時局的發展至巨，是不可置而不論的。

　　爭論最初發生於西元1859年7月。先是兵部尚書全慶對北塘撤防提出異議，對「我之精銳，現只聚於大沽，旁無應援，後無擁護」的情形表示憂慮。指出：「聞北塘一帶亦頗空虛，彼正多方以謀之，我不悉力增兵以應之，僅恃海上一軍，當其非常凶，萬一有他，何以善其後乎？」[329]

---

[325]　〈僧格林沁恆福奏英人等到津後兩方情形折〉，《籌辦夷務始末》(咸豐朝)卷三八，第1440頁。
[326]　〈廷寄〉，《籌辦夷務始末》(咸豐朝)卷三八，第1449〜1450頁。
[327]　〈恆福奏洋人驕傲尋釁請派大員辦理折〉，《籌辦夷務始末》(咸豐朝)卷三八，第1455、1457頁。
[328]　〈廷寄〉，《籌辦夷務始末》(咸豐朝)卷三八，第1459頁。
[329]　〈兵部尚書全慶等奏請乘勝挫凶以控和議之局折〉，《第二次鴉片戰爭》(叢刊四)，第135頁。

第二章　初試水軍：清政府的海軍建制實驗

不久，山西道監察禦史陳鴻翊亦奏請嚴防北塘，謂英、法雖受重創，然「自必變計而思逞」，「陰令步隊由北塘上岸，阻我營城之兵，不得過河援應，因而南趨大沽北炮臺後路」。[330] 建議將北塘撤至營城的部隊和大砲，仍舊移駐北塘。這才引起咸豐皇帝的重視，提醒僧格林沁，「北塘為大沽北炮臺後路，應如何安設炮位撥調防兵之處，不可稍涉大意」[331]。僧格林沁復奏，認為北塘「限於地勢不能設守」，而目前的布置仍是採取「留為虛步，遠設防維」之法：「北塘炮臺內，暗設火器，以為埋伏」；北則於營城趕修炮臺營壘，將北塘炮位防兵全數移至營城，以「截其由水陸北竄之路」；「又於西南大沽迤北之新河地方，派撥馬隊官兵紮營駐守，截其由水路分竄。該夷如敢由北塘上岸，以襲大沽北炮臺後路，新河防兵足資扼截」。[332] 咸豐皇帝對此防禦計畫也表示滿意，稱其「布置事宜，亦屬周密」[333]。

北塘撤防之舉既然與朝廷醉心於撫局而採取羈縻政策密切相關，其責任當然不能完全由僧格林沁一人來負。但身為前敵最高統帥，未能盱衡形勢，尤其是在大沽海口大捷之後，當朝議紛紛多以北塘撤防為憂之時，仍不亟思改弦更張，採取補救之策，僧格林沁是不能辭其咎的。以此，時人評論他「狃於大沽之捷」[334]，「事多專決，尤不知用兵」[335]，不是沒有道理的。大沽之捷後，僧格林沁名重朝野，頌聲四起，因之驕傲輕敵觀念嚴重地滋長起來。他既不知彼也不知己，認為：「其英、佛二夷挫敗後，

---

[330] 〈陳鴻翊奏請敕嚴防北塘折〉，《籌辦夷務始末》(咸豐朝) 卷四二，第 1607 頁。
[331] 〈廷寄〉，《籌辦夷務始末》(咸豐朝) 卷四二，第 1608 頁。
[332] 〈僧格林沁奏複陳北塘不能設守實在情形折〉，《籌辦夷務始末》(咸豐朝) 卷四二，第 1616 頁。
[333] 〈廷寄〉，《籌辦夷務始末》(咸豐朝) 卷四六，第 1731 頁。
[334] 陳衍纂：《閩侯縣誌》卷六八〈列傳五上·林壽圖〉，1931 年刊本。見《第二次鴉片戰爭》(叢刊一)，第 619 頁。
[335] 贅漫野叟：〈庚申夷氛紀略〉，《第二次鴉片戰爭》(叢刊二)，第 5 頁。

第二節　英法聯軍來襲與清軍水師的抗戰

意圖報復，勢所必然，然越七萬里滋擾中國，非處萬全，必不肯輕動，若再懲創一次，則其勢亦不能復振。」[336] 兩江總督何桂清譯出西文報紙，將「佛國一意主戰」、「英夷用兵之意已決」的消息上報朝廷後，他竟嗤之以鼻，斷言「均不可信」[337]。根據他的分析，大沽以北海岸「均係淤灘，炮臺上一望即在目前，該夷船隻不能隱伏，登岸不得地利，似可無慮；唯南岸地方較遠，兼之汊河數處，地勢曲折，……均可登岸，或抄截炮臺後路，或撲犯大沽村莊」。因此錯誤地將海口南岸確定為防禦的重點。在他看來，敵人從大沽南岸登陸，「此夷策之上者」；或謂從北塘登陸，「恐未必出此下策也」。[338]

不僅如此，他還高估了馬隊在這場近代戰爭中的作用，認為聯軍若從北塘登陸推進，正便於「施可兜擊之術」[339]，「我軍馬隊隨地可以截擊，該夷豈能馳驟自如」。更為狂妄的是，他向朝廷誇下海口：「夷船一至，各營將士勢必勇氣奮發，定欲再挫賊鋒，使該夷片帆不返！」[340]並聲稱：「河內布置，似已嚴密，夷船斷難闖入；陸路馬步官兵練勇，足資抵禦，設使該夷馬步萬餘，我兵迎剿兜拿，必握勝算。」

甚至奏請敕下何桂清等：「向該夷明言直告，沿海馬步官兵雖不甚多，尚稱精銳，如該夷登岸接仗，情願與決一戰。」[341]似此盲目自信，剛愎自

---

[336] 〈僧格林沁奏辦理撫局當剛柔相濟折〉，《籌辦夷務始末》(咸豐朝)卷四〇，第1522頁。
[337] 〈僧格林沁恒福奏查新聞紙所載均不可信又津沽佈置並俄使南下各情折〉，《籌辦夷務始末》(咸豐朝)卷五一，第1914～1915頁。
[338] 〈僧格林沁恒福奏遵籌海防佈置事宜折〉，《籌辦夷務始末》(咸豐朝)卷四六，第1727～1728頁。
[339] 〈僧格林沁奏複陳北塘不能設守實在情形折〉，《籌辦夷務始末》(咸豐朝)卷四二，第1616頁。
[340] 〈僧格林沁恒福奏遵籌海防佈置事宜折〉，《籌辦夷務始末》(咸豐朝)卷四六，第1728、1730頁。
[341] 〈僧格林沁等又奏津沽佈置情形無妨明告洋人片〉，《籌辦夷務始末》(咸豐朝)卷四六，第1730～1731頁。

第二章　初試水軍：清政府的海軍建制實驗

用，「識者早已料其必敗也」[342]。

　　局勢的發展正與僧格林沁之所料剛好相反，聯軍並未從大沽南岸登陸，而是採取他所認為的「下策」，艦船連檣駛向北塘而來。西元 1860 年 8 月 1 日下午兩時，英軍 11,000 餘名，法軍 6,700 名，開始從北塘河口登陸，並占據村莊。8 月 2 日，咸豐皇帝諭示恆福，「不可因海口設防嚴密，仍存先戰後和之意」，「總須以撫局為要」[343] 僧格林沁根據朝廷旨意，命令馬隊「遙為屯紮」，即使英、法直撲大沽或竟犯天津，「總俟離北塘較遠，再為截剿，不得先行迎擊，使該夷有所藉口」[344]。

　　8 月 3 日清晨，即咸豐皇帝降旨「總須以撫局為要」的第二天，聯軍 2,000 人由北塘村南行 10 里，進行試探性的攻擊。清軍馬隊意其攻撲營壘，整隊抵禦。聯軍忽放大砲，清軍馬隊迅速展開，將其包圍，並開槍還擊。在槍炮相互射擊中，英、法軍各有 8 名受傷，清軍馬隊兵弁受傷 3 名，馬傷數匹。相持至中午，清軍因奉命「只許迎敵，未許進攻」[345]，不敢猛攻，聯軍遂退回北塘村。據一位參戰的法國軍官記述：「透過第一次交鋒，我們就可以作出如下的判斷，即假如說騎兵武裝得並不好，因為手頭只有弓箭、腰刀、長矛和很少幾支槍的話，他們都並不缺乏無可爭辯的勇氣，並且很熟練地馳乘（騁）著他們的馬匹。」[346]

　　直到此時，清廷還對和平了結爭端抱有莫大的希望。咸豐皇帝諭令恆福，一面與美國公使華若翰繼續保持聯絡，託其從中調處；一面直接照會

---

[342]　贅漫野叟：〈庚申夷氛紀略〉，《第二次鴉片戰爭》（叢刊二），第 5 頁。
[343]　〈廷寄〉，《籌辦夷務始末》（咸豐朝）卷五五，第 2053 頁。
[344]　〈僧格林沁恆福奏洋船至北塘登岸佔據村莊已給美照複折〉，《籌辦夷務始末》（咸豐朝）卷五五，第 2054 頁。
[345]　〈恆福致美使照會〉，《第二次鴉片戰爭》（叢刊四），第 451 頁。
[346]　德里松伯爵：〈翻譯官手記〉，《第二次鴉片戰爭》（叢刊六），第 271 頁。

第二節　英法聯軍來襲與清軍水師的抗戰

英、法，「不必提上年打仗之事，但告以汝等此次即到北塘，足見真心和好，有意換約而來，如願照米國之例進京換約，必代為轉奏，俟奉旨允准，即可由此北上；佛國照會內，告以上年爾國並未助英國打仗，大皇帝深為嘉獎，此次來此北塘換約，更可永敦和好」[347]。但是，華若翰復照稱，從中調處，「奈實係不能」[348]；英、法則無回覆。咸豐皇帝仍不死心，再次諭令恆福：「該夷並無動靜，未必非候我給予照會，藉此轉圜，此機斷不可再失。」並告誡說：「倘再貽誤事機，致令大局決裂，唯恆福是問！」[349] 恆福只好派佐領定安親持一照會送至英艦，詢以何時復照，亦無明確答覆。直到 8 月 11 日，恆福才收到英國全權大臣額爾金的照會，內稱：「似此不能不有動兵之禍，雖本大臣亦以為可惜，而來文並無貴國改意必定盡約之語，本大臣何得諉行水陸二軍中止？」[350] 分明告知要大舉進兵了。

果然，8 月 12 日，即額爾金復照的第二天，聯軍便向新河發起了進攻。新河位於北塘西南，僅一路可通，相距約 30 里，駐有清軍馬隊官兵近 2,000 名。是日拂曉，聯軍 1 萬多人整隊順大路向南出發，至中途又分為兩翼：英軍步兵第一師、全部法軍及所有騎兵擔任右翼；英軍步兵第二師擔任左翼。上午 9 點，清軍馬隊見聯軍進逼，遂主動出擊，「其意圖是很明顯的，就是要切斷聯軍右翼，把它完全分割開來，然後從兩方面把它趕到沼澤地帶去」[351]，加以殲滅。清軍馬隊一直衝到距聯軍炮隊 100 多公尺的地方，由於敵人的炮火熾烈而準確，無法長時間地支撐下去，只好

---

[347]　〈廷寄〉，《籌辦夷務始末》（咸豐朝）卷五五，第 2055 頁。
[348]　〈美使華若翰給恆福照會〉，《籌辦夷務始末》（咸豐朝）卷五五，第 2063 頁。
[349]　〈廷寄〉，《籌辦夷務始末》（咸豐朝）卷五五，第 2065 頁。
[350]　〈英使額爾金給恆福照會〉，《第二次鴉片戰爭》（叢刊四），第 460 頁。
[351]　夏爾·德米特勒西：〈中國戰役日誌（1859～1861）〉，《第二次鴉片戰爭》（叢刊六），第 272 頁。

第二章　初試水軍：清政府的海軍建制實驗

後撤。據僧格林沁奏報：「該夷炮車數十輛,繼之以火箭,一齊併發,馬匹驚惶,兼之連日大雨,遍地積水,僅有一線道路,馬隊不能抄擊,萬難支持。」[352] 清軍馬隊傷亡 600 多人[353],退向塘沽,聯軍遂占領新河。

8月14日凌晨4點,聯軍5,000多人拔營繼續前進。6點,由獵兵、水兵和工兵共4個連組成的先頭部隊抵達塘沽近郊。其主力部隊亦隨後趕到。塘沽與大沽相距8里,白河橫亘其間,為大沽炮臺後路,最為緊要,守兵原有2,000人,由副都統克興阿統率。新河被占後,清廷曾嚴諭克興阿「扼守壕溝,不准稍有鬆懈」[354]。然敵我強弱懸殊,難以抵禦。當聯軍逼近塘沽時,停泊於白河北岸的清軍水師船隻立即發炮,試圖從側翼進行猛烈射擊以阻止聯軍前進。聯軍炮隊回擊。雙方炮戰約半小時,師船大砲始停止射擊。7點30分,聯軍先用大砲猛轟,繼以炮火掩護步兵,向塘沽發起總攻。清軍官兵奮力抵禦,死傷甚重。據一位目擊當時情景的法國軍官記述,在清軍陣地上「堆滿了人和馬的屍體」,「中國的炮手們都勇敢地戰死在自己的炮位上」。[355] 戰至上午9點半,守軍終於不支,退向後路,聯軍又進占了塘沽。

新河、塘沽既失,大沽北岸炮臺的後路完全暴露於敵鋒之前,形勢岌岌可危。清廷愈加慌張,更加緊了議撫的活動。咸豐皇帝獲悉新河已失,當即傳諭:「恆福辦理撫局,責無旁貸,不得因業經接仗,遂置撫局於不問,著仍遵前旨,迅速照會該酋,設法轉圜,以顧大局,是為至要!」[356] 並一面督催恆福照會英、法使臣,告以和好之意;一面派西寧辦事大臣文

---

[352] 〈僧格林沁恆福奏洋人攻撲新河我軍退守唐兒沽折〉,《籌辦夷務始末》(咸豐朝) 卷五五,第 2080～2081 頁。
[353] 〈英夷和議紀略〉,《第二次鴉片戰爭》(叢刊二),第 465 頁。
[354] 〈廷寄〉,《籌辦夷務始末》(咸豐朝) 卷五五,第 2081 頁。
[355] 德里松伯爵:〈翻譯官手記〉,《第二次鴉片戰爭》(叢刊六),第 275 頁。
[356] 〈廷寄〉,《籌辦夷務始末》(咸豐朝) 卷五五,第 2082 頁。

第二節　英法聯軍來襲與清軍水師的抗戰

俊、武備院卿恆祺到天津，以便伴送英、法公使進京換約。到8月18日，額爾金和葛羅分別照復，內容則完全一致，提出罷兵的兩個條件：一是「必將河口左右炮臺占取，俾得河道通暢，使本大臣直抵津城蕩平之路」；一是「務將二月間去文內開各條，一概準切實可憑之據」。[357] 所謂「二月間去文」，指的是上海英商秉承普魯斯之意所擬八條，其中除《天津條約》「不能更改一字」外，還有「帶兵至大沽口外駐紮」、「帶兵一二千至天津府城候旨」、「撤大沽之防」各條。當時，咸豐皇帝即認為：「顯係藉此要挾，乘間滋擾，豈可為其所愚？」[358] 而目前時勢危迫，恆福主張接受其條件，「使其得有顏面，可以回國，或可冀其息兵就範」。咸豐皇帝始覺「戰機已決，挽回無術」，然仍「希其萬有一得，以不改前年原約為釣餌」[359]。於是諭令文俊、恆祺照會英、法公使，略謂：《天津條約》「既經定議在先，自應即照上年米國之例，進京互換和約，以敦和好」；至本年二月所定各條「俟來京會晤派出之欽差大臣後，如所言均在情理之中，亦無不可商辦也」[360]。這樣含糊其詞的答覆，當然不會滿足英、法侵略者的要求和貪欲。

在與英、法公使照會往來的同時，清廷也開始做應付聯軍進攻的準備。8月14日塘沽失守的當天，僧格林沁奏稱：「現在南北兩岸，唯有竭力支持，能否扼守，實無把握。京畿一帶，防守極關重要，伏乞皇上迅派重兵，以資守衛。」[361] 儘管如此，他仍以「與大沽炮臺共相存沒」自誓。恆福則認為，聯軍必占大沽炮臺，「海口一失，天津必不能保，京城必致

---

[357]　〈英使額爾金給恆福照會〉，《第二次鴉片戰爭》（叢刊四），第490頁。
[358]　〈廷寄〉，《英商所擬條款單八條》，《籌辦夷務始末》（咸豐朝）卷四八，第1813～1814頁。
[359]　〈恆福又奏可否俯准英國所請各款片〉，《籌辦夷務始末》（咸豐朝）卷五六，第2105頁。
[360]　〈軍機處即照會英使來京換約〉，《籌辦夷務始末》（咸豐朝）卷五六，第2110頁。
[361]　〈僧格林沁恆福奏洋兵攻唐兒沽我軍退回現在竭力支持折〉，《籌辦夷務始末》（咸豐朝）卷五五，第2083頁。

第二章　初試水軍：清政府的海軍建制實驗

震動」,「與其大沽炮臺為該夷所踞,莫若先行撤防」,因此建議朝廷:宜令僧格林沁馬步官兵「保衛京城,根本既固,則設法議撫,亦可變通轉圜」[362]。此時此刻,咸豐皇帝主要擔憂的不是大沽炮臺之是否失陷,而是京城的安全問題。他也真怕僧格林沁死守炮臺以身殉職,特頒硃諭:「天下根本,不在河口,實在京師,若稍有挫失,總須帶兵退守津郡,設法迎頭自北而南截剿,萬不可寄身命於炮臺。切要!切要!以國家倚賴之身,與醜類拚命,太不值矣!」並頗動感情地諭告:「今有硃筆特旨,並非自己畏葸,有何顧忌?若執意不念大局,只了一身之計,殊屬有負朕心。握管不勝悽愴,諄諄特諭,汝其懍遵!」[363]怡親王載垣等王大臣也聯名致函規勸:「此時敵勢方盛,斷難力禦,須籌緩兵之法,以期計出萬全。該夷如再來攻撲,似無妨我軍先豎白旗,並遣人告以:中國與該夷等,於上年業經議和,何可迭次用武?現在大皇帝已派有欽差前來議事,即日可到。至王爺為國家柱石,人望所繫,斷不可計較一時之勝敗。……萬不可因小有挫折,遂致輕於赴難,是為至要!」[364]在此關鍵的時刻,僧格林沁和恆福的態度迥然不同:僧格林沁「總欲扼守兩岸炮臺,使該夷在海外就撫,否則唯有一死相拚」;恆福則堅持「先撤大沽之防」,因此建議朝廷將僧格林沁調往通州一帶,「一俟僧邸走後,徐圖撤防」。[365]這正符合咸豐皇帝的心意,於是特寄僧格林沁加急密諭:「萬一事機緊急,該大臣總當恪遵硃諭,斷不可固執己見,諒該大臣必能仰體朕心,勿專以大沽為重,置京師

---

[362] 〈恒福奏京師吃緊宜令僧格林沁保衛京城折〉,《籌辦夷務始末》(咸豐朝)卷五五,第2088頁。
[363] 〈朱諭〉,《籌辦夷務始末》(咸豐朝)卷五五,第2083～2084頁。
[364] 〈怡親王載垣等致僧格林沁兵退府城與恒制軍熟商守禦之策函〉,《第二次鴉片戰爭》(叢刊四),第469～470頁。
[365] 〈直隸總督恒福致軍機處王大臣請令僧王前往河西務一帶佈防函〉,《第二次鴉片戰爭》(叢刊四),第472頁。

122

第二節　英法聯軍來襲與清軍水師的抗戰

於不顧，孰輕孰重，又何待朕屢次諄諄訓諭也。」[366] 怡親王載垣等也再次馳書僧格林沁：「王爺乃國家柱石之臣，中外倚以為重。京師為根本重地，與〈其〉徒守海口，何如近衛神畿？前日欽奉硃諭，諄諄訓誡，固不可宣露，致令人心搖惑，然至事機緊急之時，亦必當欽遵辦理。」[367] 在這種情況下，僧格林沁仍堅持到大沽北岸炮臺失守以後，才從南岸退走。這就是僧格林沁撤離大沽的背景。或指責他的西撤是為了「自保身命」[368]，這是不夠公平的。

正當清廷和戰不定之際，聯軍已做好了進攻大沽炮臺的準備。4月20日早晨，聯軍派英國駐上海領事巴夏禮，在司令部幾位參謀的陪同下，乘馬到大沽北岸炮臺面見直隸提督樂善，要求守軍投降。樂善拒絕了侵略者的無理要求，並下令巴夏禮等人離開炮臺。

先是在8月14日聯軍攻占塘沽後，曾根據法軍總司令孟托班將軍的建議：將所有軍需物資集中於新河和塘沽，在新河和南岸大小梁子之間的河面上架起一座300平方公尺的橋；一旦橋梁架起，聯軍便兵分兩路，一支先過橋占領南岸炮臺，另一支則攻取北岸炮臺。但是，「由於潮水漲落和河邊土質關係所產生的某些困難，要指望在幾天內就能架好，顯然也是辦不到的」[369]。於是，英軍總司令格蘭特將軍提出一個新的作戰計畫：首先進攻離塘沽僅600公尺的石縫炮臺，然後再借助於炮艇的配合，沿北岸去攻打第二座炮臺；一旦北岸炮臺完全占領，就趁夜間拔除附近的障礙物以清除河道，使炮艇得以繞到南岸炮臺的背後，與派往南岸的登陸部隊協同作戰。雖然孟托班感到這個方案有某些不足之處，還是表示了同意。

---

[366]　〈廷寄〉，《籌辦夷務始末》(咸豐朝) 卷五六，第2094頁。
[367]　〈怡親王載垣等為保衛京師致僧格林沁函〉，《第二次鴉片戰爭》(叢刊四)，第483頁。
[368]　贅漫野叟，〈庚申夷氛紀略〉，《第二次鴉片戰爭》(叢刊二)，第6頁。
[369]　布隆代爾：〈一八六〇年遠征中國記〉，《第二次鴉片戰爭》(叢刊六)，第278頁。

第二章　初試水軍：清政府的海軍建制實驗

最後共同決定以 8 月 21 日為總攻之期。

　　8 月 21 日凌晨 5 時，聯軍在兩國海軍炮艇炮火的配合下，以攻城炮開始向石縫炮臺猛轟。石縫炮臺守軍在背腹兩面遭到炮火的攻擊下，堅持發炮還擊。這時，位於其東南側的北岸土炮臺也用炮火進行支援。雙方展開了一場激烈的炮戰。據一位法國侵略兵在信中寫道：「法國和英國的炮隊持續地、密集地、猛烈地進行轟擊；他們拚命地攻擊，相互競爭，並且在準確性上互比高低。另外，兩國海軍的炮艇也在旁助威。中國人有力地進行回敬，尤其是他們使用了英國人在第一次攻打時所遺留下來的口徑大且又準確性高的大砲，所以還擊得很不錯。」炮戰持續了近 3 個小時。戰到 8 點，「炮臺的火藥庫陸續爆炸，其聲如雷，蓋過一切。然而中國人卻依然堅持著，不過他們的炮火卻稀疏下來」[370]。這時，炮臺上只剩下唯一的一門大砲還可使用，唯一的一個還活著的炮手仍在繼續發炮轟擊敵人。據聯軍參戰者的記述：「在離要塞三十五公尺的地方，可以看到某個人在操縱著這門大砲。這個勇敢的人把背貼在地上，鑽到大砲下面去，就這樣裝好砲彈，然後再站起來開炮。只要還沒被我們的子彈打中，他就又重新開始這種奇怪的操作方法。」[371]

　　火藥庫爆炸使石縫炮臺喪失了應有的攻防能力，成為它未能堅守的一個重要原因。據僧格林沁奏報：「該夷馬步萬餘名，全力攻撲石縫炮臺。提督樂善督帶官兵，奮力攻擊，各炮臺亦開炮策應，已將夷人擊退。惶亂之際，被該夷炸炮將我北岸炮臺及石縫炮臺藥庫燃著，煙氣迷漫，官兵不能看視，該夷捨命回撲，以致失陷。」[372] 由於炮臺護牆被炸開了一個缺

---

[370]　A. 阿爾芒：〈出征中國和交趾支那來信〉，《第二次鴉片戰爭》（叢刊六），第 284 頁。
[371]　保爾·瓦蘭：〈征華記〉，《第二次鴉片戰爭》（叢刊六），第 283 頁。
[372]　〈僧格林沁奏洋兵攻石縫炮臺失守擬扼守通州以固京師折〉，《籌辦夷務始末》（咸豐朝）卷五六，第 2124 頁。

第二節　英法聯軍來襲與清軍水師的抗戰

口，聯軍遂趁炮火稀疏的時機，以英國縱隊在左翼，法國縱隊在右翼，向炮臺發起了衝鋒。這時，僧格林沁見敵攻甚急，知不可守，便檄令樂善暫退。樂善對使者說：「速歸告王，炮臺存，樂善生。」[373] 他抱定必死的決心，要與炮臺共存亡了。

面對蜂擁而來的敵人的衝鋒，炮臺守軍在樂善的指揮下同仇敵愾，堅決抗禦。他們置生死於度外，全力進行自衛。「在進行這場了不起的保衛戰的時刻，可以說已是和對手進行著面對面地廝殺，他們利用了一切手頭現有的東西：他們把雲也似的密箭射向攻城者；企圖用長矛刺穿那些站在雲梯頂端的人，或者手扔圓彈想砸死那些攻城的人。」[374] 當時，有一位參加戰鬥的法國軍官，目擊這種悲壯的場面，在日記裡這樣寫道：「假如說，進攻者的一方是勇猛的話，那末防禦者一方也是夠英勇的。中國人在打完他們的最後一顆子彈後，就拿起了石頭，並且把所有手裡的東西都往水兵們的身上扔去。他們真是值得讚賞的。」[375]

當聯軍衝鋒部隊越過重重障礙物進入炮臺之後，守軍官兵又縱身撲上前去，與敵人進行肉搏。他們身邊僅有的武器大都是極其原始的，連敵人看了都覺得驚奇不已：「那又是一些什麼樣的武器啊！有一些是彎把子的火繩槍，樣子古裡古怪的，式樣老透了，使用既不方便，也沒有殺傷力，其中大多數都塗上了一層紅顏色；還有一些則是弓、弩、標槍和幾把壞刀。我們經常問自己，用這樣的武器，他們又怎能給我們帶來這麼大的危害呢？對於我們說來，致命的倒不是他們的武器，而是他們拚死拚活的精神。他們就像在古代圍城時那樣，用雙手把我們站滿水兵的雲梯推開。他

---

[373]　高彤皆纂：《天津縣新志》卷一八〈吏政四〉。見《第二次鴉片戰爭》（叢刊一），第610頁。
[374]　德巴贊古：〈遠征中國和交趾支那〉，《第二次鴉片戰爭》（叢刊六），第281頁。
[375]　德里松伯爵：〈翻譯官手記〉，《第二次鴉片戰爭》（叢刊六），第282頁。

第二章　初試水軍：清政府的海軍建制實驗

們把自己的火槍、圓砲彈、我們自己砲彈的殘片以及還有石頭，都扔在我們的身上。所有被指派去防守城牆的人都英勇戰死在自己的職位上。」[376] 這場肉搏戰足足持續了1個小時，守軍大部分犧牲，樂善自殺殉國。

石縫砲臺被敵攻陷後，北岸其他兩座砲臺的守軍仍「以難以描述的勇猛精神，寸土必爭地進行防禦」[377]，直至最後陷落。

長時期以來，中國的封建統治者推行閉關政策，以「天朝上國」自居，視其他國家為「裔」，把自己完全封閉起來，妄自尊大，故步自封，還自以為得計，根本不想去了解中國以外的世界。第一次鴉片戰爭時期，以林則徐為代表的先進中國人開始睜眼看世界，理解到「船堅炮利」乃西洋「長技」，為中國所無，應該學習，從而推動了海防運動的興起。然而，在封建統治者內部，封閉觀念根深蒂固，他們滿足於現狀，只求苟安於一時，不思進取，從而導致這場海防運動曇花一現似的夭折了。雖山河已非，但朝政依舊。中國在落後的道路上繼續地滑下去。因此，到第二次鴉片戰爭時，中國將士只能靠極其陳舊甚至非常原始的武器，來抵禦聯軍近代化武器的進攻。在大沽北岸砲臺的保衛戰中，守軍幾乎是以血肉之軀與裝備精良的敵人打拚，其艱苦卓絕的無畏氣概雖贏得了敵人的讚嘆，卻無可避免地都一一倒在敵人的槍彈之下。戰鬥結束後，聯軍「在砲臺內找到了包括司令官在內的成千具的屍體」[378]。可知清軍傷亡在1,000人以上。當然，聯軍也為此付出了不小的代價，法軍傷亡200人，其中死40人，傷160人；英軍傷亡200多人。在聯軍傷亡的400多人當中，輕傷者只占一半。「共有兩百人，其中包括六名法軍軍官和十七名英軍軍官，或被擊

---

[376] 德里松伯爵：〈翻譯官手記〉，《第二次鴉片戰爭》（叢刊六），第282～283頁。
[377] 布隆代爾：〈一八六〇年遠征中國記〉，《第二次鴉片戰爭》（叢刊六），第281頁。
[378] 布隆代爾：〈一八六〇年遠征中國記〉，《第二次鴉片戰爭》（叢刊六），第280頁。

第二節　英法聯軍來襲與清軍水師的抗戰

斃，或身負重傷，躺在堡壘的斜堤和城牆上。」[379]

　　大沽北岸炮臺失守後，恆福決定實施南岸炮臺撤防的計畫。他以「南岸炮臺勢孤，萬難扼守」，向僧格林沁歷述欽奉諭旨，力勸其「統帶防兵即日起程，退守通州一帶，保衛京師」，切勿「遞蹈危險，以期仰慰聖懷」。[380] 僧格林沁見南岸炮臺的確「萬難守禦」，而且守也無補大局，唯有遵旨行事，「酌量撤退，扼要防守」[381]。當天傍晚7點，僧格林沁遵照怡親王載垣來函所囑，傳飭各營「豎立免戰白旗」[382]，然後統帶馬步各軍西撤。此舉得到了咸豐皇帝的認可：「夷氛猖獗，炮臺雖不能守，而馬步官軍為數不少，該大臣等現擬酌量退撤，再圖決戰，實能顧及大局，聞之稍慰！」[383]

　　僧軍西撤後，聯軍又派巴夏禮與5名英、法軍官到大沽南岸炮臺，勸恆福下令投降。巴夏禮要求交出炮臺和所有武器彈藥，方可不用武力攻取。因已有諭旨到營：「至大沽炮位軍火不少，並著恆福將可以運回者，即行搬運；其不能搬運者，炮位即應釘眼，或推落海河，其餘軍裝、火藥、糧餉等，均應立時焚毀，勿許存留資敵。」[384] 他因未執行諭旨，起初不敢答應。但巴夏禮威脅說：「假如一小部分的海軍就能把左岸的最大砲臺都打得人仰馬翻的話，那末當所有的軍艦都開火的時候，右岸的炮臺豈不馬上就要被夷為平地！」並虛張聲勢地聲稱，不久將「有後備軍派到海

---

[379] 格朗登少校：〈一八五九年法國人在義大利的戰役，以及法國人在中國、敘利亞、印度支那的戰役〉，《第二次鴉片戰爭》（叢刊六），第287頁。
[380] 〈恆福奏遵旨勸僧格林沁退守並請派重臣議和折〉，《籌辦夷務始末》（咸豐朝）卷五六，第2124頁。
[381] 〈僧格林沁奏洋兵攻石縫炮臺失守擬扼守通州以固京師折〉，《籌辦夷務始末》（咸豐朝）卷五六，第2124頁。
[382] 〈僧格林沁奏天津難守應退通州請恤樂善自請治罪折〉，《籌辦夷務始末》（咸豐朝）卷五七，第2138頁。
[383] 〈廷寄〉，《籌辦夷務始末》（咸豐朝）卷五六，第2126頁。
[384] 〈廷寄〉，《籌辦夷務始末》（咸豐朝）卷五六，第2126頁。

灣來」[385]。於是，恆福屈服了，完全接受了聯軍的條件。隨即書寫一投降照會交付巴夏禮，內稱：「本月初五日貴國水陸二軍已占我後路炮臺，是貴國善能攻戰，我軍情願輸服。為此照會貴大臣不必用兵。其八年及本年二月條約，已有欽差全權大臣前來面議，即日必到，並請貴大臣由大沽河口行走。」[386] 至此，大沽海口南北岸 6 座炮臺全部陷入敵手。

大沽炮臺的再次陷落，既象徵著英、法侵略者的「大規模報復」行動實現了極其關鍵的第一步，也預告著中國在歷時 4 年的第二次鴉片戰爭中敗局已定。隨後，聯軍便乘勝長驅，勢如破竹，而天津，而北京，終於迫使清政府完全屈服，除互換中英、中法《天津條約》批准書之外，又分別與英、法訂立了中英、中法《北京條約》。這次戰爭的失敗，使中國的國家主權和領土完整都遭到很大的破壞，更進一步加深了中國社會的半殖民地化過程。同時，這次戰爭還完全暴露了中國的全面海防危機，萬里海疆已無任何保障可言。但是，也應該看到，這次戰爭的失敗明顯地震撼了中國的許多朝野人士，他們深感創巨痛深，視之為千古變局，鼓吹轉害為利，採西學，制洋器，進而將林則徐、魏源的「師夷」觀從理論推向了實踐。

第三節　曇花一現：阿思本艦隊的興衰

一　清政府議辦海軍

林則徐建立近代海軍的建議提出後，過了整整 20 年，西方國家的軍艦製造和武器裝備又有新的發展。蒸汽艦逐步取代帆艦，已成為海軍的主

---

[385]　海軍大尉帕呂：〈一八六〇年征華記〉，《第二次鴉片戰爭》（叢刊六），第 286 頁。
[386]　〈恆福為認輸求和事給英法照會底稿〉，《第二次鴉片戰爭》（叢刊四），第 501 頁。

第三節　曇花一現：阿思本艦隊的興衰

要艦隻。直到此時，清朝統治者才如大夢初醒，開始議辦海軍，其主要動機並不是為了防範外來的侵略，而是出於鎮壓太平天國的需求。

先是在西元 1856 年，浙江省曾僱用兩艘外國輪船，以護送海運北上米船。光祿寺卿、署禮部左侍郎宋晉即曾向清廷建議，飭令這兩艘輪船進入長江，配合清軍進攻太平軍。他認為，此舉「不特解江南之急，即江北亦愈就清謐」。不僅如此，他還建議多僱洋船：「現僱之火輪船隻有二只，尚覺稍單，似可仿照此法，多僱數只，庶冀一舉鼓盪，使江路千里肅清，賊氛可迅就殄滅。」[387] 當時，清廷對此建議頗有顧慮，未予採納。到 1860 年，江蘇巡撫薛煥始商令外國輪船參加進攻太平軍的戰鬥，但英國公使普魯斯忽將船上的外國水手、舵工、炮手等全部撤回，不准為清軍駕船參戰。於是，清政府開始感到，單靠僱用外國輪船來鎮壓太平軍的辦法行不通，因為這些僱用的外國輪船隻聽命於其本國政府，在需用之時往往「大為掣肘」[388]。

西元 1860 年 10 月以後，清政府與英、法、俄、美等國簽訂了一系列不平等條約。列強為鞏固其在華利益和進一步擴大侵略，開始對清政府採取正向扶持的態度，並且主動提出幫助清政府鎮壓太平軍。俄國公使伊格納切夫首先向恭親王奕訢提出：俄國準備派艦隻配合清軍在江南作戰，「撥兵三四百名，在水路會擊」[389]。法國也不甘落後。法國將軍馬勒和軍政司達布理面見清朝三口通商大臣崇厚，表示可代購「火輪戰船」，提出：「計內江地面，大號戰船不能行駛，只須用中國小號輪船，即可肅清江

---

[387] 宋晉：《水流雲在館奏議》卷下，光緒十三年刊本，第 6 頁。
[388] 中國史學會主編：《洋務運動》(中國近代史資料叢刊)(二)，上海人民出版社，1961 年，第 229 頁。
[389] 《第二次鴉片戰爭》(叢刊五)，第 291 頁。

第二章　初試水軍：清政府的海軍建制實驗

面。」[390] 列強「助剿」的建議，使清廷處於兩難之中，一時拿不定主意。咸豐皇帝說：「唯思江浙地方糜爛，兵力不敷剿辦，如借俄兵之力幫同辦理，逆賊若能早平，我之元氣亦可漸復。但恐該國所貪在利，藉口協同剿賊，或格外再有要求，不可不思患預防。」在左右為難之際，他只好降旨徵求曾國藩等人的意見：「公同悉心體察，如利多害少，尚可為救急之方，即行迅速奏明，候旨定奪。」[391]

恭親王奕訢

對於列強「助剿」一事，在大臣當中引起了激烈的爭論。主要有三種意見：第一種，以欽差大臣袁甲三為代表，持堅決反對的態度，認為此舉有害無利，必不可行，因為「夷人名為就撫，實則包藏禍心」，「與其悔之於後，不如慎之於初」。第二種，以江蘇巡撫薛煥、杭州將軍瑞昌為代表，持贊同的態度。薛煥認為此舉「利多害少」，因為：（一）「俄、佛（法）兵費雖巨，若地方早得肅清，則所省轉不可勝計」；（二）「俄、佛（法）由水路而進，先取金陵，以次廓清江面，我即可收長江之利，以贍陸路之軍，餉充則兵自得力」；（三）「若聯繫俄國收為我用，則英夷自必戢其

---

[390] 《海防檔》（甲），購買船炮，第 5 頁。
[391] 《第二次鴉片戰爭》（叢刊五），第 291 頁。

第三節　曇花一現：阿思本艦隊的興衰

驕」，「此又以夷制夷之法」。瑞昌則認為：「藉資外國之兵，其有無格外要求，雖難預料，但……亦足徵同仇敵愾之誠，如果照議舉行，可期迅速應手。」第三種，以曾國藩為代表，傾向於第一種意見，但措辭較為婉轉。他說，列強主動請出兵「助剿」，「自非別有詭謀」，但目前情勢，關鍵「在陸而不在水」，因此可「獎其效順之忱，緩其會師之期」。最後，他特地提出：「將來師夷智以造炮製船，尤可期永遠之利。」由此看來，反對的意見占了上風，奕訢認為：「袁甲三於利害之間，辯論最為明晰。」曾國藩所說「將來師夷智以造炮製船」，亦甚切合時宜。但是，他在造船還是僱船的問題上卻猶豫不定，因此提出：「外洋師船，現雖無暇添製，或仿照其式，或僱用其船，以濟兵船之不足。」但又說，對俄、法請派師「助剿」不便斷然拒絕，以免生疑，「或籌款購買槍炮船隻，使其有利可圖，即可冀其暖就」。並請密諭曾國藩「斟酌試行」[392]。咸豐原則上同意了奕訢的上奏。這便成為清政府試辦海軍之張本。

　　清政府議論買船的消息傳出後，英國見機會難得，立即聞風而動。西元 1861 年 4 月，英國侵略分子巴夏禮到北京，對曾國藩擴充湘軍水師之說表示懷疑，認為其「船炮不甚堅利，恐難滅賊」[393]。英國公使普魯斯和參贊威妥瑪（Thomas Francis Wade）趁機慫恿清政府購買艦船。後來，總理衙門致函威妥瑪，追述此事說：「中國購買輪船一事，從前中國舉辦之初，原因兩國既經和好，普大臣時思為中國平賊，貴參贊又嘗謂中國非創立新法，不足挽回從前之積習，因而本衙門與赫（德）稅司議及外國輪船。」[394] 赫德（Robert Hart）本是英國駐華領事館的職員，曾任廣州海關副稅務司，1861 年 4 月剛剛代理中國海關總稅務司的職務，對清政府購

---

[392]　《第二次鴉片戰爭》（叢刊五），第 315、320、330～332、351～354 頁。
[393]　《海防檔》（甲），購買船炮，第 7 頁。
[394]　《海防檔》（甲），購買船炮，第 299 頁。

第二章　初試水軍：清政府的海軍建制實驗

買英國艦船表現出非常的熱心。他向奕訢獻計道：「火輪船一只，大者數十萬兩，上可載數百人；小者每只數萬兩，可載百數十人。大船在內地不利行駛，若用小火輪船十餘號，益以精利槍炮，其費不過數十萬兩。至駕駛之法，廣東、上海等處多有能之者，可僱內地人隨時學習，用以入江，必可奏效。若內地人一時不能盡習，亦可僱用外國人兩三名，令其司舵、司炮，而中國僱用外國人，英、佛亦不得攔阻。如欲購買，其價值先領一半，俟購齊驗收後再行全給。」只花幾十萬兩銀子便可買一支海軍，其誘惑力是很大的。因此，奕訢主張從速購買，並責罵曾國藩辦事遲緩：「當此時事孔亟之時，何可再事因循？」戶部左侍郎文祥也主張買船，認為自己設廠造船，不如購買火輪船「剿辦更為得力」[395]。靠購買外國艦船來成立海軍的基調，就這樣定下來了。

　　法、美兩國軍火商的在華代理人，也參加了這場代購艦船的競爭。法國駐華使館參贊哥士奇（Michel Alexandre Kleczkowski）曾到總理衙門游說，聲稱：「請總理衙門給札，令其購買船炮，伊即稟請國主，代為購買。」[396] 當時，美國人華爾（Frederick Townsend Ward）正在上海組織「洋槍隊」，與江海關道吳煦和道員楊坊相勾結，也託其弟亨利·華爾（Henry Wells）回國購買艦船。對於哥士奇的游說，奕訢雖認為其言不甚可靠，但未便遽行拒絕，只好以敷衍對付之。至於華爾購船經費，本是上海商家所捐，議定專防上海之用，清政府不加干涉。不過，華爾不久被太平軍擊斃，此事也就耽擱了下來。

　　在清廷看來，赫德的買船方案似較切實可行，決定飭令赫德經辦。於是諭在事諸臣「務當悉心籌議，期於必行，不得畏難苟安」。隨後，赫德

---

[395]　《籌辦夷務始末》（咸豐朝），卷七九，第 2914～2915 頁。
[396]　《籌辦夷務始末》（咸豐朝），卷七九，第 2916 頁。

第三節　曇花一現：阿思本艦隊的興衰

便向清政府提出了一個詳細的計畫。按照這項計畫，清政府應購明輪軍艦3艘，暗輪軍艦7艘，連其他武器裝備，如鳥槍、車炮、火箭炮、手槍、洋刀等，需銀81.5萬兩。再加上僱用外國武員水手費用，共需銀約130萬兩。赫德指出，只要海軍建成，與陸路配合進攻南京，「一日之內可保成功」。同時恐嚇說：「此事在今年趕辦，尚屬可行；若遲至明年，即恐不能辦理。」奕訢看了赫德的計畫，認為：「所陳各節，於現在時事利弊，誠不為無見。唯所費甚巨，籌劃大非易易。」[397] 未即時上奏。

8月23日，曾國藩上〈復陳購買外洋船炮折〉，也強調「購買外洋船炮，則為今日救時之第一要務」。指出：「輪船之速，洋炮之遠，在英、法則誇其所獨有，在中華則震於所罕見。若能陸續購買，據為己物，在中華則見慣而不驚，在英、法亦漸失其所恃。」[398] 其後，禦史魏睦庭還建議：「將西洋火器、火輪船等議定價值，按價購買。沿海紳商亦許捐購，從優獎勵。」[399] 但是，清政府以財政拮据，經費有常，仍然拖而未辦。

同年冬天，太平天國李秀成部進軍浙江，連克紹興、臺州、寧波、杭州等府，清廷為之震撼。在此期間，赫德一直來往於上海與北京之間，到處進行遊說。他對江蘇巡撫薛煥大講「買船之利，可以剿辦發逆」。薛煥強調：「買成之後，必須任憑中國僱用洋人管理行駛，開炮擊賊，領事等官不得阻撓。此事應由該稅司稟明公使，先行議定，方可舉辦。」赫德又訪江海關道吳煦，稱：「發逆偏擾東南，勢愈狷獗，非用外國船炮，無以剿滅。在京時曾赴總理衙門面陳，曾蒙奏明允辦。倘貴道奉文後，能否遵籌關稅？」吳問：「需銀若干？」赫謂：「購小火輪十餘號，約共需銀八十

---

[397]　《海防檔》（甲），購買船炮，第10, 11～12、19頁。
[398]　《曾國藩全集》，奏稿三，第1603頁。
[399]　《海防檔》（甲），購買船炮，第22頁。

第二章　初試水軍：清政府的海軍建制實驗

萬兩，擬在江海關籌撥銀二十萬兩，於粵海、閩海、廈門、寧波等關分別酌籌，一經議定，便可往辦。」吳答：「外國船炮堅利，實為剿賊利器，倘奉文指撥關稅，自當設法籌辦。」[400] 可見，籌款一事，赫德已經胸有成竹，只等吳煦這一句話了。於是，他再往北京進見奕訢。奕訢仍然表示：「中國剿賊情形，皆由器械不利，以故不能取勝，欲向外國購買船炮等物，又苦此項經費無出。」赫德立即和盤托出他的籌款辦法：「如果欲辦此事，籌款並無所難。查粵、閩、江三海關，現在所徵稅銀，尚屬暢旺。若由此三關按月抽撥銀十萬兩……即可以此銀，作為購買船炮、火箭各種器械，並外國教演兵弁、船上水手工食之用。」赫德的建議使奕訢心裡有了底，便於西元 1862 年 1 月 24 日奏稱：「現在浙江寧波、杭州兩府，相繼失守，賊勢益張，難保不更思竄出寧波，為縱橫海上之計。……應請飭下江蘇巡撫，迅速籌款僱覓外國火輪船隻，選派將弁，駛出外洋，堵截寧波口外，以防賊匪竄逸。並令廣東、福建各督撫，一體購覓輪船，會同堵截。」[401] 第二天，清廷便批准了奕訢的上奏。

自從宋晉建議僱用外國輪船以後，清政府在僱船還是買船的問題上始終猶豫不決，爭論達 5 年之久，後因為軍事形勢所迫，才最終下定了購買輪船的決心。

二　李泰國買艦內幕

西元 1862 年 2 月，清政府與赫德之間關於買船問題的商談，開始進入了實質性階段。

此時，赫德適到廣州辦理海關事務，兩廣總督勞崇光奉到總理衙門行

---

[400]　《海防檔》（甲），購買船炮，第 41～42 頁。
[401]　《海防檔》（甲），購買船炮，第 22～24 頁。

第三節　曇花一現：阿思本艦隊的興衰

文，當即與赫德面商購船事宜。赫德稱：「各船係在內河及海口備用，毋庸上等大船，只須中號、小號船便可合用。中號船每只連配炮位及火藥、火彈等項，約需價銀十五萬兩。下等船每隻連配炮位及藥彈等項，約需價銀五萬兩。」如果不算炮位及彈藥價格，則據此前所報，小號輪船價銀為4萬兩，中號輪船價銀為10萬兩。試將赫德所開船價與美國船價作一對比。如下表：

輪船類別	排水量（噸）	馬力（匹）	價銀（萬兩）赫德開價	價銀（萬兩）美國價格	赫德開價美國價格
小號輪船	200	100	4	3～3.5	約 23%
中號輪船	400	200	10	6～7	約 54%

可知赫德利用清朝官員的懵懂無知，所開的船價也比實際價格要高出許多。為此，中國需多付出約 14 萬兩銀子。勞崇光最後與赫德議定，由赫德代購中號輪船 3 艘，小號輪船 4 艘，以及船上所需的炮位、火藥等項。按照赫德所開的價格，共需價銀 65 萬兩。商定先交船價 2 萬兩，餘銀分 8 個月交清。赫德又以「輪船、槍炮須在本國購買，價減而佳」為由，函請回英國休假的總稅務司李泰國（Horatio Nelson Lay）承辦購船事宜。[402]

此後，總理衙門又與江蘇、廣東、福建、浙江各省商定，落實購船經費的調撥問題。先是議定江海關籌 20 萬兩，粵海關籌 20 萬兩，閩海關籌 10 萬兩，廈門、寧波兩關各籌 5 萬兩，計 60 萬兩。但寧波已被太平軍攻克，5 萬兩籌款落空，離 65 萬兩之數還差 10 萬兩。總理衙門只好又與勞崇光、薛煥函商，由粵海關和江海關再各籌銀 5 萬兩。這樣，65 萬的購船

---

[402]　《海防檔》（甲），購買船炮，第 14、26、57、58 頁。

第二章 初試水軍：清政府的海軍建制實驗

經費才算有了著落。

當赫德在廣東期間，勞崇光還就船上的人員配備問題進行了商談。當時議定：中號輪船，每艘配用外國舵工、炮手、水手及看火人共3名，另添配內地水勇、水手100名；小號輪船，每艘配用外國舵工、炮手、水手及看火人共10名，另添配內地水勇、水手三四十名。聘用外國軍官1人，駕駛艦隊來華。至船款65萬兩，「係將船炮器械等項價值，並外國各色人等，自英國以至入口支用薪糧，概行匯計在內。俟到口再由中國另支糧餉」[403]。

但是，在內地水勇、水手的選配問題上，各方的意見卻未能統一。起初，總理衙門奏明：所購輪船來華之後，由曾國藩「酌配兵丁，學習駕駛，以備防江之用」。但赫德認為：「添配內地之水勇人等，應由廣東、福建、山東沿海等處，選募生長海濱、習慣出洋、不畏風濤之人，分配駕駛，可期得力。」勞崇光支持赫德的意見，認為曾國藩所部水師，「皆係湘勇，從未涉歷海洋，於外國船隻素未經見，與外國之人尤難遽相浹洽，參雜配駕，恐不相宜。似應仍照赫德原議，於閩、粵人中選募配用，較為妥協」。曾國藩則主張仍維持總理衙門原議：「既已購得輪船，即應配用江楚兵勇，始而試令司舵司火，繼而試以造船、造炮，一一學習，庶幾見慣而不驚，積及而漸熟。」由於曾國藩的堅持，赫德做出讓步，提出船上炮手可用湖南人，「取其膽氣壯實，果於用力」。最後，由總理衙門拍板，請飭曾國藩「悉心籌商，妥為配派，不必拘定何省之人，但以熟悉洋面，能守法度，日久易於駕駛為要義」。11月20日，清廷諭湖廣總督官文與曾國藩詳細籌辦，選派上船人員，並即迅速具奏。曾國藩與官文商議後，決定派巡湖營提督銜總兵蔡國祥統帶7艘輪船，副將銜參將盛永清、參將袁浚、參將銜游擊歐陽芳、鄧秀枝、周文祥、蔡國喜、游擊銜都司郭得山各領一

---

[403]《海防檔》(甲)，購買船炮，第72頁。

第三節　曇花一現：阿思本艦隊的興衰

船。俟 7 艘輪船駛至安慶、漢口時，每船酌留洋弁三四人司舵司火，其餘即配用楚勇。在曾國藩看來，「始以洋人教華人，繼以華人教華人，既不患教導之不敷，又不患心志之不齊，且與長江各項水師出自一家，仍可聯為一氣，不過於長龍、舢板數十營中，新添輪船一營而已」[404]。

到此時為止，清政府為接收李泰國在英國代購的 7 艘輪船，已經做好了各方面的準備，只等這 7 艘輪船駕駛來華了。

李泰國早在西元 1842 年就來到中國，是著名的中國通。曾任英國駐上海副領事。後擔任上海海關委員，逐步攫得了上海海關的大權。1858 年，被任命為總稅務司。1960 年，清政府又命他幫辦各海口通商事務。從此，中國的海關關稅全為英人所把持。就是這個李泰國，卻用由中國海關籌集的這筆鉅款，來為英國政府的侵華政策服務，以達到從軍事上控制中國的目的。當時，英國下議院議員塞克斯（Sykes）在倫敦《每日新聞》上撰文，揭露李泰國的可恥行徑時說：「此人曾被中國政府授以高官厚祿。作為中國政府的一個未經委託的代理人，他顯然成了英國政府與中國政府之間進行聯繫的中介。……李泰國一到英國就抓緊建造和裝備那些炮艇。最近收到的倫敦報紙曾提到這件事。英國政府對此幫了多少忙目前還不清楚，但看來這些船是在政府的船塢裡建造的。實際上，李泰國先生也無法掩蓋他那些見不得人的勾當。」[405]

應該看到，李泰國的「這些見不得人的勾當」，都是在英國首相帕麥斯頓（Henry John Temple Palmerston）的策畫下進行的。英國排除法、美兩國的插手，慫恿清政府在英國訂造輪船，其目的是要乘機控制中國海軍。英國內閣審議關於中國買船案的建議，即是：「船隻應視為女王政府

---

[404] 《海防檔》(甲)，購買船炮，第 61、69、73、74、116 ～ 117、125 頁。
[405] 參見《太平天國史譯叢》，第 1 輯，中華書局，1981 年，第 99 頁。

第二章　初試水軍：清政府的海軍建制實驗

所有。」欺騙英國輿論，聲稱這支艦隊的任務是在中國海域「緝盜」[406]。李泰國在呈給英國外交大臣羅塞爾的報告中，明確地說出：「這支艦隊不會在任何方面妨礙女王陛下政府，反而會使它在沒有進行直接援助時那些煩惱的情況下，享有一切好處。」公然把這支艦隊稱作「英中聯合海軍艦隊」。為了有效地控制這支艦隊，英國政府還特地挑選皇家海軍上校阿思本（Sherrard Osborne）擔任司令。英國海軍部通知阿思本說：「茲奉海軍部各位大臣的命令，他們樂意給你發給許可狀，讓你暫時擔任中國政府的軍事職務。」[407] 英國政府樞密院還頒發了一項特殊法令，規定：（一）「李泰國和阿思本依法得以加入中國皇帝的陸海軍部隊，並在這個皇帝的統率之下，可以接受任何委任、授權或其他任命」；（二）「每一個英國臣民依法均可應李泰國和阿思本而不是其他任何人的僱傭和徵募，應徵加入這個皇帝的陸海軍部隊，而後得以在陸地或海上，以任何軍事、戰爭或其他行動為這個皇帝服務。」[408]

英國政府之所以看中了阿思本，並不是沒有由來的。阿思本曾參加過第一次鴉片戰爭。在第二次鴉片戰爭期間，他是英國軍艦「狂暴」號的艦長。英國著名侵略分子額爾金勛爵到中國指揮作戰時，就是以「狂暴」號為座艦的。塞克斯指出：「阿思本船長靠著自己的職位和實際經驗，成為額爾金勛爵在所有這些特殊活動中的一名心腹。他當然也要設法順便為自己撈一把。」他接到英國海軍部的許可狀後，一方面向政府要求擔任艦隊司令後仍保持雙重身分，即「不因他曾以海軍軍官身分為中國政府服役而

---

[406] 同上書，第 100 頁。
[407] 〈關於中國政府在英國聘用海陸軍官兵的文書〉，《英國藍皮書》（1862 年）。見《歷史教學》198 年第 4 期，第 12～13 頁。
[408] 〈下院關於中國事務的檔〉，《英國藍皮書》（1863 年）。見《歷史教學》1984 年第 4 期，第 13 頁。

第三節　曇花一現：阿思本艦隊的興衰

影響他在英國海軍中的地位」[409]，積極為英國的侵略政策服務，一方面絕不放棄這個難得的「為自己撈一把」的機會，與李泰國沆瀣一氣，向清政府大敲竹槓。

在船價問題上，李泰國推翻65萬兩的原議，不斷層層加碼。最初，他接受委託後，即致函赫德，聲稱：「前撥銀六十五萬兩，實屬不敷，請添撥銀二十萬兩。」總理衙門答應再撥銀15萬兩，由閩海關籌10萬兩，廈門關籌5萬兩，以符赫德原議80萬兩之數。這兩處海關一時無從籌措，只好從香港洋商那裡借款，年利8%，限期一年，這才湊夠了15萬兩。不久，李泰國又透過威妥瑪向總理衙門提出，購船經費除指撥銀80萬兩外，還需預支外國武弁薪銀及路上經費，尚短缺10餘萬兩。但是，按照原來議定的章程，路上經費等是包括在購船經費之中的。李泰國自知失言，又改口說「不敷造船募兵之費」，由他代墊銀12萬兩。他還親自跑到上海，向江蘇巡撫李鴻章索款，「意存脅逼，云非此數不可，且以後仍須源源濟用，毫無限制」。事後，李鴻章致函總理衙門說：「李泰國性情褊躁，索餉緊急，情勢洶洶，刻不容緩。目下海關收數太絀，無力承應，若不預為陳明，稍有貽誤，致滋他變。」建議：「請旨嚴飭各關，按月由稅務司扣交李泰國、赫德收用，庶免決裂。」總理衙門明知李泰國意在趁機敲詐，當然不情願白拿這筆鉅款，便採取拖延應付的態度。李泰國看透了清政府懼怕洋人的特點，在上海揚言：「便令天翻地覆，亦須索此十二萬銀！」李鴻章猜測，他必定還要繼續糾纏。果然，一波未平，一波復起。這12萬兩銀子尚未拿到手，他又想出新的花招，致函總理衙門稱：除代墊銀12萬兩外，還在英國「向人借銀五萬鎊，約閣中國銀十五萬兩左右，即交統帶兵船之提督阿思本收存，以買各物」。「是先後共計銀一百零七

---

[409]　《太平天國史譯叢》，第1輯，第98頁。

第二章　初試水軍：清政府的海軍建制實驗

萬兩。」他直言不諱地說：「凡外國人為中國辦事，豈有他哉？圖多得錢耳。」[410] 總理衙門怕李泰國繼續鬧下去，不免又生波瀾，更難收場，於是按他的要求，從江海關每月抽提 1 萬兩，一年內撥給 12 萬兩之款。至於所謂在英國所借 15 萬兩，則由粵海關、九江關、閩海關各撥銀 3 萬兩，廈門關、江海關、潮州關各撥銀 2 萬兩，皆於一個月內付交。至此，這樁索款公案，始告結束。

無論如何，7 艘火輪兵船終於買成了。李泰國為這 7 艘兵船命名為「北京」號、「中國」號、「廈門」號、「穆克德恩」號、「廣東」號、「天津」號和「江蘇」號。後總理衙門重新擬定船名，分別改為「金臺」、「一統」、「廣萬」、「德勝」、「百粵」、「三衛」和「鎮吳」。李泰國還招募了英國海軍官兵約 600 人，分配於各船，一切皆由阿思本控制排程。

這支所謂「英中聯合海軍艦隊」，通常被稱為「阿思本艦隊」，就這樣編成了。

三　「阿思本艦隊」的解散

西元 1863 年 9 月，阿思本帶領由 7 艘兵船和 1 艘薑船組成的艦隊駛抵上海。本來，清政府認為：「此項兵船，係中國購買僱用，即是中國水師。進退賞罰，應由中國統兵大員，及該船管帶之中國大員主張。

其會帶之外國兵官及辦事人等，不得把持專擅。」[411] 當然，這只是中國方面的一廂情願。

其實，早在 1 月 16 日李泰國還在倫敦時，就秉承英國政府的意志，擅自代表清政府與阿思本簽訂了合約十三條。其主要內容如下：

---

[410]　《海防檔》（甲），購買船炮，第 105、141～142、148、149、151～152 頁。
[411]　《海防檔》（甲），購買船炮，第 149 頁。

第三節　曇花一現：阿思本艦隊的興衰

（一）「中國現立外國兵船水師，阿思本允作總統四年。但除阿思本之外，中國不得另延外國人作總統。」、「凡中國所有外國樣式船隻，或內地船僱外國人管理者，或中國呼叫官民所置各輪船，議定嗣後均歸阿思本一律管轄排程。」

（二）「凡朝廷一切諭阿思本檔案，均由李泰國轉行諭知，阿思本無不遵辦；若由別人轉諭，則未能遵行。」、「如有阿思本不能照辦之事，則李泰國未便轉諭。」

（三）「此項水師各船員弁兵丁水手，均由阿思本選用，仍須李泰國應允，方可准行。」、「倘有中國官員，於各兵船之官員兵丁水手人等有所指告事件，則李泰國會同阿思本必得詳細查辦。」

（四）「此項水師俱是外國水師，應掛外國樣式旗號。一則因船上俱係外國人，非有外國旗號，伊等未必肯盡心盡力；一則要外國各商不敢藐視。」

（五）「李泰國應即日另行支領各員薪俸工食、各船經費等銀兩，足敷四年之數，儲存待用。」[412]

同時，李泰國還開出了一份「足敷四年之數」的「經費單」，要求清政府從關稅中劃撥銀 1,000 萬兩，歸李泰國支配，身為英國水師官兵的 4 年薪餉，每年計 250 萬兩。

根據這些條款，清政府花費鉅款買來的這支艦隊，必須任命阿思本為司令，不僅新購的兵船歸他指揮，而且中國所有的其他輪船都要歸他管轄排程；船上的官弁、炮手、水手等人的選用，一概由李泰國和阿思本決定，而且全用外國人；阿思本只接受中國皇帝的諭旨，但必須由李泰國轉

---

[412]　《海防檔》(甲)，購買船炮，第 158～159 頁。

第二章　初試水軍：清政府的海軍建制實驗

達，否則不能遵行；李泰國對中國皇帝的命令有權加以選擇，可以拒絕接受。如此等等，其目的是要把這支艦隊牢固地控制在英國手裡，成為實際上為英國效忠的艦隊。其手段十分凶狠。當時的外國輿論即指出：「英國管兵船官請命於國王，將兵船、軍火等物發與中國，說他百姓在此做生意，藉此以備不虞，甚為有益。且各費均出自中國，英人不須自設防守，致費錢財。豈不是一舉兩得？」[413] 和盤托出了英國政府的陰謀。

5月間，李泰國到達北京，與奕訢等反覆辯論，態度蠻橫無理，非要清政府認可他與阿思本訂立的合約。對此，總理衙門致函李鴻章說：「李泰國到京，即遞節略條款章程數件，大意欲派阿思本為水師總統，李泰國會辦，一切均歸阿思本、李泰國排程。而每年所用經費則以數百萬計，並請將各關稅務全歸李泰國管理，任其支取使用。其意思竟藉此一舉，將中國兵權、利權全行移於外國。並自來本衙門，反覆抗論，大言不慚。其願望之奢，殊出情理之外。」奕訢等堅持認為：「所立合約十三條，事事欲由阿思本專主，不肯聽命於中國，尤為不諳體制，難以照辦。」[414] 雙方辯論的關鍵，就是誰來掌握艦隊的指揮權問題。

爭論達一個多月之久。李泰國色屬內荏，因為擅訂合約心虛，始與總理衙門重新議定《輪船章程》五條。其主要內容是：「由中國選派武職大員，作為該師船之漢總統。阿思本作為幫同總統，以四年為定。用兵地方聽督撫節制調遣。阿思本由總理衙門發給劄諭，俾有管帶之權。此項兵船，隨時挑選中國人上船學習。輪船七隻、薑船一只應支糧餉、軍火，及火食、煤炭、犒賞、傷恤銀兩，並一切未能預言之各項用款，議定每月統給銀七萬五千兩，統歸李泰國經理。所支銀兩，每月在江海關支銀一萬

---

[413]　《海防檔》（甲），購買船炮，第148頁。
[414]　《海防檔》（甲），購買船炮，第161～162、164頁。

第三節　曇花一現：阿思本艦隊的興衰

兩，九江關支銀一萬兩，閩海關支銀三萬四千兩，廈門關支銀六千兩，潮州關支銀五千兩，自本年六月十七日、即英國八月初一日起，先盡此項輪船經費，按照所定本月之數，由李泰國派人赴銀號支領。」[415]

此外，李泰國還就攻下南京後所得財物的分配問題與總理衙門進行了交涉。他提出：如果南京由英兵攻下，所獲財物應拿出一半讓英兵充賞。奕訢認為，李泰國言大而誇，未免自負太過，難能獨力攻下南京。因此，便與李泰國議定：「如得金陵，所得賊遺財物，就十分而論，以三分歸朝廷充公，以三分半歸阿思本賞外國兵弁，以三分半歸中國官兵作賞；如係阿思本克復，並無官兵在事，則七分均歸阿思本充賞。」[416] 他們在分贓問題上也達成了協議。

《輪船章程》訂立後，清廷降諭：輪船駛抵海口後，即著曾國藩、李鴻章節制調遣。「總須一切排程機宜事權，悉由中國主持。」、「無論如何用法，總須俾中國人熟習駕駛，收其利益，斷不日久仍為外國人所主持。」總理衙門也致函曾、李，囑其「隨時駕駛，不至授人以柄」[417]。

但是，對《輪船章程》五條之能否實現，李鴻章則表示懷疑。他認為：「令派中國武職大員身為該師船之漢總統，阿思本身為幫同總統，聽督撫節制調遣，挑選中國人上船學習，名綦正矣，義極嚴矣。」然「外國人性情，攬權嗜利，不約皆同」。因此，欲分其權，則實有「三難」：「外國弁兵、水手有六百人之多，言語不通，氣類不合，彼眾我寡，一傳眾咻。加以武夫愚蠢，英人猜忌，偶失周旋，則謗毀隨之；略與爭論，則辱詈及之。始則嫌於相逼，久或不能相容。此總統之難分其權者一也。」、「李泰國久在中國，深知虛實，往者撫局難成，當事不免婟娿，彼遂藐視等夷，

---

[415]　《海防檔》（甲），購買船炮，第 164 頁。
[416]　《海防檔》（甲），購買船炮，第 174 頁。
[417]　《海防檔》（甲），購買船炮，第 166、175 頁。

第二章　初試水軍：清政府的海軍建制實驗

趾高氣揚。⋯⋯若彼不另出主意，攙越排程，尚未見阿思本輩之果聽指揮；若彼再把持唆弄，顛倒是非，更難保統兵大員之不受挾制。此排程之難分其權二也。」、「洋人據為利藪，未必肯實心教練，果願華人之擅長。且其輪船機器、炮火精微，亦非頑夫健卒所能盡得其奧妙。此學習駕駛之難分其權三也。」此「三難」，是李鴻章根據「與若輩交涉軍務，悉心體會」而悟出來的。他斷定：李泰國不僅「目前不願中國人專權，即將來不願中國人接手」[418]。

曾國藩對此也持懷疑態度，認為：「悉由中國主持，竊恐萬辦不到，其勢使之然也。」、「節制之說，亦恐徒託虛名。」他竟然異想天開，提出一個奇特的辦法，以折李泰國的驕氣：「以中國之大，區區一百七萬之船價，每年九十二萬之用款，視之直輕如秋毫，了不介意。或竟將此船分賞各國，不索原價，亦足使李泰國失其所恃，而折其驕氣也。」[419] 他的辦法儘管極端荒謬，卻反映出他與李鴻章一樣，都感到李泰國等人是不會真的把艦隊交給清政府的。

繼李鴻章、曾國藩之後，留辦金陵軍務浙江巡撫曾國荃提出一個「兩善」之策：一則修改原訂章程，將新購之輪船專任「出洋巡緝，南至二粵，北至盛京，內外洋面，分途邏哨」；一則酌量裁撤沿海水師，每年可節省經費一二百萬兩，「充輪船之餉而有餘」，「更於粵東、江蘇海口設立船廠，令中國工匠學習整修輪船之事，以期盡通巧妙」。他認為：此策「兩善具備，目下之費不患不充，將來亦不難乎為繼。如此辦法，海口以內，水師之軍政改觀；海門以外，輪船之巡緝益力」[420]。在他的方案中，第一條根

---

[418]　《海防檔》(甲)，購買船炮，第 188～189 頁。
[419]　《海防檔》(甲)，購買船炮，第 244～245、246 頁。
[420]　《海防檔》(甲)，購買船炮，第 252～253 頁。

第三節 曇花一現：阿思本艦隊的興衰

本行不通，因為李泰國和阿思本都不會接受。至於第二條「設立船廠」，不失為一項有遠見的建議，卻被清政府輕率地否定了。

果然不出李鴻章、曾國藩所料，阿思本於9月20日一到北京，便要推翻《輪船章程》五條。他與李泰國一起在總理衙門辯論20餘日。10月18日，向總理衙門遞交申呈，堅持要履行其私訂的合約十三條，「未能稍為更移」，並要求在兩日內做出明確答覆。最後還威脅說：「倘二日以內不能示覆，本提督既無權柄，勢難再為遷移，只好將員弁、水手等遣散可也。」英國公使普魯斯竟然支持阿思本的無賴行徑，以購船時英國「秉權大臣亦曾襄辦」為由，照會清政府稱：「理合即將此事情形報明我國家，請示船隻等物應作如何辦理。並已飭知該總兵，將所有船隻、火炮、軍械暫留候示遵辦。」總理衙門在復照中，駁斥李泰國與阿思本所立合約之無理，是欲「中國費數百萬之帑金，竟不得一毫之權柄」。以普魯斯曾有「中國兵權不可假與外人」之言相詰[421]。普魯斯自知理屈，不便公開出面交涉，便請出美國公使蒲安臣（Anson Burlingame）從中調說。

蒲安臣到總理衙門同奕訢等會商數次，意見難以統一。最後，雙方皆認為只有解散艦隊之一途。對此，有如下之對話：

蒲安臣：「普魯斯允為撤退，並欲將船炮一併駛回英國。」奕訢：「船炮係由我備價所買，自應資我留用。」

蒲安臣：「據普魯斯云，此項船炮乃英國朝廷之物，非買自商人可比，既不用其人，則船炮亦應繳還本國，方能了結。」

奕訢：「買價亦應由英國交還中國，方昭平允。」[422]

---

[421] 《海防檔》(甲)，購買船炮，第254～255、257頁。
[422] 《海防檔》(甲)，購買船炮，第277頁。

第二章　初試水軍：清政府的海軍建制實驗

　　隨後，便由美國公使館參贊衛廉士（Samuel Wells Williams）起草致英國公使照會。總理衙門在衛廉士照會稿的基礎上加以改定，照會普魯斯：「覽該合約十三條，多與中國買船本意不符。今阿總兵既欲將所募兵弁遣散回國……阿總兵與各武弁、水手人等，中國自應給發各人來往薪俸及雜項碎用，以回國之日為止外，另送阿總兵銀 1 萬兩，以酬其勞。其銀統在輪船變價內付給。至中國已費原買輪船、火炮、軍械各銀，並請貴大臣代立善法，俾得交還中國，以清朝廷庫款是荷。」[423]

　　清政府迫於無奈，只好同意將艦隊駛回變賣。這樣，清政府不僅在購船時花費了鉅款，如今又要為遣散這支艦隊付出一大筆費用。一買一賣，竟白白地耗費了 70 萬兩銀子。如下表[424]：

項目	支出（兩）	收回（兩）	備註
購買船炮	818,583		〈阿思本輪船總帳〉（《海防檔》頁 450 附錄）按：購買輪船款支付很雜，很難計算。此據阿思本實報數，較為可靠。
閩省籌款付息	12,000		〈福州稅務司美里登稟〉（《海防檔》頁 173、174）
江海關零稅銀劃用	17,935		〈李鴻章咨文〉（《海防檔》頁 376）

---

[423]　《海防檔》（甲），購買船炮，第 259 頁。
[424]　清政府究竟耗費了多少銀兩，說法很不一致。實際上，這筆帳目既瑣碎又雜亂，有些款支出而未用，有些款撥出後未用完，甚至有些款分派後並未撥出，故很難有精確的估算。筆者在《北洋艦隊》一書裡曾估算為 892,714 兩。現逐項核實，計為 702,562 兩。這仍是一個大概的數字。其中，有些支出係用英鎊或規平銀付款，皆按比價折算為關平銀。

第三節　曇花一現：阿思本艦隊的興衰

項目	支出（兩）	收回（兩）	備註
艦隊抵華後月款	65,000		〈李泰國經手銀兩大略清單〉（《海防檔》頁309附錄）按：月款三個月，共銀22.5萬兩，但多未如數交上，只收6.5萬兩。
艦隊遣回經費	263,640		〈李鴻章諮文〉（《海防檔》頁375）按：其中包括李泰國寄回英國約129,143兩，阿思本帶回134,497兩。
阿思本賞金	10,000		〈總署致蒲安臣函〉（《海防檔》頁270）
李泰國續發半年薪俸	12,000		〈總署致英國照會〉（《海防檔》頁309）、〈赫德呈文〉（《海防檔》頁380）
李泰國回國25個月補給半俸	12,500		〈赫德呈文〉（《海防檔》頁380）
李泰國駐京經費	18,000		〈赫德呈文〉（《海防檔》頁380）
李泰國兼辦輪船費	7,000		〈赫德呈文〉（《海防檔》頁380）
李泰國在英國費用	7,500		〈赫德呈文〉（《海防檔》頁380）
李泰國在上海房租	4,000		〈赫德呈文〉（《海防檔》頁380）
李泰國回國路費	6,000		〈總署致英國照會〉（《海防檔》頁309）

第二章　初試水軍：清政府的海軍建制實驗

項目	支出（兩）	收回（兩）	備註
李泰國賣器物補價	4,853		〈赫德呈文〉(《海防檔》頁380) 按：原規定該器物變賣後，應將實得款歸還中國，但未見歸還。
彭北萊酬金	700		〈總署致蒲安臣函〉(《海防檔》頁334) 按：彭北萊為美國地質學家，總署令其赴西山察看輪船用煤。
變賣船炮		557,149	〈赫德申呈〉(《海防檔》頁486) 按：其中船隻變賣467,500兩，炮位等變賣89,649兩。
合計	1259,711	557,149	共虧損 702,562 兩

　　本來，清政府對李泰國的飛揚跋扈，種種刁詐，早已難以容忍，屢欲去之而不能，如今正好藉此事端，以「辦事刁詐，以致虛糜巨款」的名目，將其革退。李泰國被解除中國海關總稅務司職務後，氣焰為之一挫。他到總理衙門面辭出京時，「詞色之間，業已神喪意沮」，到上海後閉門不出，「絻於見客」；於西元 1864 年 1 月 9 日乘輪離滬，轉道香港灰溜溜地回國了。[425]

　　清政府初次試辦海軍，想用錢從外國買一支艦隊回來，就這樣落空了。

---

[425]　《海防檔》(甲)，購買船炮，第 278、303、334、344 頁。

第三章

從仿造到創建：近代造船與海軍雛形

第三章　從仿造到創建：近代造船與海軍雛形

第一節　模仿西艦：輪船仿造的初步嘗試

　　清政府靠買船來建海軍的辦法既告失敗，封疆大吏中的有識之士便設想設廠造船，靠自己的力量來建立海軍。其代表人物就是兩江總督曾國藩和閩浙總督左宗棠。

　　早在西元1860年，曾國藩鑑於英、法、美等國「恃其船堅炮大，橫行海上」的嚴峻局面，即曾產生了仿造輪船的想法。他認為：「將來師夷智以造炮製船，尤可期永遠之利。」西元1861年，他在主張購買外洋船炮的同時，進一步提出：「購成之後，訪募覃思之士，智巧之匠，始而演習，繼而試造，不過一二年，火輪船必為中外官民通行之物。」[426] 當時，他可能還不了解，製造輪船必須依賴資本主義的機器生產技術，在封建生產方式的土壤上是產生不出近代海軍來的。因此，他把製造輪船的事看得過於簡單，以為依樣畫葫蘆地仿造，不出一兩年便會成功。儘管如此，這種不甘於落後的精神還是值得稱道的，學習外國造船的主張也是正確的。

　　曾國藩主張造船，具有雙重目的：就近期來說，是為了鎮壓太平軍；從長遠看，是為了防範外來的侵略。當然，前者是最主要的目的。所以，他在安慶設立內軍械所後，首先就是「製造洋槍、洋炮，廣儲軍實」[427]，以補給湘軍。但是，他仍然想著仿造輪船的計畫，並時時留意「訪募覃思之士」。西元1861年春，他督師祁門時，聞無錫人徐壽之名，遂以「研精數理，博涉多通」，奏請徵赴軍營。奉旨著江蘇巡撫薛煥訪求徐壽，資遣赴曾國藩軍。徐壽至，得保主簿，派至內軍械所專掌製造之事。徐壽自請仿造輪船，並薦舉其同鄉好友華蘅芳來所參加造船工作。在設計汽機的

---

[426]　《曾國藩全集》，奏稿二，第1270、1272頁；奏稿三，第1603頁。
[427]　黎庶昌：《曾文正公年譜》卷七，岳麓書社，1986年，第142頁。

第一節　模仿西艦：輪船仿造的初步嘗試

過程中，徐壽「苦無法程，日夜凝想」。其次子徐建寅才18歲，當時隨侍在側，「累出奇思佐之」，「創從前之所未有，得建寅之助為不少」。[428] 到1862年夏，輪船所用之汽機終於試驗成功。6月30日這天，曾國藩親自來觀看試演。「其法以火蒸水，氣貫入筒，筒中三竅，閉前二竅，則氣入前竅，其機自退，而輪行上弦；閉後二竅，則氣入後竅，其機自進，而輪行下弦。火愈大，則氣愈盛，機之進退如飛，輪行亦如飛。」試演進行了兩個小時。曾國藩大為高興，說：「竊喜洋人之智巧，我中國人亦能為之，彼不能傲我以其所不知矣。」[429]

其後，徐壽和華蘅芳便著手進行輪船的設計和製造。「一切繪圖、測算，推求動力，蓋蘅芳之力居多。」[430]「造器置機，皆出壽手製，不假西人。」徐、華兩位科學家，以其各自的專長，緊密配合，相得益彰。不久，這艘用蒸汽機為動力的輪船，終於在安慶內軍械所誕生了。輪船「長五十餘尺，每一時能行四十餘里，名之曰『黃鵠』」[431]。「黃鵠」號與西方國家的新式輪船相比，雖要落後很多，其「行駛遲緩，不甚得法」，但從設計到製造，卻「全用漢人，未僱洋匠」[432]，終究是中國靠自己的力量建造的第一艘輪船。

不過，曾國藩還是看到了中國造船與西方國家的巨大差距。徐壽和華蘅芳也深感沒有自己的機器工業，光靠手工業的生產方式是造不出先進的輪船的，於是一起向曾國藩建議設立西式機器廠。曾國藩採納了這個意

---

[428]　錢基博：〈徐壽傳〉，《清代碑傳全集》（下），第1516頁。
[429]　《曾國藩全集》，日記（二），岳麓書社，1988年，第766頁。
[430]　錢基博：〈華蘅芳傳〉，《清代碑傳全集》（下），第1516頁。
[431]　孫毓棠編：《中國近代工業史資料》，第1輯，中華書局，1962年，第251頁。按：據西元1868年8月3日《字林西報》載，「黃鵠」號為25噸，長55尺，在長江順流時速約28里，逆流時速約16里。
[432]　《洋務運動》（叢刊四），第16頁。

第三章　從仿造到創建：近代造船與海軍雛形

見。當時，曾國藩廣攬賢能之士，「中國一切出類拔萃和著名的人物，都被……吸引到他那裡」。中國最早的留美學生容閎，曾畢業於耶魯大學，是徐壽、華蘅芳在上海的舊交，也被羅致於此。他知道曾國藩有建立機器廠之意，便建議說：「目前中國所需要的機械廠，應該是一個普通的、基礎性的機械廠，而不是供應特殊需求的。換句話說，就是應該建立一個能夠由此再衍生出許多類似的分廠的機械廠，由那些分廠再去製造供應特殊需求的機器。簡而言之，……應建立一個基礎性的機器廠，以便生產專門機械。」[433] 曾國藩對容閎發展機器工業的意見頗為重視，決定派他到美國去專門採購機器，以擴充安慶內軍械所。

繼曾國藩之後，左宗棠也在杭州仿造輪船。他建造輪船的主張由來已久。早在西元 1839 年，英國挑起侵略中國的鴉片戰爭後，左宗棠便開始留意海防問題。他自稱：「自道光十九年海上事起，凡唐宋以來，史傳、別錄、說部及國朝志乘、載記官私各書，相關海國故事者，每涉獵及之，粗悉梗概。大約火輪兵船之制，不過近數十年事，於前無徵也。」[434] 他已經預料到，輪船這一新鮮事物的出現，其影響非同小可。1840 年，他在寫給老師賀熙齡的信中，便把「造炮船、火船」作為「固守持久之謀」的要策之一。他對魏源的《海國圖志》讚許備至，稱之為發憤之作，對其「師夷長技以制夷」的主張得不到實行，感到無比的氣憤。他猛烈抨擊那些故步自封的封建頑固派：「策士之言曰：『師其長以制之。是矣！一慚之忍，為數十百年之安，計亦良得，孰如淺見自封也？』」[435] 後來，他又在一份說帖中寫道：「自海上用兵以來，泰西諸邦以機器輪船橫行海上，英、法、俄、德又各以船炮互相矜耀，日競其鯨吞蠶食之謀，乘虛蹈瑕，無所不至。此

---

[433]　容閎：《我在美國和在中國生活的追憶》，中華書局，1991 年，第 83、84 頁。
[434]　《海防檔》(乙)，福州船廠，第 8 頁。
[435]　《左文襄公全集》，文集，卷二，光緒十六年木刻本，第 11 頁。

第一節　模仿西艦：輪船仿造的初步嘗試

時而言自強之策，又非師遠人之長，還以治之不可。」[436] 他是以魏源主張的實踐者自居的。1850 年初，左宗棠在長沙的湘水舟中與林則徐相見，言談達曙，十分投機。林則徐在說話中頗以未竟其事為憾，左宗棠聽後深有所悟，決心要成為其事業的後繼者。此後，他便不斷思考設廠造船的事。

左宗棠

西元 1862 年，當曾國藩還正在安慶試製輪船之時，左宗棠即向清政府提出：「將來經費有出，當圖仿製輪船，庶為海疆長久之計。」[437]1864 年初，他在致寧紹臺道史致鍔的信中說：「輪船為海戰利器，島人每以此傲我，將來必須仿製，為防洋緝盜之用。中土智慧豈遜西人？如果留心仿造，自然愈推愈精。……意十年之後，彼人所恃以傲我者，我亦有以應之矣。」[438] 他主張仿造輪船的目的，側重於「防洋」，「庶為海疆長久之計」，是非常明確的。

---

[436]　《左文襄公全集》，說帖，第 1 頁。
[437]　《左文襄公全集》，書牘，卷六，第 10 頁。
[438]　《江浙豫皖太平天國史料選編》，江蘇人民出版社，1983 年，第 245 頁。

第三章　從仿造到創建：近代造船與海軍雛形

不久，左宗棠便在杭州覓僱能工巧匠，仿造了小輪船 1 艘。其形模粗具，試之西湖，「均能合用」[439]，唯「駛行不速」。試驗雖有結果，但未獲得最後成功。當時，適法國軍官德克碑和日意格（Prosper Giquel）正在杭州。德克碑是「常捷軍」統領，日意格是「常捷軍」幫統，因「常捷軍」已解散而滯留於此。左宗棠讓二人觀看了仿造的小輪船，他們認為：「大致不差，唯輪機須從西洋購覓，乃臻捷便。」遂「出法國製造圖冊相示，並請代為監造」。左宗棠深知欲「固海防，必造炮船以資軍用」，但此項工程用費甚巨，「一時籌措無從，不得不緩期以待」。[440]

曾國藩和左宗棠仿造輪船，基本上是屬於試驗性質的。其結果雖不盡相同，但都從實踐中理解到，製造輪船而不引進機器生產技術，是絕對不行的。從林則徐以來，經過四分之一世紀，遭到多次嚴重挫折之後，中國人在造船問題上才發生了觀念的轉變。這也是一個不小的進步。觀念的更新帶來了造船事業的發展。其後，清政府批准在上海、福州設廠造船，應該說就是濫觴於曾、左的。

第二節　建設根基：近代造船工業的起步

一　江南製造總局分廠造船

中國近代之正式有造船工業，是從江南製造總局開始的。

西元 1862 年，李鴻章到上海後，參觀英國和法國軍艦，「見其大砲之精純，子藥之細巧，器械之鮮明，隊伍之雄整，實非中國所能及」，「深以

---

[439]　陳其元：《庸齋筆記》，卷一一，第 34 頁。
[440]　《左文襄公全集》，奏稿，卷一八，第 5～6 頁；卷一一，第 65 頁。

第二節　建設根基：近代造船工業的起步

中國軍器遠遜外洋為恥」，感到「若駐上海久而不能資取洋人長技，咎悔多矣」。因此前已有「飭令中國員弁學習洋人製造各項火器之法，務須得其密傳，能利攻剿，以為自強之計」的諭旨，於是他便一面派在滬的參將韓殿甲督率中國工匠盡心學習，一面調在廣東的同知銜候補知縣丁日昌來滬專辦製造事宜，「以期得其密傳，推廣盡利」[441]。

李鴻章

　　西元 1863 年，李鴻章開辦 3 所炮局：一所由英國人馬格里（Halliday Macartney）主持；一所由副將韓殿甲主持；一所由蘇松太道丁日昌主持。馬格里主持的炮局購進部分機器，用洋匠四五名，中國工匠五六十名。然「所購機器未齊，洋匠未精，未能製造輪船、長炮，僅可銼鑄炸彈而已」。其他兩洋炮局未僱用洋匠，完全用土法製造短炸炮和炸彈。對於這種局面，李鴻章急欲儘早改變。他在給總理衙門的信中指出：「中國之製器也，儒者明其理，匠人司其事，造詣兩不相謀，故功效不能相併。」而泰西各國則不然，「明於製器尚象之理而得其用。所憑藉以橫行海外者，尤以輪

---

[441]　《中國近代工業史資料》，第 1 輯，第 252、254 頁。

第三章　從仿造到創建：近代造船與海軍雛形

船與火器為最」。因此，他認為：「中國欲自強，則莫如學習外國利器。」[442] 在這一計畫的實施中，丁日昌成為李鴻章的主要助手。

西元 1864 年 9 月，丁日昌為李鴻章上一「密稟」，內稱：「夫船堅炮利，外國之長技在此，其挾制我中國亦在此。……船、炮二者，既不能拒之使不來，即當窮其所獨往。門外有虎狼，當思所以驅虎狼之方，固不能以閉門不出為長計也。」他認為，閉關鎖國的時代已經結束，當熟思自強之策，棄我之短以就彼之長，而當務之急就是設廠造船。總理衙門讀了李鴻章轉遞的丁日昌「密稟」，極表贊同，覆函稱：「今論設立船廠，廣購機器，精求洋匠，其於造船之法已得要領。所有駕駛之法，仍望密為講求。其如何用外國人而不致授外國人以柄，用中國人而能使漸窺外國人之祕，而不致啟外國人之疑，是在大才神明默運。」[443] 就是告訴李鴻章要注意兩點：一是設廠造船必須中國自操其權；二是不要引起列強疑心而干擾設廠造船。當時，上海外國人開設的機器廠不下 10 家，李鴻章囑丁日昌就近訪求願出售者，以便議購。

西元 1865 年 6 月，丁日昌在虹口老船澳附近訪得一家美商科而所開的旗記機器廠，「能修造大小輪船及開花炮、洋槍各件，實為洋涇浜外國廠中機器之最大者」。科而索價洋銀 10 萬兩以上，最後以 6 萬兩銀子成交。有 8 名外國工匠留用，其中科而「技藝甚屬精到，所有輪船、槍炮、機器，俱能如法製造」，則留為匠目。為了「正名辨物，以絕洋人覬覦」，李鴻章將該廠改名為江南製造總局。當時，馬格里主持的炮局早已遷往蘇州，丁日昌和韓殿甲兩所炮局即歸併總局。適容閎從美國購買的機器也運到上海，便一併撥給總局。江南製造總局是中國近代第一座大型兵工廠。

---

[442]　《中國近代工業史資料》，第 1 輯，第 259～262 頁。
[443]　《海防檔》（丙），機器局，第 4～5、6 頁。

第二節　建設根基：近代造船工業的起步

建立之後，李鴻章奏稱：「今辦成此座鐵廠，當盡其心力所能及者而為之，日省月試，不決效於旦夕，增高繼長，尤有望於方來，庶幾取人之長技，以成中國之長技，不致見絀於相形，斯可有備而無患。」[444] 此時，太平天國已經失敗，所以他很自然地合併籌辦江南製造總局和防範外來侵略。

江南機器製造總局炮廠

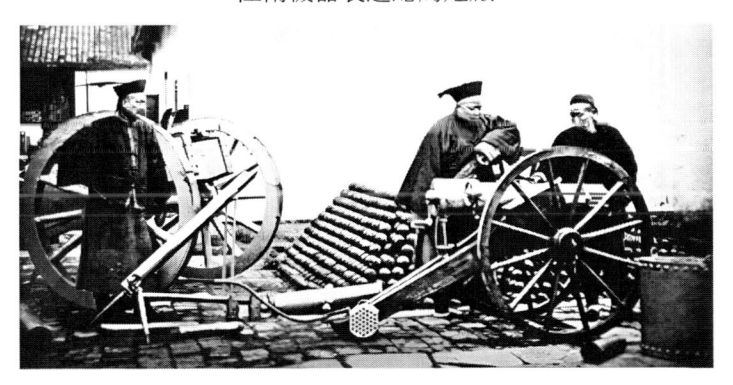

金陵機器製造局內部

---

[444]　《李文忠公全集》奏稿，卷九，第 31～35 頁。

第三章　從仿造到創建：近代造船與海軍雛形

　　江南製造總局開始設機器廠、木工廠、鑄銅鐵廠、熟鐵廠、輪船廠、鍋爐廠、槍炮廠7個分廠，後又增設炮廠、火藥廠、槍子廠（後改名砲彈廠）、水雷廠（後改為銅引廠）、煉鋼廠等分廠。當江南製造總局建成之時，丁日昌曾擬具《創辦章程》數項，其一曰：「查鐵廠向以修造大小輪船為長技，此事體大物博，毫釐千里，未易絜長較短，目前尚未輕議興辦，如有餘力，試造一二，以考驗工匠之技藝。」開廠之初，的確不具備造船的條件。虹口地方，「中外錯處，諸多不便，且機器日增，廠地狹窄，不能安置」[445]，根本不能正常地進行生產。直到西元1867年夏，江南製造總局遷至城南高昌廟後，才有可能開始造船。同年，曾國藩奏請撥留江海關洋稅二成，以一成作為專造輪船之用，初步解決了造船的經費問題。

　　此後，江南製造總局便開始了輪船製造的籌備工作。「創辦之始，考究圖說，自出機杼。」本來，過去上海洋商船廠製造輪船，其汽爐、機器均從歐美採購，然後運至上海裝配船殼。此次汽爐、船殼兩項皆係廠中自造，只有機器是購買舊的修整後安裝的。這艘輪船於西元1868年7月23日下水，一個月後竣工，兩江總督曾國藩命名為「恬吉」。[446]「恬」者，「四海波恬」也。可見，其命名含有保衛海疆防禦外來侵略之意。「恬吉」輪先在吳淞口外試航，然後直駛大洋，至浙江舟山而返航。9月底，曾國藩已奉調直隸總督而尚未赴任，適「恬吉」輪駛至南京，他親自登輪試行，直至採石磯而回。「恬吉」輪是中國製造的第一艘可以航行於大洋的輪船。曾國藩登輪試行後，高興地說：「中國初造第一號輪船而速且穩如此，殊可喜也。」甚至認為：「中國自強之道或縈於此。」[447] 李鴻章聲稱：「計至明年夏間，約可造成四號，將來但患無駛船之人，統船之將，與養

---

[445]　《中國近代工業史資料》，第1輯，第273、277頁。
[446]　光緒皇帝載湉即位後，以避諱改名為「惠吉」。
[447]　《中國近代工業史資料》，第1輯，第287頁。

第二節　建設根基：近代造船工業的起步

船之資已耳！」[448]

　　從西元 1867 年到 1885 年的 18 年間，江南製造總局共造輪船 8 艘。如下表：

船名	製成年分（西元）	船型	長度（尺）	寬度（尺）	馬力（匹）	排水量（噸）	航速（節）	造價（萬兩）
惠吉	1868	木殼明輪	185.0	27.2	392	600	9.0	8.14
操江	1869	木殼暗輪	180.0	27.8	425	640	9.0	8.33
測海	1869	木殼暗輪	175.0	28.0	431	600	9.0	8.27
威靖	1870	木殼暗輪	205.0	36.6	605	1,000	10.0	11.80
海安	1873	木殼暗輪	300.0	42.0	1,800	2,800	12.0	35.52
馭遠	1875	木殼暗輪	300.0	42.0	1,800	2,800	12.0	31.87
金甌	1876	鐵甲暗輪	105.0	20.0	200	195	12.5	6.26
保民	1885	鋼板暗輪	225.3	36.0	1,900	—	11.0	22.38

　　此外，還製造了雙暗輪鐵殼船 5 只、大夾板船 1 只和輪機舢板 1 只。[449]

　　江南製造總局分廠造船，使中國近代造船工業有了自己的開端。當時，對滬廠所造之船，中外人士評價不一。在同文館擔任總教習的美國傳教士丁韙良說：「局中製造，燦然可觀。其於富強之道不甚偉哉！」並且預言：不數年間，中國「水師之船，將舍風篷之笨，而獨取大輪之速矣」。[450] 英國海軍提督沙德威爾（Charles Shadwell）參觀海安輪時，雖然「發現了幾個技術上的缺點，但大致上認為它應算是修造得很好的船隻」。而《北

---

[448]　《海防檔》（丙），機器局，第 45 頁。
[449]　魏允恭：《江南製造局記》，卷三〈製造表〉其中，航速一項見戚其章著《北洋艦隊》第 11～12 頁。按：表中的「海安」輪，後歸招商局，上海道馮煥先以李鴻章父名文安，避諱易為「海宴」。此舉曾引起長江水師提督李成謀的抗議（見歐陽昱《見聞瑣錄》）。
[450]　丁韙良編：《中西聞見錄》，第 1 號，第 22 頁。

第三章　從仿造到創建：近代造船與海軍雛形

華捷報》所刊登的一篇評論則認為，這些船「只能供沿海岸巡緝之用，太平年月無用，戰爭起時是廢物」[451]。這些評論，皆從不同角度而發，各有各的道理。但平心而論，當時破除種種阻力，克服重重困難，而開創了中國自己的造船工業，這件事本身就是值得讚賞的。

尤應注意的是，滬廠在造船工作中堅持了兩條方針：

一是由熟生巧，漸推漸精。第一號船「恬吉」還是按明輪製作，從第二號船「操江」起，就改為暗輪了。所造的 8 艘輪船中，除個別船係從國外購買汽爐、機器外，其餘各船「所有機器、汽爐、木殼三項，均由局出樣購造」[452]。其中，前 3 艘還都是 600 噸的小型輪船，第 5 艘「海安」和第 6 艘「馭遠」便達到 2,800 噸了。李鴻章說這兩艘兵輪「在外國為二等，在內地為巨擘」。當「馭遠」下水時，上海全城官紳及士女往觀者不下萬人，觀其入水時水不揚波，皆謂：「真有駕輕就熟、從容不迫、好整以暇之妙」，「亦可謂技精入神矣！」[453] 不僅如此，造船技術能力也不斷提高。如所造第 3 號船「測海」，便將機器改為臥式，「款式甚矮，安置艙內，係在水線之下。設遇接仗，機器在水線下，炮子不能轟擊。較別項輪船，更為穩固」。「暗輪能上能下，煙通（筒）可高可低，確係兵船制度。」[454] 在短短的數年之內，滬廠急起直追，初步具備了製造輪船的能力，雖與西方先進國家相比，差距還非常大，卻也難能可貴了。

二是透過造船的實踐以掌握西洋之「長技」。江南製造總局總辦馮光說：「卑局志在盡得西洋所長，借洋人以為引導，不令洋人以把持。募集內地工匠，日與洋匠講求，寓教習於製造之中，而不欲多用洋人，致長盤

---

[451]　《中國近代工業史資料》，第 1 輯，第 288～289 頁。
[452]　《海防檔》（丙），機器局，第 101 頁。
[453]　《中國近代工業史資料》，第 1 輯，第 290 頁。
[454]　《海防檔》（丙），機器局，第 75、106 頁。

第二節　建設根基：近代造船工業的起步

踐之漸。年來口講指畫，心摹手追，亦覺門徑漸窺，粗有造就。」在輪船的製造方面是如此，在輪船的管理和駕駛方面也是如此。起初，輪船竣工後，皆先由外國人管理，以後逐步由華人接替。

西元 1870 年 10 月初，經曾國藩奏請，將前臺灣道吳大廷調至江南，綜理輪船操練事宜。吳大廷蒞任後，提出將輪船管駕盡易華人，先後破格任命六品軍功黃梅生為「恬吉」船主，五品軍功張順高為「操江」船主，六品軍功王予照為「測海」船主，都司銜孫紹鈞為「威靖」船主。「各船大副、鐵櫃、隊總人等，亦俱改用華人，以資練習。」[455]

滬廠造成這樣一批外洋輪船，雖然並不等於中國已經有了海軍，但對中國建立近代海防來說，卻是一個起點。在吳大廷的督率下，各船「講求駕駛，逐日遵章督同操練，寒暑無間，或出洋練習波濤，仿演船圖陣式；或奉差往來江海，熟習沙線礁石」[456]。這是中國歷史上從來沒有過的破天荒大事。

二　福州船政局的創設

如果說江南製造總局造成中國近代第一艘外洋輪船的話，那麼，福州船政局便是中國近代成立的第一個造船企業了。福州船政局的成立，無論在中國造船史上還是在中國海軍史上都有著劃時代的意義。

西元 1866 年，中國南部堅持抗爭的太平軍餘部失敗。此後，列強侵略所引起的民族衝突，便顯得格外突出了。造船問題再次提到了議事日程。當時，左宗棠適在閩浙總督任上，便率先向清廷建議設局造船。同

---

[455]　《海防檔》(丙)，機器局，第 102、69、112 頁。
[456]　《海防檔》(丙)，機器局，第 112 頁。

第三章　從仿造到創建：近代造船與海軍雛形

年 6 月 25 日，他在呈給清政府的奏摺中，指出內外形勢已發生了變化，「東南大利在水而不在陸」，並從海防、航運、貿易、漕運等方面說明「非設局急造輪船不為功」。當然，他首先考慮的是海防問題。他說：「自海上用兵以來，泰西各國火輪兵船直達天津，藩籬竟成虛設，星馳飆舉，無足當之。……欲防海之害而收其利，非整理水師不可；欲整理水師，非設局監造輪船不可。泰西巧而中國不必安於拙也，泰西有而中國不能傲以無也。」還打比喻說：「彼此同以大海為利，彼有所挾，我獨無之。譬猶渡河，人操舟而我結筏；譬猶使馬，人跨駿而我騎驢，可乎？」同一天，左宗棠尚覺意有未盡，又上〈復陳籌議洋務事宜折〉，進一步說明不造輪船就無法抵禦列強的侵略：「西洋各國向以船砲稱雄海上……道光十九年海上事起，適火輪兵船已成，英吉利遂用以入犯。厥後尋釁生端，逞其狂悖，瞰我寇事方殷，未遑遠略，遂敢大肆彼猖。」他認為：列強「藉端要挾恐所不免，如有決裂，則彼己之形所宜審也。……若縱橫海上，彼有輪船，我方無之，形無與格，勢無與禁，將若之何？」[457] 可見，他辦船局的宗旨，與前次清政府買船以鎮壓太平軍為目的，是完全不同的。左宗棠自稱：此舉即「魏子（源）所謂師其長技以制之也」。[458]

7 月 14 日，清廷批准了左宗棠的計畫，釋出上諭稱：「中國自強之道，全在振奮精神，破除耳目近習，講求利用實際。該督現擬於閩省擇地設廠，購買機器，募僱洋匠，試造火輪船隻，實係當今應辦急務。所需經費，即著在閩海關稅內酌量提用。」[459] 隨後，左宗棠便著手籌劃建廠造船事宜。

---

[457]　《左文襄公全集》，奏稿，卷一八，第 1～4、10～12 頁。
[458]　左宗棠：〈海國圖志序〉，見魏源《海國圖志》（100 卷本），後敘。
[459]　《海防檔》（乙），福州船廠，第 10 頁。

第二節　建設根基：近代造船工業的起步

　　經過廣泛徵求意見和實地勘察，左宗棠決定在福州馬尾山後建廠。於是，開始籌買民田，設計一切工程，令日意格與上海股實中外商人定議承包。至於一切工料、延聘洋匠、僱用工人等項，責成道員胡光墉，一手經理。左宗棠最關心的一點是：「既能造船，必期能自駕駛，方不至授人以柄。」[460] 為此，特製定《船政事宜》十條，其主要內容是：

　　(1) 洋員應分正副監督，日意格為正監督，德克碑為副監督。「一切事務，仍責成該兩員承辦。」、「洋人共事，必立合約。船局延洋匠至三十餘名之多，其中賞罰、進退、薪工、路費，非明定規約無以示信。已飭日意格等擬定合約規約，由法國總領事鈐印畫押，令洋匠一律遵守。」

　　(2) 優待藝局生徒以拔人才。「藝局之設，必學習英、法兩國語言文字，精研算學，乃能依書繪圖，深明製造之法，並通船主之學，堪任駕駛。」、「此項學成製造、駕駛之人，為將來水師將才所自出。擬請凡學成船主及能按圖建造者，准授水師官職；如係文職、文生入局學習者，仍准保舉文職官階，用之本營，以昭獎勵。」

　　(3) 限期完成生產計畫，「輪船一局實專為習造輪機而設，俟鐵廠開設，即為習造輪機之日。故五年之限，應以鐵廠開設之日為始。一面造鐵廠房屋，一面購運鐵廠機器」。「大輪船輪機馬力以一百五十匹為準，除擬買現成輪機兩副外，其餘九副皆開廠自造。」、「乘船廠開工，加造小輪船五只。」

　　(4) 預定獎格。「現已與日意格等議定，五年限滿，教習中國員匠能自按圖監造，並能自行駕駛，加獎日意格、德克碑銀各二萬四千兩，加獎各師匠共銀六萬兩。計共定獎格銀十萬八千兩。」[461]

---

[460]　《左文襄公全集》，書牘，卷八，第 55 頁。
[461]　《中國近代工業史資料》，第 1 輯，第 386～387 頁。

第三章　從仿造到創建：近代造船與海軍雛形

根據《船政事宜》十條，日意格和德克碑必須保證中國員匠在年之內能自行製造。因具《保約》稱：「認限自鐵廠開廠之日起，扣至五年，保令外國員匠教導中國員匠，按照現成圖式，造船法度，一律精熟，均各自能製造輪船。並就鐵廠傢伙，教令添造一切造船傢伙。並開設學堂，教習法國語言文字，俾通演算法，均能按圖自造；教習英國語言文字，俾通一切船主之學，能自監造駕駛，方為教有成效。此係卑鎮等兩人分內保辦，絕不有誤。」[462]《保約》既經寫成，左宗棠要求洋員恪守無違，明確地向日意格、德克碑指出：「條約外勿多說一字，條約內勿私取一字。倘有違背，為中外訕笑，事必不成，爾負我，我負國矣。」[463] 二人連連答應。不僅如此，左宗棠還要求法國駐上海總領事白來尼在《保約》上簽字擔保。

左宗棠正忙於籌辦船政之際，忽於 9 月 25 日被清政府調任陝西總督。他怕影響原定計畫，更加忙碌不堪，在一封家書中寫道：「自奉西征之命，自限四十日，料理閩事而後卸篆，發折三十餘條，片四十餘件，心力為瘁。」[464] 10 月 31 日，左宗棠奏請派前江西巡撫沈葆楨總理船政，凡事涉船政其專奏請旨。福建官紳「以創輪船一事，機不可失」，怕左宗棠一走會影響造船，紛紛上書懇留緩行。福州將軍英桂和福建巡撫徐宗幹據實上奏。11 月 17 日，諭左宗棠「暫緩交卸督篆，剋日催督工匠上緊製造，妥定章程，與英桂、沈葆楨會商辦理。」[465] 19 日，派沈葆楨總理船政，准專摺奏事。在此期間，左宗棠從香港買來一艘輪船，改名為「華福寶」，派寧波五品軍功貝錦泉為管帶，船上所用管車、看盤、炮手皆中國人。因寧波人熟悉航海，又令貝錦泉多募寧波熟練舵工，優給餉銀，隨同學習，

---

[462]　《海防檔》（乙），福州船廠，第 31 頁。
[463]　《左文襄公全集》，書牘，卷八，第 64 頁。
[464]　羅正鈞：《左宗棠年譜》，岳麓書社，1982 年，第 135 頁。
[465]　《海防檔》（乙），福州船廠，第 17 頁。

第二節　建設根基：近代造船工業的起步

「意在熟悉閩、粵、江、浙、山東、直隸洋面，能多造就數人，則後此廠中所造之船，即可用中國人駕駛」[466]。23 日，他交卸督印，遺任由福州將軍英桂兼署。沈葆楨母喪守制在籍，一切船政事宜由署藩司周開錫、道員胡光墉請督撫代為諮奏。直到 12 月 16 日，左宗棠與日意格、德克碑將船廠計畫完全確定後，才離開福州赴任。

沈葆楨

西元 1866 年 12 月 23 日，建造船廠工程開始破土動工，基建工作進展順利。1867 年 7 月 18 日，沈葆楨正式到職視事。從 10 月起，僅用了 3 個月的時間便建成了第 1 座船臺。1868 年 2 月 2 日，沈葆楨奏稱：「自去年九月中旬而後，匠作百餘人，斧斤無間。至十一月初五日，第一座船臺始竣。其餘三座，今年秋冬當陸續告成。然而，船之所可貴者在機，機之所從出者在廠。鐵廠關係既重，工費益繁。……劃前右方百餘丈之地為船臺四，劃後左方百餘丈之地為鐵廠五。其一曰鐵廠，其二曰水缸廠，其三

---

[466]　《左文襄公全集》，書牘，卷八，第 55～56 頁。

第三章 從仿造到創建：近代造船與海軍雛形

日打鐵廠，其四日鑄鐵廠，其五日合攏鐵器廠。」[467] 此時，日意格在法國為船廠代購的各種機器，也陸續僱船運來。同年8月，先後4批機器都已運到。船廠的各主要分廠和工廠，也都先後建成。於是，便開始了第1艘輪船的建造工作。

馬尾船廠的建設工程，是在不斷排除各種阻力的情況下進行的。當船政甫建之初，法國駐華代理公使伯洛內（Henri de Bellonet）即致函給總理衙門，對清政府的設廠造船提出異議，他說：「中國設立船廠一事，必有高見，本大臣本不願多言，因念情好相關，又當明告。切思貴國船廠新立，一切火輪器具皆由自造，恐造成之後，每只較買外國現成之船，價銀總有數倍之差。」言下之意，中國自己造船成本太高，還是從外國買現成的船為好。赫德代表英國的利益，主張造船應在海關的管理下進行，並指使閩海關稅務司法國人美理登（Méritens）出面活動，以達到控制船政的目的。於是，美理登向英桂遞交「前議試造輪船有欠妥協」的信件，預言中國造船「徒糜鉅款，終無成功」，並提出：仿照廣東成例，「只置輪船三只，每只價約四萬五千兩，為費不多。輪船辦妥，始僱中國數十人入於船中，日習進退行止之法，樞機轉動之妙，水火既濟之宜，有物可視，有法可循，日相觀摩，諒數年中即能實得駕駛之要訣」。「且內地試造之船，勢必不及洋來慣造之堅。況試造之船，比諸購買者價尚高三倍。然福州一口，亦不必用此多船，如欲奉公緝盜，有三四只輪船分巡臺、廈、本口已足。」、「擬請將船隻減少，只造四條，限約更改，著令簽押只可試辦三年，洋匠止僱十五人。一面請管理船政人員，隨時將應用銀兩諮商本口稅司考核勘估，按目諮報稅司察核轉報總理衙門。」[468] 但是，英桂看穿了

---

[467] 《船政奏議彙編》卷四，文海出版社影印本，第2～3頁。
[468] 《海防檔》（乙），福州船廠，第13～14，55～56頁。

第二節　建設根基：近代造船工業的起步

其陰謀，絲毫不為所動，致函總理衙門稱：「細察美理登所言各節，名為中國節省經費，實則暗事阻撓。且其詞語，前後多相矛盾。蓋因議造輪船之始，美理登原未預聞。及至臘月來閩接辦稅務司，即謀攙入，希圖從中取利。然此事現與日意格、德克碑等既有成約，即有責成。美理登係局外之人，自未便復令干涉。」美理登仍不死心，又向英桂提出，派他為船政正監督，將日意格、德克碑改為左右副監督，也同樣遭到了拒絕。此後，一些外國侵略分子仍然蓄意製造事端，如英國駐福州副領事賈祿（Charles Carroll）企圖在船政界內建副領事館，美理登扣留船政局進口的飛輪炮，法國領事巴世棟（Bastide）堅持要在船廠內實行領事裁判權等等。由於沈葆楨的態度堅決，他們的這些企圖都失敗。在當時來說，反對中國造船的主要國家是英國。一位參觀過馬尾船廠的英國海軍軍官說：「中國還需要許多年月才有可能成為一個海軍國家，使我們英國覺到恐慌或憂慮。中國的海軍還在搖籃時代。從中國的士兵數目來說，是不少的，但是軍官則還需要培養。……它有可造就之才嗎？有的人認為有。他們說，如果中國軍隊獲得適宜的武裝與正確的指揮，他們將成為我們可怕的敵手。」[469] 寥寥數語，道破了英國之所以要那麼起勁地反對中國造船的真實目的。

在中國，反對造船的保守力量也是很強大的。接替左宗棠的新任閩浙總督吳棠，即其代表人物。吳棠是反對造船的，他說：「船政未必成，雖成亦何益！」[470] 到任後，一反左宗棠之所為，對船政之事處處掣肘。在吳棠的影響下，福州到處是流言蜚語，並傳揚所謂「閩省新竹枝詞」，其一云：「抽收厘稅不為難，欲造輪船壯大觀，利少害多終罔濟，空輸百萬入和蘭。」與吳棠所論遙相呼應。對此，左宗棠極為憤慨，在一封信中寫

---

[469]　《洋務運動》（叢刊八），第 375～376 頁。
[470]　《左文襄公全集》，書牘，卷九，第 35、39 頁。

第三章　從仿造到創建：近代造船與海軍雛形

道：「閩省自新制軍到後，一意更張，一則惡其害己，一則惡其名不自己生。而群不逞之徒，因而肆其狂吠，靡所不至。弟所定諸大政，泯然俱盡。」並致書沈葆楨說明自己的態度：「諸所翻異者，皆弟任內奏准之件，自不能無言，然亦未可出之太易，高明以為何如？閩官之喜造謠言，挾制長官，本是習見之事。竹枝詞亦何足據！唯此次從輕了結，恐日後新聞更多，不成事體耳。」[471] 左宗棠此信，對沈葆楨是一個很大的支持。他決心起而抗爭，致函總理衙門，論及吳棠在閩「事事務反前人，即船政一端，在在陰起而為難，殊不解用意何在」[472]。左宗棠以吳棠前任清河縣知縣時，頗得時譽，曾馳書規勸，吳棠以「蕭規曹隨」答之，實則變本加厲，一意孤行。他不得已上疏密陳：「吳棠到任後，務求反臣所為，專聽劣員慫恿。凡臣所進之人才，所用之將弁，無不紛紛求去；所籌之餉需，所練之水陸兵勇，竊擬為一日之備者，舉不可覆按矣。」[473] 事態已發展到如此地步，總理衙門才不得不表態支持船政局，致函英桂說：「此事斷不能因一二浮言致滋搖惑。帑金所貴，幾及鉅萬，則事期必集，志在必成。垂竟之功，又豈肯敗於中止？仲宣（吳棠字）在閩，聞事事務反前人。即造船一節，諸多作難。此中是是非非，誰譽誰毀，本處原未據為定評。唯以大局而論，創造輪船乃國家公事，非幼丹（沈葆楨字）私事，若因意見不合，遂陰為掣肘，是因一人而隳全功，其咎伊誰職之！」[474] 不久，清政府將吳棠調任四川總督，這才搬掉了這塊船政前進道路上的最大絆腳石。

福州船政局就是這樣在不斷排除內外干擾的情況下辦起來的。西元1868年1月18日，船政第1號輪船正式開工建造。1869年6月10日，

---

[471]　《左文襄公全集》，書牘，卷九，第35、39頁。
[472]　《海防檔》(乙)，福州船廠，第103頁。
[473]　《左文襄公全集》，奏稿，卷二二，第80～81頁。
[474]　《海防檔》(乙)，福州船廠，第102～103頁。

第二節　建設根基：近代造船工業的起步

這艘輪船於舉行下水儀式後,「一瞬之間,離岸數十丈,船上人乘勢下碇,拋泊江心。萬斛艨艟,自陸入水,微波不濺,江岸無聲,中外歡呼,詫為神助」[475]。這艘輪船被命名為「萬年清」。派游擊貝錦泉為管帶,船上舵工、水手80多名一律用中國人。9月25日,「萬年清」竣工。28日,直接駛出大洋,迎風破浪,「在事人等皆動合自然。隨於大洋中飭將船上巨炮四周轟放,察看船身,似尚牢固,輪機似尚輕靈,掌舵、管輪、炮手、水手人等亦尚進退合度」[476]。「萬年清」試航成功,是鼓舞人心的,也為後來的造船累積了經驗。

從第2號輪「湄雲」以後,工匠等駕輕就熟,工程速度大為提高,週期縮短了將近一半。船政局所造的前四號輪船,或為80馬力,或為150馬力,其輪機都是購自國外的。第5號輪「安瀾」,「所配輪機汽爐,係150匹馬力,均由廠中自製」[477]。這是造船工業技術上的一項突破,為提高近代中國造船的自給能力做出了貢獻。據一位英國海軍軍官稱,其工藝水準「可以和我們英國自己的機械工廠的任何出品相媲美而無愧色」[478]。但是,當時船政所造之船,與西方國家相比,仍有很大差距。西元1870年10月,沈葆楨因父親病故回家守制,此後即由福州將軍兼署閩浙總督文煜奏事。1871年4月29日,文煜會同左宗棠奏稱:「查輪船之設,外洋所長,全在炮位多而馬力大,故能於重洋巨浪之中,縱橫顛簸,履險如夷,致勝確有把握。今閩省不惜巨帑,創造輪船,自應設法講求,得其奧妙。」[479] 經與日意格議定,仿照外國兵輪式樣製造,加大到250馬力,排

---

[475]《海防檔》(乙),福州船廠,第160頁。
[476]《沈文肅公政書》,卷四,文海出版社影印本,第38頁。
[477]《船政奏議彙編》卷七,第9頁。
[478]《洋務運動》(叢刊八),第370頁。
[479]《船政奏議彙編》卷七,第5頁。

第三章　從仿造到創建：近代造船與海軍雛形

水量近 1,500 餘噸，配炮 13 門。這就是第 7 號輪「揚武」，成為當時中國最大的一艘巡洋艦。在短短的幾年內，船政的造船能力迅速提高，而且達到了一定的水準。

正當造船工作進展順利之時，停止造船之議又起，使船政面臨下馬的危險。西元 1872 年 1 月 23 日，內閣學士宋晉奏稱：「此項輪船，將謂用以制夷，則早經議和，不必為此猜嫌之舉，且用之外洋交鋒，斷不能如各國輪船之利便，名為遠謀，實同虛耗。將謂用以巡捕洋盜，則外海本設有水師船隻……今則軍務未已，費用日絀，殫竭脂膏以爭此未必果勝之事，殊為無益。」[480] 建議停止閩浙、兩江兩處造船。對此，清廷暫不表態，發給曾國藩、文煜酌量情形議奏。曾國藩覆函總理衙門，最先表示不同意宋晉的建議。他說：「竊思鐵廠之開創於少荃（李鴻章字），輪船之造始於季皋（左宗棠字），滬局造船則由國藩推而行之，非不知需費之巨，成事之難，特以中國欲圖自強，不得不於船隻、炮械、練兵、演陣入手，初非漫然一試也。刻下只宜自咎成船之未精，似不能謂造船之失計；只宜因費多而籌省，似不能因費絀而中止。」並針對宋晉之論，駁之曰：「趁此內地軍務將竣之際，急謀備禦外侮，非好動也。仇不可忘，氣不可懈，必常常有設備之實，而後一朝決裂，不至倉皇失措。」文煜的復奏，則模稜兩可。先謂：「現在造成之各號輪船，雖均靈捷，而與外洋兵船較之，尚多不及，以之禦侮，實未敢謂確有把握。」繼稱：「應否即將閩省輪船局暫行停止，以節帑金之處，伏候聖裁。」但指出，「師船須候風汛，不敵輪船之靈捷」，將已成各船「租給殷商駕駛，殊為可惜」，而且洋員、洋匠等五年期內須給薪水，遣散回國須給盤費，所訂購之外洋物料亦須付款。「以上各

---

[480]　《洋務運動》（叢刊五），第 105～106 頁。

第二節　建設根基：近代造船工業的起步

款，約需銀七十餘萬兩，應行籌撥。」[481]

　　文煜的奏摺使清廷一時舉棋不定，便又於 4 月 8 日諭李鴻章、左宗棠、沈葆楨三人通盤籌劃，悉心酌議具奏。對於宋晉所奏停止造船一節，左宗棠早就義憤填膺。他說：「於當時應節之費不一置喙，獨於此斷斷不捨，不解是何居心？」並流露出對朝廷不滿之意說：「自海上軍興已來，唯此著尚為扼要，事可有成，忽為浮言所動，誠所不解！」[482] 及接「酌議具奏」的上諭，即於 5 月 2 日上〈復陳福建輪船局務不可停止折〉，首先回顧當初創辦船政的宗旨：「竊維製造輪船，實中國自強要著。臣於閩浙總督任內請易購僱為製造，實以西洋各國恃其船炮，橫行海上，每以其所有傲我所無，不得不師其長以制之。」然後，針對宋晉、文煜所論，予以反駁。他說：「尚多不及外洋兵船者，亦只就目前言之，並非畫地自限，謂此事終應讓能於彼族也。」、「至於致勝之有無把握，此時海上無警，輪船雖成未曾見仗，若預決其必有把握，固屬無據之談，但就目前言之，製造輪船已見成效，船之炮位、馬力又復相當，管駕、掌輪均漸熟悉，並無洋人羼雜其間，一遇有警，指臂相聯，迥非從前有防無戰可比。」至於此後有無可節之費，他指出，「大約工作之事，創始為難，亦唯創始最鉅」，「創造伊始，百物備焉，故始造數只所費最多。以船工之先，凡輪船各具均須修造齊全，名目既多，款項甚巨也。迨接續製作，則各項工程無須再造，經費專用之船工，而經費亦日見其少」。最後，他激昂陳詞：「竊維此舉為沿海斷不容已之舉，此事實國家不可少之事。若如言者所云，即行停止，無論停止製造，彼族得據購僱之永利，國家旋失自強之遠圖，隳軍實而長寇仇，殊為失算。且即原奏因節費起見言之，停止製造，已用之三百餘萬

---

[481]　《海防檔》(乙)，第 326、333～334 頁。
[482]　《左文襄公全集》，書牘，卷一二，第 11、22 頁。

第三章　從仿造到創建：近代造船與海軍雛形

能復追乎？定買之三十餘萬及洋員、洋匠薪工等項能復扣乎？所謂節者又安在也！」[483]

5月7日，沈葆楨更以實際事實對宋晉所論逐條駁斥：其一，「查宋晉原奏稱：『此項輪船，將謂以之制夷，則早經議和，不必為此猜嫌之舉。』果如所言，則道光年間已議和矣，此數十年來列聖所宵旰焦勞者何事，天下臣民所痛心疾首不忍言者何事？耗數千萬金於無底之壑，公私交困者何事？夫恣其要挾，為抱薪救火之計者，非也。激於義憤，為孤注一擲之計者，亦非也。所恃者，未雨綢繆，有莫敢侮予之一日耳。若以此為猜嫌，有礙和議，是必盡撤藩籬，並水陸各營而去之而後可也。」其二，「原奏稱：『用之外洋交鋒，斷不能如各國輪船之利，名為遠謀，實同虛耗。』夫以數年草創伊始之船，比諸百數十年孜孜汲汲精益求精之船，是誠不待較量，可懸揣而斷其不逮。顧亦思彼之擅是利者，果安坐而得之耶？抑亦苦心孤詣，不勝糜費而得之耶？譬諸讀書，讀之數年，謂弟子當勝於師者，妄也。謂弟子既不如師，莫若廢書不讀，不益妄乎？」、「勇猛精進則為遠謀，用循苟且則為虛耗，豈但輪船一事然哉？」最後，他斬釘截鐵地說：「竊以為不特不能即時裁撤，即五年之後，亦無可停。」[484]

6月20日，李鴻章奏到，也主張繼續造船。對於宋晉的迂腐之論，他責罵說：「士大夫囿於章句之學，而昧於數千年來一大變局，狃於目前苟安，而遂忘前二三十年之何以創鉅而痛深，後千百年之何以安內而制外。」他認為：「左宗棠創造閩省輪船，曾國藩飭造滬局輪船，皆為國家籌久遠之計，豈不知費巨而效遲哉？唯以有開必先，不敢惜目前之費，以貽後日之悔。該局至今，已成不可棄置之勢，苟或停止，則前功盡棄，後效

---

[483]　《左文襄公全集》，奏稿，卷四一，第 31～35 頁。
[484]　《海防檔》(乙)，福州船廠，第 346～349 頁。

第二節　建設根基：近代造船工業的起步

難圖，而所費之項，轉成虛糜，不獨貽笑外人，亦且浸長寇志。由是言之，其不應裁撤明矣。」[485]

由於左宗棠、沈葆楨和李鴻章都反對停止造船，對清廷的決策產生了決定性的影響。奕訢等奏稱：「朝廷行政用人，自強之要，固自有在，然武備亦不可不講。制於人而不思制人之法與禦寇之方，尤非謀國之道。雖將來能否臨敵致勝，未能預期，唯時際艱難，只有棄我之短，取彼之長，精益求精，以冀漸有進境，不可惑於浮言，淺嘗輒止。」[486] 這算是為宋晉挑起的這場爭論做出了最後的結論，使船政岌岌可危的局面得到扭轉，其造船計畫才得以繼續實施。

到西元1874年春，原先左宗棠與日意格等所訂合約期滿，大批外籍人員離廠回國，技術設計改由中國技術人員主持。在日意格擔任船廠監督的五年中，閩局共建造了15艘輪船。如下表：

船名	下水日期	排水量（噸）	馬力（匹）	航速（節）	配炮（門）	乘員	造價（萬兩）
萬年清	1869.6.10	1,450	150	10.0	6	100	16.3
湄雲	1869.12.6	515	80	9.0	3	70	10.6
福星	1870.5.30	515	80	9.0	3	70	10.6
伏波	1870.12.22	1,258	150	10.0	5	100	16.1
安瀾	1871.6.18	1,005	150	10.0	5	100	16.5
鎮海	1871.11.28	572	80	9.0	6	70	10.9
揚武	1872.4.23	1,393	250	12.0	13	200	25.4
飛雲	1872.6.3	1,258	150	10.0	5	100	16.3

---

[485]　《海防檔》(乙)，福州船廠，第368頁。
[486]　《海防檔》(乙)，福州船廠，第386頁。

第三章　從仿造到創建：近代造船與海軍雛形

船名	下水日期	排水量（噸）	馬力（匹）	航速（節）	配炮（門）	乘員	造價（萬兩）
靖遠	1872.8.21	572	80	9.0	6	70	11.0
振威	1872.12.11	572	80	9.0	6	70	11.0
濟安	1873.1.2	1,258	150	10.0	5	100	16.3
永保	1873.8.10	1,391	150	10.0	3	100	16.7
海鏡	1873.11.8	1,391	150	10.0	3	100	16.5
琛航	1874.2	1,391	150	10.0	3	100	16.4
大雅	1874.5.16	1,391	150	10.0	3	100	16.2

三　自造輪船與船政的新發展

　　船政設立之後，在5年之內造出了15艘輪船，這應該說是很大的成績。不過，也要看到，這些船都是在洋員主持下造成的。如今日意格等既已如約辭離，那麼船政能否還繼續造下去呢？這又使船政面臨著一次嚴峻的考驗。

　　船政所聘僱之外國人員遣散後，福州將軍文煜向清廷提出：「停止造船，除修船、養船而外，一切皆可節省。」[487] 其他封疆大吏也有對船政是否繼續興辦持懷疑態度的。當時，因清政府尚未作出決定，船政不敢擅自動工。於是，沈葆楨一面函請李鴻章給予支持，一面奏請准許續行興造。他說：「該工匠等學習多時，造輪之法已皆諳悉，聚之數年，散之一旦，不免另圖生計。他日重新召募，殊恐生疏。而已成之水缸、機器，已購之木料，將俱置諸無用之區，實則暗中糜費。似不如仍成此局，接續興工，在匠作等駕輕就熟，當易告成。而廠中多造一船，即愈精一船之功；海防

---

[487]　《洋務運動》（叢刊五），第143頁。

第二節　建設根基：近代造船工業的起步

多得一船,即多收一船之效。況由熟生巧,由舊悟新,即鐵甲船之法,亦可由此肇端。購致者權操於人。何如製造者權操諸己?」[488]

此時,適逢日本出兵入侵臺灣,東南沿海形勢趨於緊張。在此關鍵時刻,船政所造之船發揮重要的作用。在 15 艘輪船中,除「鎮海」駐天津,「湄雲」駐牛莊,「海鏡」歸招商局外,其餘各艦皆由沈葆楨調遣;「揚武」、「飛雲」、「安瀾」、「靖遠」、「振威」、「伏波」六船,派往澎湖,操演陣式;「福星」、「萬年清」、「濟安」三船,分駐臺北、廈門、福州;「永保」、「琛航」、「大雅」三船,派迎淮軍,並裝運炮械軍火,往來南北。沈葆楨還親自乘輪渡臺,布置防務。由於中國在軍事上處於有利地位,日本侵略軍陷入困境,後來才不得不索償退兵。在解決日軍侵臺事件中,清廷看到了船政的作用,因於西元 1874 年 9 月 12 日發布上諭:「鐵甲船必不可少,即使議購有成,將來仍應鳩工自造。目前尤須講求駕駛之法,沈葆楨等唯當切實籌辦,力圖自強。閩廠輪船即照所請,准其續行興造得力兵船,以資利用。」[489] 在沈葆楨的堅持下,船政才得以繼續發展。

西元 1875 年 6 月 4 日,船政所造的第 16 號輪「元凱」下水。這是外國員匠解聘後船政造的第 1 艘輪船。但是,它還是按法國技術人員的設計,而且機器和原料也是原先準備好的。所以,「元凱」輪的製成,還是日意格監製時期造船工作的延續。從第 17 號輪「藝新」開始,船政才進入了新的發展時期。船政的造船技術達到了一個新的水準,在 8 年內連上 3 個臺階:

第一,自造輪船。西元 1876 年 3 月 28 日,「藝新」輪下水。它是中國技術人員獨立設計、製造的第 1 艘輪船,「並無藍本,獨出心裁」。「藝新」

---

[488]　《海防檔》(乙),福州船廠,第 526 頁。
[489]　《海防檔》(乙),福州船廠,第 527 頁。

第三章　從仿造到創建：近代造船與海軍雛形

　　竣工後，先在塢前試輪，又到外洋試航，船身堅固，輪機靈捷。此時，沈葆楨先已調任兩江總督，其繼任丁日昌改任福建巡撫，由順天府尹吳贊誠督辦船政事宜。「藝新」輪在設計、製造雖尚有不足之處，但吳贊誠還是認可了它的成功。並致函總理衙門說：「第十七號『藝新』裝配妥竣，於閏五月十九日駛出五虎門外試洋。輪機運動尚能如法，唯馬力較小，一遇風浪，不免簸搖，須加鐵片壓艙，方得穩稱。此係學生自繪自製，初次試手，由此進加考究，當可漸底精純。」[490] 這是中國人自己造的第 1 艘外洋輪船，開中國近代自行設計、製造外洋輪船之先河。

　　第二，仿造鐵脅兵輪。製造鐵脅兵輪的計畫先是沈葆楨提出的。丁日昌視事後，看到世界造船工業日新月異，主張急起直追。他說：「外國輪船改用康邦機器將十年矣，用煤少而行駛速，而中國滬、閩二廠仍用舊式機器，況彼之輪船已改用鐵甲，而我仍以木。」建議在製造鐵甲的同時，「自開煤鐵，先學鍊鐵鍊鋼之法，方能取不盡而用不竭」。吳贊誠到任後，表示一切「率循舊章，無事更改」，「悉心籌度，切實講求，冀有進益」[491]。所以，他到職後的主要工作，就是實施船政原定的製造鐵脅兵輪計畫。這艘鐵脅兵輪於西元 1877 年 5 月 15 日下水，命名為「威遠」。「威遠」輪所用的輪機，是從國外購進的新式臥機，裝配在水線以下，馬力為 750 匹，是以前所裝輪機的 3 倍。9 月 14 日，「威遠」輪由「飛雲」管駕呂翰駕駛，抵達白犬洋面，果然「船身堅固，機器精良」，雖「巨浪掀騰」，而「尚覺穩捷」。這是船政所造的第 1 艘鐵脅輪船。第 2 艘鐵脅輪船「超武」，其「脅骨、輪機及船上所需各件，均係華工仿造外洋新式，放手自造，與購自外洋者一轍」。鐵脅兵輪的仿造成功，是來之不易的。它是船

---

[490]　《海防檔》(乙)，福州船廠，第 575、691 頁。
[491]　《海防檔》(乙)，福州船廠，第 626、685 頁。

第二節　建設根基：近代造船工業的起步

政上下群策群力的智慧結晶，正如吳贊誠所說：「閩廠自仿造鐵脅船以來，調度者苦心擘畫；監視者銳意推求；測算者觸類旁通，體認於意象形聲之表；操作者因難見巧，神明於方圓規矩之中；巡查者冒暑衝寒，既始終以赴役；採辦者衷多益寡，亦轉運之應時。群力畢宣，巨工用舉，事雖因而實創，咸堅學制之心；藝由淺而得深，遂集觀成之效。」[492]

第三，仿造巡海快船。仿造巡海快船的建議，是李鴻章最早提出來的。先是在西元1876年10月，李鴻章致函吳贊誠，提出：「應於鐵甲船未購之先，配造巡海快船四只，以備將來購成鐵甲，可以練成一軍。」並飭日意格向法國地中海船廠購齊巡海快船的圖紙。1879年4月，吳贊誠因病奏請開缺。11月，清政府任命前直隸按察使黎兆棠督辦船政。1880年3月，黎兆棠行抵馬尾，開始視事。他一上任就先抓巡海快船的製造，「悉心詢考，該船樣新見固」，認為「亟應勉力仿製」，因「船政與海防相表裡，既得鐵甲，又必佐以快船，始堪訓練成軍，宣威海上」。在黎兆棠的主持下，第1艘巡海快船終於仿造成功。這艘海快船於1883年1月11日下水，被命名為「開濟」。「全船噸載二千二百噸，配新式二千四百匹馬力省煤康邦臥機一副，汽鼓三座，水缸八個，機件之繁重，馬力之猛烈，皆閩廠創設以來目所未睹。」並「配炮十尊，進可角戰，退可拒敵，船炮猛快富無有逾於此者」[493]。

正當船政工作蒸蒸日上之際，爆發了中法戰爭。西元1884年7月，法國軍艦闖入馬江。8月23日，法國艦隊發動攻擊，挑起了馬江之戰。在法艦的炮擊下，馬尾船廠遭受一定的損失，但並未被摧毀。戰後，船政一面恢復鐵脅兵輪的製造，一面著手準備製造鋼甲兵船。1888年1月29日，

---

[492] 《船政奏議彙編》卷一五，第12頁；卷一六，第5頁；卷一七，第12頁。
[493] 《船政奏議彙編》卷一八，第6～8頁；卷二〇，第16～18頁。

第三章　從仿造到創建：近代造船與海軍雛形

船政製造的第 1 艘鋼甲兵船下水，被命名為「龍威」[494]。是時，「風潮順滿，循軌徐趨，勢極靈穩，萬目共瞻，莫不同聲稱快」。「龍威」輪的試製成功，象徵著船政的造船技術又提高到一個新的水準。其船式之精良，輪機之靈巧，鋼甲之堅密，炮位之整嚴，都遠在已成各船之上。時前按察使裴蔭森督辦船政，奏稱：「近日海上爭衡，全資鐵艦，該船工料堅實，萬一海疆有事，不特在深入洋面縱橫蕩決，可壯聲威，即使港汊淺狹，進退艱難，斯船吃水不深，其攻守尤資得力。倘能寬籌經費，多製數艘，分布各省，互相聯繫，洵足內固沿海之邊防，外杜強鄰之窺伺。」[495]

船政克服重重困難，破除種種阻力，取得如此成就，是很不容易的。從西元 1875 年到 1894 年甲午戰爭爆發的 20 年間，共造各式輪船 1 艘。如下表：

從船政剛創辦，迄甲午戰爭爆發為止，閩廠共造船 33 艘。其中，「平遠」、「康濟」、「威遠」、「海鏡」、「泰安」、「湄雲」、「鎮海」七船分撥到北洋；「開濟」、「鏡清」、「橫海」、「澄慶」、「登瀛洲」、「靖遠」八船分撥到南洋；「元凱」、「超武」分撥到浙江；代廣東造「廣甲」、「廣乙」、「廣丙」、「廣庚」四船；「揚武」、「伏波」、「濟安」、「飛雲」、「福星」、「藝新」、「振威」、「永保」、「琛航」九船留福建差遣。合計 28 艘，占造船總數的 82%。這些船後來成為建立四洋海軍的基礎。與此同時，船政還培養了大批近代海軍人才。所以，時人稱船政之設「為中國海軍萌芽之始」[496]，不是沒有道理的。

---

[494]　西元 1890 年 5 月，「龍威」撥歸北洋差遣，被李鴻章改名為「平遠」。
[495]　《船政奏議彙編》卷三七，第 4～5 頁。
[496]　《洋務運動》（叢刊八），第 481 頁。

第二節　建設根基：近代造船工業的起步

船名	下水日期	排水量（噸）	馬力（匹）	航速（節）	配炮（門）	造價（萬兩）
元凱	1875.6.4	1,258	150	10.0	5	16.2
藝新	1876.3.28	245	50	9.0	5	5.1
登瀛洲	1876.6.23	1,258	150	10.0	5	16.2
泰安	1876.12.2	1,258	150	10.0	10	16.2
威遠	1877.5.15	1,300	750	12.0	7	19.5
超武	1878.6.19	1,268	750	12.0	5	20.0
康濟	1879.7.20	1,300	750	12.0	11	21.1
澄慶	1880.10.22	1,268	750	12.0	6	20.0
開濟	1883.1.11	2,200	2,400	15.0	12	38.6
橫海	1884.12.18	2,200	2,400	12.0	7	20.0
鏡清	1885.12.23	2,200	2,400	15.0	10	36.6
寰泰	1886.10.15	2,200	2,400	15.0	11	36.6
廣甲	1887.8.6	1,300	1,600	14.0	11	22.0
平遠	1888.1.29	2,100	2,400	14.0	8	52.4
廣庚	1889.5.30	316	400	14.0	4	6.0
廣乙	1889.8.28	1,030	2,400	15.0	9	20.0
廣丙	1892.1.2	1,030	2,400	15.0	11	20.0
福靖	1893.1.20	1,030	2,400	13.0	11	20.0

四　廣東船局試造淺水兵輪

廣東造船本來起步甚早，但經過鴉片戰爭的破壞，所有設施已被摧殘殆盡。此後30幾年間，再無倡議造船者。

西元1866年，兩廣總督瑞麟以「輪船一項駕駛迅速，亦緝捕所必

第三章　從仿造到創建：近代造船與海軍雛形

需」[497]，開始從國外購買輪船。1867 年後，先後從英、法兩國購進 7 艘輪船。如下表：

船名	製地	到粵時間	僱用洋員情形
飛龍	英國	1867.1	僱洋員 3 人：管駕佛蘭斯（英）；二副賴底（英）；大管輪葛喜邇（英）。
鎮海	法國	1867.3	僱洋員 4 人：管駕嗲哩（法）；二副滔路雅（法）；大管輪白勒果（美）；二管輪勒斯德（英）。
澄清	法國	1867.6	僱洋員 4 人：管駕白薩（法）；二副武吟（法）；大管輪衣齊（法）；二管輪炲科（法）。
綏靖	法國	1867.11	僱洋員 4 人：管駕斯杜華（英）；二副威霖（英）；大管輪卜德（英）；二管輪歐底（英）。
恬波	法國	1868.4	僱洋員 4 人：管駕龍飛（法）；二副厄未些（法）；大管輪威廉不爺（英）；二管輪生百駕（英）。
安瀾	英國	1868.4	僱洋員 7 人：管駕葛西利（英）；二副威霖（英）；三副勒植（英）；大管輪葉尼（英）；二管輪額圭士（英）；炮手莫利（英）、萬維（英）。
鎮濤	英國	1868.8	僱洋員 7 人：管駕額華斯（英）；二副駱伯遜（英）；三副李嘉（英）、漢謝人（英）；大管輪司密（英）；二管輪文尼（英）；炮手賈禮達（英）、伯洛文（英）。

船價共用銀 28.4 萬多兩，另添置炮位等項 4.7 萬多兩，合計 33.1 萬多兩。

西元 1873 年，瑞麟鑑於「軍火採自外洋，所費甚巨，且輪船汽機時有損壞，必須赴香港修補，辦理亦多周折，莫若購買機器，自行修造，以期省便」，於是在文明門外聚賢坊購民鋪 10 餘間，設立機器局。訪知在籍候選員外郎溫子紹精於機器，便委派其督辦機器局工作。其後，輪船遇有

---

[497]　《廣州府志》卷六五，光緒五年刊，第 12 頁。

第二節　建設根基：近代造船工業的起步

損壞時，即在機器局修理。據香港報紙稱：「這機器製造局打算完全不用外國技師，聞之實難置信。然而，據說它的中國總辦精於機器，善於發明。」1874 年，廣州機器局計劃製造內河小輪船。雖然瑞麟在當年 10 月病死，但此計畫在溫子紹的主持下仍繼續實施，先後製成小輪船 16 號。但這些小輪船只能航行於內河，「派撥東、西、北三江分段巡緝」[498]。

西元 1875 年 9 月，劉坤一調任兩廣總督後，即想擴大原來的機器局，自行製造船炮。適在此時，英國人經營的黃埔船塢準備出讓。早在鴉片戰爭後，蘇格蘭人柯拜身為大英輪船公司的代表，來到黃埔。他看到修船事業在這裡很有發展前途，便從中國人手裡租了幾處泥塢，營業以後非常賺錢，便建造一座新船塢。後來這座船塢賣給了香港黃埔船塢公司。這個公司成立於 1863 年，當年購得了黃埔船塢，兩年後又購買了香港的兩座船塢，於是大發其財。公司成立時資本為 24 萬元，1867 年便增到 75 萬元。到 1870 年，即蘇伊士運河通航的翌年，資本又增至 100 萬元。但是，1872 年以後，黃埔船塢遇到了激烈的競爭。此時，該公司興辦的九龍船塢已經建成。黃埔船塢競爭不過香港和九龍，生意清淡，每月須支付薪資四五千元，已經很難維持下來。到西元 1873 年，黃埔船塢實際上已經歇業。香港船塢公司想把這處荒廢的船塢賣給中國地方當局，連續進行了幾年的交涉，都未成交。劉坤一涖任後，決定買下這座船塢。

西元 1876 年秋，雙方達成協議，廣東省購買這座船塢，售價銀 8 萬元，分期付款。1877 年，清政府批准了這筆交易。

西元 1879 年，清廷諭劉坤一遣廣東兵輪駛赴吳淞操練。8 月 2 日，劉坤一奏稱：「粵東數年以來購置各號輪船，皆為本省各海口及內洋近處緝捕之用，船身本不甚大，入水亦不甚深，實未能經涉大洋，遠赴吳淞口操

---

[498]　《中國近代工業史資料》，第 1 輯，第 456、460 頁。

第三章　從仿造到創建：近代造船與海軍雛形

練。……即使勉強從事，前往聽操，仍無裨於戰守。」1880年1月15日，劉坤一在〈籌備蚊船以固海防折〉中，正式向清政府建議利用黃埔船塢自造炮船：「此項蚊子船如往外洋購造，必須一兩年方可到粵；倘購造三四號，恐一兩年尚不能到齊。粵省現無大號兵輪可以守口，若曠歲需時，實屬緩不濟急。……粵省於光緒三年間購買英國所置黃埔船塢大小數處，機器皆全。所有仿造此項蚊子船，以及將來隨時修理，甚屬合用。既可不費鉅款，且始終不借力於外洋。」[499] 廣東造船因係地方集資，清政府不用籌款，當即飭令先行試辦。此項工程在溫子紹的主持下，「選購料物，按照外洋購來式樣，酌量變通，繪具圖說，督匠依法製造」。歷時一年多，仿造炮船成功，計用工料銀約3.99萬兩。「即經駛往虎門試演大砲，皆能合度。」[500] 被繼任兩廣總督張樹聲命名為「海東雄」。此次仿造炮船還是屬於試驗性質的。

　　西元1882年曾國荃調署兩廣總督期間，也曾造小火輪「肇安」、「南圖」兩艘。但是，所造之船，都只能供巡緝之用，是無助於海防的。中法戰爭後，張之洞授兩廣總督，決定利用黃埔船塢試造淺水兵輪。其計畫是：「博訪水師將弁，招致香港工匠，採取香港華洋船廠圖式，令明於管理者推究斟酌，度華工之能為者，擬成一式。大率長英尺十一丈，廣一丈八尺，艙深八尺六寸，吃水六尺，馬力七十八匹，內用康邦臥機，冷水氣櫃，雙輪暗車，前後兩桅，桅身上半可以伸縮，下用鐵脅，旁施鋼板。船頭後膛巨炮一，船尾中等後膛炮一，前後桅盤懸連珠炮各一，船腰兩旁配連珠炮各一。取其身淺行速，可於六門內外貫穿往來，內可過黃埔以至省河，外可出虎門以達香港，至於沿海近岸，亦尚可行。」他認為：「有此船

---

[499]　《劉忠誠公遺集》，奏疏，卷一五，文海出版社影印本，第1，47～48頁。
[500]　《張端達公奏議》，卷五，文海出版社影印本，第14～15頁。

第二節 建設根基：近代造船工業的起步

十艘，可以衛虎門；有三十艘，可以遍防五門，旁扼西海。」1885 年冬，第一批試造的淺水兵輪只「廣元」、「廣亨」、「廣利」、「廣貞」下水。西元 1886 年 6 月 24 日，張之洞親往檢閱操演。「遠而瓊山淺洋，近而省河、西海，均堪行駛。船頭之炮，可擊水路八里，中靶五里，以之防護內河及近海各口，頗為合用。」[501] 其後，又造成「廣戊」、「廣己」兩艘，船身較「廣元」等船稍為加大。

西元 1889 年，廣東又開始試造鐵脅淺水兵輪。按照設計，「船長英尺一百五十尺，寬二十三尺，吃水深達十尺，配康邦新式臥機馬力五百匹，船前耳臺擬安十二生炮兩尊，船後擬安十一生炮一尊，中桅上擬安五管荷乞開士聯珠炮一尊。以能出大洋為度，每半時約行三十三中里。炮價在外，估計全船工料銀五萬七千餘兩。擬共造兩艘：一名廣金，備欽州海面常川巡防之用；一名廣玉，備瓊州海面常川巡防之用」[502]。1890 年夏，「廣金」、「廣玉」先後下水。經「開赴蓮花山一帶試洋，汽機融稱，行駛穩捷」。「其經營締造之巧，實不亞於歐洲各國。」[503]

應當承認，廣東船局的造船工業，不僅遠不能與西方國家相比，即使與閩、滬二局相較，也有很大的差距。儘管如此，廣東試造淺水兵輪的成功，究竟有開風氣的意義。正如張之洞所說：「查粵廠船工，不比他省巨廠，所籌者零星之捐款，所用者土著之工匠，銳意發端，冥思創造，只如椎輪大輅，小試其端。今由木殼漸製鐵殼，由淺水漸駛大海，風氣可望口開。」[504] 廣東省依靠自己的力量，在自造小輪船的基礎上，又製成 6 艘淺水兵輪，便為後來建立廣東海軍奠定了基礎。

---

[501] 《張文襄公全集》，奏議，卷一一，第 29～32 頁；卷一七，第 18～20 頁。
[502] 《張文襄公全集》，奏議，卷二八，第 9～11 頁。
[503] 《中國近代工業史資料》，第 1 輯，第 471 頁。
[504] 《張文襄公全集》，奏疏，卷二八，第 9～11 頁。

第三章　從仿造到創建：近代造船與海軍雛形

第三節　人才為本：海軍技術人員的培育

一　中國近代海軍的搖籃 —— 福州船政學堂

　　福州船政局設立之初，即著手興建學堂。左宗棠說：「夫習造輪船，非為造輪船也，欲盡其製造駕駛之術耳；非徒求一二人能製造、駕駛也，欲廣其傳使中國才藝日進，製造、駕駛輾轉授受，傳習無窮耳。故必開藝局，選少年穎悟子弟習其語言文字，誦其書，通其算學，而後西法可衍於中國。」[505] 沈葆楨也說：「船政根本在於學堂。」[506] 設廠與辦學並重，是福州船政局的一個顯著特點。

　　西元 1866 年 12 月，左宗棠制定《藝局章程》後不久，即開始招收學生。學堂初名求是堂藝局，學生被稱為藝童。因當時馬尾各項工程還在進行之中，便先在福州城內白塔寺、仙塔街兩處租賃民房為校舍。[507] 根據《船政事宜》十條，藝局要開設英、法兩門外語，培養兩方面的人才：一是「能依書繪圖，深明製造之法」的造船技術人員；一是「通船主之學，堪任駕駛」的海軍戰官。但一時來不及完全實施，便由廣東招來已通英語的學生張成、呂瀚、葉富、李和、李田、鄧世昌、黎家本、梁梓芳、林國祥、卓關略等 10 人，身為外學堂藝童。對此，英桂奏稱：「十一月十七日開局，先行鳩工庀材，派委員紳與洋員督同砌岸築基，繚垣建屋。習學洋技之求是堂，亦經開設，並選聰穎幼童入堂，先行肄習英語英文。」[508]

　　西元 1867 年春，廠舍落成，藝局遷回馬尾，改名為船政學堂。並按

---

[505]　《中國近代學制史料》，第 1 輯，上冊，第 355 頁。
[506]　《沈文肅公政書》，卷四，第 3 頁。
[507]　陳景蒭：《舊中國海軍各軍事學校及訓練機構沿革史》（未刊本）。
[508]　《海防檔》（乙），福州船廠，第 59 頁。

第三節　人才為本：海軍技術人員的培育

學科分班，學生被稱為法學藝童和英學藝童。後來，又把法文班叫前學堂，英文班叫後學堂。當時認為法國人精於製造，英國人精於駕駛。所以前學堂多聘用法國教習，教授製造；後學堂多聘用英國教習，教授駕駛。

福州船政局前學堂

藝童的飯食由學堂供給，每月贍家銀 4 兩。醫藥費也由學堂發給，但病情較重者，經監督驗後，送回家中調理，病癒後即行銷假。學習期限為 5 年。入學時，由藝童本人及其父兄畫押，學習期間不得請長假，不得改習別業。入學後，每 3 個月考試一次，由教習、洋員分別等次：列一等者，賞洋銀 10 元；列二等者，無賞無罰；列三等者，記惰一次。兩次連考三等者，戒責；三次連考三等者，勒令退學。三次連考一等者，在照章獎賞之外，另賞給衣料以示鼓勵。每年逢端午、中秋給假 3 天，度歲時於封印日回家，開印日到局。但逢外國禮拜日，則不給假。藝童結業後，准以水師員弁擢用。具有監造、船主之才者，則破格優擢，以獎異能。這些

第三章　從仿造到創建：近代造船與海軍雛形

規章制度充分照顧到中國的習俗，而且賞罰分明，對保證船政學堂的教學工作發揮很大的作用。

左宗棠奏設學堂的目的，是要培養中國自己的造船和海軍人才。他認為：「茲局之設，所重在學造西洋機器以成輪船，俾中國得轉相授受為永久之利。」透過設立學堂，不僅在造船上「能盡洋技之奇」，而且「能自作船主曲盡駕駛之法」。這是他設局時所追求的目標，所以稱「藝局為造就人才之地」[509]。他與日意格、德克碑議定了《條議》十八條，其十一條即規定：「自鐵廠開廠之日起，五年限滿，如能照所具保約，教導中國員匠，於造船法度一切精熟，均各自能製造，並能自造傢伙。並學堂中教習英、法兩種文字，造船、算法及一切船主之學，均各精熟。俾中國員匠自能監造、駕駛，應加獎勞。」日意格、德克碑二人也作出承諾和保證：「此係憲恩格外，謹當傳諭各員匠倍加奮勉。卑鎮等理應竭誠報效，不敢言功，教成之後，悉候憲裁。如五年限滿，教導不精，卑職等及各員匠概不敢仰邀加獎。」[510]左宗棠為培養中國自己的海軍人才而採取的這些措施，表明了他的愛國自主觀念和卓越的遠見。應該說，他所追求的目標，後來基本上是達到了。

前學堂本為學習造船而設，教授造船需要的課程，如算術、幾何、製圖、物理、三角、解析幾何、微積分、機械原理等。此外，還設有兩門實習課：一是蒸汽機製造；一是船體建造。藝童「半日在堂研習功課，半日赴廠習製船械」。由於在教學中堅持學習基本知識與應用和實踐結合起來，取得了顯著的效果。前學堂學生畢業後，大都學有所成，成為中國近代最早的一批造船技術人才。第1屆學生魏瀚、陳兆翱、鄭清濂、李壽

---

[509]　《中國近代學制史料》，第1輯，上冊，第353～354頁。
[510]　《海防檔》（乙），福州船廠，第35頁。

第三節　人才為本：海軍技術人員的培育

田、吳德章、楊廉臣、陳林漳、第 2 屆學生魏瀚等，便是其中的佼佼者。中國自造的第 1 艘兵輪「藝新」號，就是由吳德章設計的。其後，試製鐵脅快船時，由於「華匠既莫名其窾要，洋匠復甚祕其師傳」，困難很大。但是，魏瀚等「毅然承辦」，「運以穎異之心思，持以精專之詣力，故能神明規矩，屹然成防海之巨觀」。時船政大臣裴蔭森親臨船廠考察，「見該學生等索隱鉤深，困心衡慮，或一圖而屢易其稿，或一器而屢改其模，或於獨悟而戛戛生新，或於會商而心心相印。寒暑無間，寢饋胥忘，歷四五年如一日」。這些學生的聰明才智和辛勤勞績，讓裴蔭森留下了深刻的印象。對此，他給予了高度的評價：「夫海上爭衡，全憑利艦，而船非自製，終苦良窳莫辨，緩急難資。閩廠設立學堂，學製造者實奮數百人，而心領神會、曲暢旁通亦僅此數人，無愧瑰奇之選。學者如牛毛，成者如麟角，呈材蓋若斯之難也！」並高興地說：「蓋推陳出新，洋人雖日更其舊制，而呈能效巧，閩學亦盡得其祕傳也。」[511]

實踐證明，船政培養中國自己的造船人才的方針是正確的，也是成功的。「閩廠不用洋員，放手自造，竟能臻其美備，創中華未有之奇。」尤為可貴的是，這些由學堂出身的製造學生，都不是故步自封，稍稍所得即沾沾自喜，而是不斷進取與開拓。裴蔭森說：「自中國開廠造船以來，至開濟而規模漸拓；至鏡清而機括愈靈；近日寰泰試洋，速率又視鏡清為勝。蓋亦精益求精之明效。」[512] 這是符合歷史事實的。

迄於清末，船政前學堂製造班共招收 7 屆學生，計 143 名（一說 150 名）。後學堂本為學習航海而設，故最重視駕駛。駕駛班專門培養航海人才，而航海是一門十分複雜的學科。「凡習航海學者，皆須考英語，然後

---

[511]　《船政奏議彙編》卷三五，第 44、22～23 頁；卷三六，第 8 頁。
[512]　《船政奏議彙編》卷三六，第 14 頁。

第三章　從仿造到創建：近代造船與海軍雛形

輪船中能通問答。又必能通英國之字母,然後能司記載,於是先學英國語言文字。海程萬里,波濤起伏,莫辨方向,西人航海皆以天度為準,能測天度,則能知海程之遠近,於是繼學天文海中礁石、沙線及海口停泊兵輪之處,水深幾何,潮汐漲落,均宜究心,於是又學地輿。凡測天度,測海程,以及機器之運用,非明演算法不能習其事,於是又習算學。凡水力之剛柔,風力之輕重,火力之多寡,行船之速率,皆有一定,於是又習駕駛。西人航海於紀程之外,尤重繪圖,每至一地,即繪一圖,以備參考,於是又學繪圖。」[513] 當時,通常中國人皆對遠洋航海有一種隔閡感,莫測高深。洋員們也故弄玄虛,神而祕之。如日意格、德克碑便在呈交的〈清折〉中寫道:「教作船主有難有易。洋面能望見遠山,駕駛較易;其數月數日不見山地之大洋,駕駛較難。卑鎮等所稱在五年限內,教成中國員匠能自駕駛,係指能望見遠山之海而言。如欲保能行駛數月數日不見山地之大洋,須照星宿盤、時辰表,測算洋面情形、海水深淺,尚非五年所能盡悉。」[514] 但是,後學堂透過加強實習課,明顯地解決了這個問題,並培養出中國最早的一批優秀航海人才。

沈葆楨非常重視駕駛學生的實習課,他說:「竊維船成之後,以駕駛為急務。年來招中國之素習洋舶者充管駕官,固操縱合法,而自出學堂者則未敢信其能否成才,必親試之風濤,乃足以覘其膽智;否即實心講究,譬之談兵紙上,臨陣不免張皇。」於是,乃有練船之設。先是在西元1869年,船政學堂派員到南洋各處購買夾板輪船,作為練船之用。但願售者皆甚破舊,不適於用,購回修理又不值得,迄未成交。1870年,船政所造第3號兵輪「福星」告成。因學生實習在即,不可久拖,便由沈葆楨奏請改為

---

[513]　《番禺縣續志》卷二三,《鄧世昌傳》。
[514]　《中國近代學制史料》,第1輯,上冊,第365頁。

第三節　人才為本：海軍技術人員的培育

練船：「其式本屬戰艦，利於巡洋，擬以學堂上等藝童移處其中。飭洋員教其駕駛，由海口而近洋，由近洋而遠洋。凡水火之分度，礁沙之夷險，風信之徵驗，柁舵之將迎，皆令即所習聞者。印之實境，熟極生巧，今日聚之一船之中，他日可分為數船之用。隨後新舊相參，踐更遞換，冀可漸收實效。」[515] 得旨允行。6月15日，即將「福星」改為練船。此為船政學堂設練船之始，「福星」成為中國近代所設的第1艘練船。

但是，「福星」容量太小，一次只能有10名藝童上船實習，若「異日悉數就船練習，則該船容住為難」。西元1870年12月，訪知福州口有德國夾板輪船「馬得多」號出售。此船排水量為340噸，若改為練船，可住學生30餘名，水手100餘名，船身亦極為堅固，便以庫平銀10,282兩的售價成交。船政學堂改船名為「建威」，並「將船面艙房拆去，易置炮位，仍如兵船之式」[516]。原來的練船「福星」仍作兵船使用。在此後3年間，「建威」練船便擔負起船政學堂駕駛學生遠航學習的任務。

西元1871年，船政學堂派第1屆駕駛學生嚴宗光（後改名復）、劉步蟾、林泰曾、何心川、葉祖珪、蔣超英、方伯謙、林承謨、沈有恆、林永升、邱寶仁、鄭溥泉、葉伯鋆、黃建勳、許壽山、陳毓崧、柴卓群、陳錦棠等18人，及外學堂學生張成等10人，皆登「建威」練船實習，巡歷南至新加坡、檳榔嶼各口岸，北至直隸灣、遼東灣各口岸。1872年，「建威」練船改變航線，乘風北駛，歷浙江、上海、煙臺、天津，至於牛莊，然後返航。1873年3月，駕駛學生登「建威」南航，先抵廈門，次抵香港，繞經新加坡、檳榔嶼，至7月始返馬尾。歷時4個月，除在各碼頭停泊外，實在洋面航行達75天。沈葆楨奏稱：「海天蕩漾，有數日不見遠山者，有

---

[515]　《海防檔》(乙)，福州船廠，第231頁。
[516]　《海防檔》(乙)，福州船廠，第266～267頁。

第三章　從仿造到創建：近代造船與海軍雛形

島嶼縈迴，沙線交錯，駛船曲折而進者。去時，教習躬督駕駛，各練童逐段譽注日記，量習日度星度，按圖體認，期於精熟；歸時，則各童自行輪班駕駛，教習將其日記仔細勘對。至於臺颶大作，巨浪如山，顛簸震撼之交，默察其手足之便利如何，神色之鎮定如何，以分其優劣。其駕駛心細膽大者，則粵童張成、呂瀚為之冠；其精於演算法、量天尺之學者，則閩童劉步蟾、林泰曾、蔣超英為之冠。」[517] 透過這次實習，他便破格擢拔張成、呂瀚二人，管駕閩省原購之「海東雲」、「長勝」兩艘輪船。

西元 1875 年 3 月 24 日，沈葆楨奏請將「揚武」改為練船，募英國海軍中校德勒塞為總教習，並派記名提督蔡國祥督操。4 月 8 日，清政府批准「揚武」為練船。5 月 5 日，開始接收「揚武」。「揚武」容量較「建威」大，排水量近 1,400 噸，可住 200 人。即將「建威」所有練生移入，並添派第 2 屆駕駛學生薩鎮冰、林穎啟、吳開泰、江懋祉、葉琛，第 3 屆駕駛學生林履中、許洛川、林森林、戴伯康、陳英、藍建樞、韋振聲、史建中等登船見習。10 月中旬，信風適宜，「揚武」出航北上，歷各海口而抵煙臺。為練習海道起見，隨後又由煙臺出洋，駛至日本海。「揚武」是中國自造的近 1,400 噸的大船，船員 300 人，裝有 13 門大砲。當時，日本正在發展海軍，「揚武」東航引起日本各界的關注，至長崎、橫濱各地，聚觀者至數萬人。其「氣勢昂藏，足令日人駭異」。據《萬國公報》報導：「擬來春遊歷英、美各國並歐羅巴洲各處。此舉殊足壯中朝之威，而使西人望風額慶也。且此班生童其精進正未可量，雖此行為中朝所僅有，而中外咸皆歡欣鼓舞而樂觀厥成焉。」[518] 可見，此次「揚武」遠航影響之大了。

船政後學堂駕駛學生的實習活動是十分艱苦的。按最初所訂章程，駕

---

[517]　《海防檔》(乙)，福州船廠，第 467 頁。
[518]　《萬國公報》，1876 年 2 月 5 日。

第三節　人才為本：海軍技術人員的培育

駕駛學生須每年在船兩個月。裴蔭森督辦船政時，改為在船6個月。

「每年秋出冬歸，冬出夏歸。學堂所習天文、海圖證之於礁沙實境是否測量合符，所習槍炮、陣法驗之於風水疑難是否施放準定。」[519] 這些實習活動，對保證駕駛科目的教育品質發揮重要的作用。

迄於清末，船政後學堂駕駛班共招收19屆學生，計241名。此外，後學堂還設有輪機科目，迄於清末，共招收11屆學生，計126名（一作119名）。

二　陸續興辦的海軍學校

天津水師學堂，是清政府繼福州船政學堂之後所辦的一所海軍學校。西元1879年，兩江總督沈葆楨病故後，海軍的規劃權責遂專屬於李鴻章。當時，北洋艦船漸增，所需管駕、大副、二副以至管理輪機和炮位人員，皆「借才」於福州船政學堂。李鴻章認為：「往返諮調，動需時日。且南北水土異宜，亦須就地作養人才，以備異日之用。」[520] 因於1880年8月19日奏請，就天津機器局廢地建設水師學堂，以前船政大臣光祿寺卿吳贊誠為總辦。吳贊誠開始勘定學堂地基，選派局員繪圖估料，剋日興工。同年冬，他回南方就醫，並以舊疾加劇，懇請開去差使，另派能員接辦。1881年5月，李鴻章又奏准以久充福建船政提調的吳仲翔為總辦，嚴復為總教習。

西元1881年8月，這所水師學堂於天津衛城東3里處落成。「水師學堂設在機器東局之旁，堂室宏敞整齊，不下一百餘椽，樓臺掩映，花木

---

[519] 《中國近代學制史料》，第1輯，上冊，第447頁。
[520] 《洋務運動》（叢刊二），第460～461頁。

第三章　從仿造到創建：近代造船與海軍雛形

參差，藏修遊息之所無一不備。另有觀星臺一座，以備學習天文者登高測望，可謂別開生面矣。」當年便開始招生。清政府辦天津水師學堂的目的，「原思亟得美才，大張吾軍」，以期「今日之學生，即他年之將佐」。但是，按照學堂所訂章程，學生入學後，每月只有贍家銀一兩，對家境貧寒者猶如杯水車薪，於事無補，故報考者寥寥無幾。據時人稱：「茲距開館一年有奇，學生造詣漸有端倪。唯額數未滿，投考者或資質平庸，或年紀過大，終少出色之才。細揣情由，似由贍銀稍薄，未足招徠。」於是，又於1882年10月改訂章程，規定學生每月贍銀為4兩，學習期限為5年，考試成績優等者遞加贍銀，並賞給功牌、衣料，卓有成就者破格錄用等等。學生的假期規定比船政學堂更為優待：「駕駛學生每月十五日放假一日，管輪學生每月外國首次禮拜日放假一日，准各生父兄來堂看視。端午、中秋各放假三日，年節放假十五日。父母及承重之喪，准假十五日，葬假六日。」[521] 此後，天津水師學堂逐步走上正軌。

天津水師學堂分駕駛和輪機兩個科目，稱為駕駛班和管輪班。兩個班各招收學生6屆，計駕駛班125名，輪機班85名。

天津水師學堂辦了整整20年，為北洋海軍培養了一大批人才。甲午戰爭時，艦上的魚雷大副、駕駛二副、槍炮二副、船械三副等職務，多數由天津水師學堂畢業學生擔任。1900年，八國聯軍侵占天津，學堂被迫關閉。

繼天津水師學堂之後，清政府又在北京西郊設立了一所水師學堂。西元1886年5月，醇親王奕譞奉旨巡閱北洋海防。歷時20日返京，奏稱：「練水師之人才，則以駕駛、管輪學堂為根本。」並提出：「將才自日出而

---

[521]　《洋務運動》（叢刊八），第360～362頁。

第三節　人才為本：海軍技術人員的培育

不窮，亟須逐漸擴充，為費無多而裨益甚大。」[522] 此奏寓意甚深，是想在紈褲子弟中造就海軍人才，一變漢人統領海軍的清一色局面。遂在北京頤和園西牆外昆明湖附近擇地，建築校舍百餘間，命名為昆明湖水師學堂，亦稱內學堂。李鴻章說：「查內堂之設，本為八旗子弟教練有用之才，創造初意至為深遠。」[523] 即指此而言。

西元 1887 年冬，內學堂校舍落成。1888 年 1 月 27 日，正式開學，一切章程均仿天津水師學堂。起初，由八旗火器、健銳各營挑選學生 6 名，經甄別後有 40 名入學。根據原訂的章程，駕駛學生須在學堂習業 4 年，派上練船實習駕駛 1 年，送回學堂學習 3 個月，然後撥入槍炮練船再學習 3 個月，考校合格方可畢業。但是，當時統領北洋海軍的記名提督丁汝昌，認為實習時間過短，建議變通舊章，延長駕駛學生的實習期限為 3 年。李鴻章據以上奏，稱：「該提督所擬變通辦法，較原限計寬年半，為時亦不過久，而學生藝業更可精益求精。自為因時制宜，期收實效起見，於造就海軍人才不無裨益。」[524] 1892 年 4 月，內學堂學生堅持學滿 4 年的有 36 人，其中 35 人派赴天津水師學堂繼續學習。因實行新的規定，這些學生的學習期限也延長了。

但是，內學堂這些學生能力較差，年齡通常偏大，到天津後經過考試，35 人中只有喜昌、榮續兩名成績優秀，多數成績平平，另有 1 人「分數太少，難望有成」。因此，李鴻章致函總理海軍事務衙門稱：「西國水師之學，廣大精微，非童而習之，則於語言文字格扞難通，便無入門徑路；又或資性太鈍，則測算諸學難尋蘊奧；氣質太弱，則風濤涉歷，不耐辛

---

[522]　張俠等編：《清末海軍史料》，海洋出版社，1982 年，第 252～253 頁。
[523]　《李文忠公全集》海軍函稿，卷四，第 22 頁。
[524]　《李文忠公全集》奏稿，卷七七，第 29 頁。

第三章　從仿造到創建：近代造船與海軍雛形

勞。向來學堂定章，均係選募年幼聰俊及秉賦強實者，入堂後隨時考課察勘剔退。至學成畢業，留上練船者曾不及半。蓋資性與志氣學業，各有所近，必其才可望成就，乃可施導之功；否則，強以所難，勤苦無成，轉令曠時失業。兵船人才，關係自強大計，未便遷就從事。該學生等俱由火器、健銳各營挑取，各有本身執業。其現考不及五分之一學生十一名，既經詳加考驗，實難望有成，似不如令其回旗，猶可各就所能，自圖出路，免致坐廢。」[525] 結果這 11 名學生被退回，只有 24 名學生留下準備見習。西元 1896 年，喜昌、榮續等人派上「通濟」練船，另 12 名由神機營呼叫，3 名由神虎營呼叫。4 名學生中只有 9 名從事駕駛，且皆無大成就，可見清政府造就八旗海軍人才的計畫並未實現。

西元 1892 年夏，第 1 屆學生赴津後，內學堂又招收第 2 屆學生 40 名，以補其額。兩年後，甲午戰爭爆發，海軍衙門裁撤，學堂遂停辦。昆明湖本就不是培養海軍駕駛學生的適宜之所，奕譞在此設立水師學堂，固有造就八旗海軍人才之意，然其深意尚有不宜宣明者，即為慈禧之大修頤和園掩人耳目也。

在昆明湖設水師學堂的同一年，廣東也開始籌辦黃埔水陸師學堂。早在西元 1877 年，兩廣總督劉坤一為培養洋務人才，有建館之議，並捐銀 15 萬兩。得旨允行。1880 年，繼任張樹聲擬仿照福州船政後學堂，於廣州城東南 40 里長洲地方修建學館，並從英商購回船塢一處。1882 年，工程告竣，名為實學館。1884 年秋，張之洞督粵後，改名為博學堂。1887 年 8 月，又奏准將博學堂改為水陸師學堂，調前福州船政局提調吳仲翔任總辦。其水師分管輪、駕駛兩科。「管輪堂學機輪理法、製造運用之源，駕駛堂學天文、海道、駕駛、攻戰之法。」初定水師額設 70 名。至 1889

---

[525]　《李文忠公全集》海軍函稿，卷四，第 22 頁。

第三節　人才為本：海軍技術人員的培育

年9月，改為駕駛、管輪各額設70名。並以「廣甲」輪船充用練船，委派儘先副將劉恩榮為練船總管，船政第5屆駕駛學生拔補千總程璧光為練船副總管。同年11月10日，張之洞奏稱：「查水師之有練船，所以與學堂相輔而行，學生在堂既備習水師諸學之理，派登練船乃以使即平時在堂所學者一一徵諸實踐，以備嫻其法。」[526] 水師課程之設，始漸趨完備。

西元1895年4月，譚鍾麟任兩廣總督，解散陸師學生，改水陸師學堂為水師學堂。1903年4月，岑春煊調署兩廣總督，調魏瀚來粵，督辦黃埔水魚雷局和水師學堂。魏瀚將雷局與水師學堂合併，稱為水師魚雷學堂。學生入學後，均需兼習駕駛、管輪及魚雷，成為中國最早實行航輪兼習之制的海校。

迄於1913年，黃埔水師學堂共招駕駛、管輪學生14屆，計208名。

江南水師學堂設立較晚。西元1889年，詹事志銳條陳海軍事宜，建議廣設水師學堂，為籌防第一要務。海軍衙門諮行沿海各省，以水師學堂為操練人才之地，宜一律創設。兩江總督曾國荃即在南京儀鳳門內花家橋擇地興建，蓋房約360間。1890年10月正式創辦，設駕駛、管輪兩科。迄於清末，駕駛班共招7屆學生，計108名；管輪班共招6屆學生，計91名。

威海水師學堂的籌建時間，與江南水師學堂相同。西元1889年，北洋海軍提督丁汝昌呈請李鴻章代奏，於威海設立水師學堂，以便就近兼習駕駛、魚雷、水雷、槍炮諸術。隨即在劉公島西端向南坡地上建築校舍63間。提督丁汝昌兼領學堂總辦，聘美人馬吉芬為洋教習。所有規章制度，參照天津水師學堂章程辦理。同年冬，趁艦隊南巡之機，在上海、福建、廣東等地招收學生36名，另有自費學生10名附學，共計46名。1890年

---

[526]　《中國近代學制史料》，第1輯，上冊，第516、519頁。

第三章　從仿造到創建：近代造船與海軍雛形

5月，威海水師學堂正式開學授課。其教學的特點是，內堂課程與外場課程同時進行，即一面讓學生學習相關基礎知識，一面從事操練和實習。這是其他水師學堂所未有的。1894年11月，學生課程結束，依照章程放假回籍。不久，日軍攻占威海，學堂人員星散，不再續辦。

清政府之所以廣設水師學堂，是為了培養大量海軍人才，以加快發展海軍的步伐。正如李鴻章指出：「海軍人才以學堂為根本。北洋現有各師船，需才甚殷，非多設學堂不足以資造就。堂內學生課程有洋文、洋語、史論、算學、海圖、星象、測量、格致諸務，必須研究數年，方能略窺蘊奧。及挑入練船，又須練習風濤、沙線、帆纜、輪機、槍械、雷炮各藝，計非十年之久，不克畢業。是則水師學堂之設，實為海軍切要之圖。」[527] 這一目標是基本上達到了。

三　派遣海軍留學生

西元1873年11月，福州船政局在造船方面已經取得了可觀的成績，先後有13號輪船下水。後學堂的學生也連續3年乘練船進行遠洋航行，在掌握航海術方面終於起步了。但是，在船政大臣沈葆楨看來，這些進步還是初步的，應該繼續探究造船、駛船之精奧，以符朝廷力圖自強之旨。為此，便於12月7日向朝廷建議派遣海軍留學生赴海外留學。他說：「前學堂習法國語言文字者也，當選其學生之天資穎異學有根柢者，仍赴法國探究其造船之方，及其推陳出新之理。後學堂習英國語言文字者也，當選其學生之天資穎異學有根柢者，仍赴英國探究其駛船之方，及其練兵致勝之理。速者三年，遲則五年，必事半而功倍。蓋以升堂者求其入室，異於

---

[527]　《李文忠公全集》奏稿，卷七二，第22頁。

第三節　人才為本：海軍技術人員的培育

不得其門者矣。」[528] 李鴻章和左宗棠都很贊成這個建議。李鴻章認為：「閩廠選派學生赴英法學習造船、駛船，詢屬探本之論。」左宗棠稱：「遣人赴泰西遊歷各處，藉資學習，互相考證，精益求精，不致廢棄，則彼之聰明有盡，我之神智日開，以防外海，以利民用，綽有餘裕矣。」稍後，南洋大臣李宗義致書總理衙門，也認為：「學堂生徒前赴英、法……入其機器房，登其輪船，相與群居，當能探其窾要。」[529] 這幾位封疆大吏的意見趨於一致。至此，派遣海軍留學生之局大致定議。

同年底，日意格與船政所訂合約期滿，正準備回國。沈葆楨委託他草擬船政學生出洋章程，內容包括《法學章程》和《英學課序》。據日意格《條議》稱：「此次議赴泰西，固應變通滬局章程，而求其精善。今擬法學辦法，半日肄業工廠，每年復以兩個月遊歷各國各船廠、鐵廠，以增長其見識，庶四五年間可以練出全才。」、「至英國駕駛之學，每年均在學堂，亦以二個月赴大兵船上閱看練習，如建威之閩童等。其成功年限，想不逾兩年，定堪勝任矣。」[530] 章程擬好之後，沈葆楨令日意格親赴天津，與李鴻章籌商。因不久發生日軍侵臺事件，此事暫時擱置起來。

西元1875年春，趁日意格回國之便，沈葆楨囑其帶船政第1屆學生數名赴英、法考察，兼代在英廠訂辦750匹馬力輪機，在法廠訂辦鐵脅，並探詢鐵甲船價格。日意格帶駕駛學生劉步蟾、林泰曾和製造學生魏瀚、陳兆翱、陳季同出發，在英、法兩國考察數月，參觀船廠、機器廠和軍艦。1876年春，日意格採辦機器、物件事畢，先帶劉步蟾、林泰曾、陳季同回華，留魏瀚、陳兆翱仍在法廠繼續學習。

---

[528]　《船政奏議彙編》卷九，第11頁。
[529]　《海防檔》(乙)，福州船廠，第486～488、498頁。
[530]　《海防檔》(乙)，福州船廠，第505頁。

第三章　從仿造到創建：近代造船與海軍雛形

　　這次考察，對於洋務派官員來說，是一個很大的刺激，進一步感到了派遣海軍留學生的迫切性。新任船政大臣丁日昌多次與李鴻章函商，謂：「前後堂學生內，頗多究心測算造駛之人，亟應遣令出洋肄業，不致半途而廢。」沈葆楨調任兩江總督後，仍屢屢函催。李鴻章也理解到：「出洋學習造駛之舉，實為中國海防人才根本。」西元1877年月13日，李鴻章奏陳出洋一事，稱：「竊謂西洋製造之精，實源本於測算、格致之學，奇才迭出，日異月新。即如造船一事，近時輪機鐵脅一變前模，船身愈堅，用煤愈省，而行駛愈速。中國仿造皆其初時舊式，良由師資不廣，見聞不多，官廠藝徒雖已放手自制，止能循規蹈矩，不能繼長增高。即使訪詢新式，孜孜效法，數年而後，西人別出新奇，中國又成故步，所謂隨人作計終後也。若不前赴西廠觀摩考索，終難探製作之源。至如駕駛之法，近日華員亦能自行管駕，涉歷風濤，唯測量天文、沙線，遇風保險等事，仍未得其深際。其駕駛鐵甲兵船於大洋狂風巨浪中，布陣應敵，離合變化之奇，華員皆未經見。自非目接身親，斷難窺其祕鑰。」在奏章後面，附有《選派船政生徒出洋肄業章程》十條，其主要內容如下：

　　（1）設華洋監督各一員，會辦出洋肄業事務，負責安排學生就學、聘請教習、管理經費等事宜。兩監督和衷會辦，互相監察；如萬一有意見不合之處，應據實呈明通商大臣、船政大臣察奪。

　　（2）選派製造學生14名，製造藝徒4名，由兩監督帶赴法國，學習製造。此項學生，既在學堂學習，以培根柢，又要赴廠學習工藝，以明理法，「俾可兼程並進，得收速效，以備總監工之選」。藝徒學成後，則可備分廠監工之選。「凡所習之藝，均須極新極巧；倘仍習老18樣，則唯兩監督是問。」

　　（3）選派駕駛學生12名，由兩監督帶赴英國學習駕駛兵船。此項學

第三節　人才為本：海軍技術人員的培育

生，除另聘教習指授槍炮、水雷等法，並陸續送格林威治、伯恩茅斯大學肄業外，還可帶赴各廠及炮臺、兵船、礦廠考察，約共 1 年。然後，「再上大兵船及大鐵甲船學習水師各法，約二年定可有成」。「除上兵船，須照英國水師規則，除留辮髮外，可暫改英兵官裝束。」

（4）出洋學生，「每三個月由華洋監督會同甄別一次，或公訂專門洋師甄別，並由華監督酌量調考華文論說」。「其駐洋日期，以抵英、法都城日起，計滿三年為限；未及三年之前四個月，由兩監督考驗學成者送回供差。其中若有數人將成未成，須續習一年或半年者，屆時會同稟候裁奪。總以製造者能放手造作新式船機及全船應需之物，駕駛能管駕鐵甲兵船回華，排程布陣絲毫不藉洋人，並有專門洋師考取給予確據者，方為成效。如一切辦無成效，將監督議處。」

（5）「兩監督及各項生徒自出洋以迄回華，凡一切肄習功課，遊歷見聞，以及日用晉接之事，均須詳註日記，或用藥水印出副本，或設循環簿遞次互換，總以每半年匯送船政大臣查核，將簿中所記，由船政抄諮南北洋大臣複核。」

（6）「此次所議章程，總以三年學有成效為限。若三年後，或從此停止，或另開局面，均由船政大臣、通商大臣令商主裁，外人不得干涉。」

這個章程比日意格原來草擬的章程更為全面具體，並且對監督和生徒都規定明確的任務和目標。

在制定章程的同時，沈葆楨與李鴻章還反覆函商，物色適宜的留學監督。最後，決定選派李鳳苞為華監督，日意格為洋監督。李鴻章奏稱：「查有三品銜候選道李鳳苞學識宏通，志量遠大，於西洋輿圖算術、各國興衰源流，均能默討潛搜，中外交涉要務尤為練達，實屬不可多得之才，以之

第三章　從仿造到創建：近代造船與海軍雛形

派充華監督，必能勝任。至訪詢各國官廠、官學，安插學生，延請洋師，仍應有情形熟悉之員，聯繫維持，主客方無隔閡。……正一品銜閩廠監督日意格前已回國，經臣等催調來華，商辦一切。該員久襄船政，修理熟諳，於船廠學生情誼亦能融洽，以之派充洋監督，必可勝任。」[531]

清廷很快地就批准了《船政生徒出洋肄業章程》及監督的提名。此後，由丁日昌與李鳳苞、日意格磋商經費，確定隨員及出洋生徒名單，也都得到了落實。派遣海軍留學生的工作是從西元1877年正式開始的。到1891年為止，海軍留學生學成回國者共有3屆：

第1屆海軍留學生是西元1877年3月派往英、法兩國的。由華監督李鳳苞和洋監督日意格，帶同隨員馬建忠、文案陳季同、翻譯羅豐祿、製造學生鄭清濂、羅臻祿、李壽田、吳德章、梁炳年、陳林璋、池貞銓、楊廉臣、林日章、張金生、林怡遊、林慶升、藝徒裘國安、陳可會、郭瑞珪、劉懋勳、駕駛學生劉步蟾、林泰曾、蔣超英、方伯謙、嚴宗光、何心川、林永升、葉祖珪、薩鎮冰、黃建勳、江懋祉、林穎啟出洋。製造學生魏瀚、陳兆翱2人，已先在法國。同年10月，又續派製造藝徒王桂芳、張啟正、吳學鏘、任照、葉殿鑠赴法。計製造學生14人、藝徒9人、駕駛學生12人，連同馬建忠、陳季同、羅豐祿人，共38人。

西元1877年3月31日，中國派出的第1批海軍留學生乘坐「濟安」輪船出海，開赴香港。4月5日，由香港改乘西方公司輪船放洋長行。這群到西方探知的少年，通常年齡為十六七歲（虛歲），最小者才11歲，情緒是十分高漲的。船政督辦吳贊誠奏稱：「該生徒等深知自強之計，捨此無可他求，各懷奮發有為，期於窮求洋人祕奧，冀備國家將來驅策，雖七

---

[531]　以上均見《李文忠公全集》奏稿，卷二八，第20～27頁。

第三節　人才為本：海軍技術人員的培育

萬里長途，均皆踴躍就道。他日或能蔚成大器，共濟時艱。」[532]

這批學生分赴英、法兩國。在赴英學生 12 人中，劉步蟾上「馬那杜」鐵甲船，林泰曾上「李來克珀林」鐵甲船，蔣超英上「荻芬司」鐵甲船，林穎啟、江懋祉同赴西班牙上「愛勤考特」兵船，黃建勳赴美國上「伯里洛芬」兵船，以與泰西海軍將士講求槍炮、水雷及行軍布陣之法；嚴宗光、方伯謙、何心川、林永升、葉祖珪、薩鎮冰均入格林尼次官學，以學習駕駛理法。在赴法學生 14 人中，魏瀚、陳兆朝、鄭清濂、陳林璋入削浦官學，梁炳年、吳德章、楊廉臣、李壽田、林怡遊入多郎官廠，池貞銓、張金生、林慶升、林日章入科魯蘇民廠，均學習製造理法；羅臻祿入汕答佃學堂，改學礦務。在製造藝徒 9 人中，陳可會入臘孫船廠，劉懋勳入馬賽鑄鐵廠，裘同安、郭瑞珪入馬賽木模廠，均學習製造技藝；張啟正入臘孫船廠，王桂芳、任照、關學鏘、葉殿鑠入白代果德鐵廠，均學習繪圖及製造鐵甲等事。

到西元 1880 年 4 月，第 1 屆海軍留學生肄業期滿。除製造學生梁炳年在洋病故，駕駛學生何心川因病先歸，嚴宗光提前調回充當教習外，其餘 35 人均已學成先後回國。李鴻章對這屆海軍留學生的評語是：「雖天資不一，造就有深淺之殊，而按章督課，實與諸官學卒業之洋員無所軒輊。其製造者能放手造作新式船機及應需之物，駕駛者能管駕鐵甲兵船、調度布陣，加之歷練，應可不藉洋人。其製造如魏瀚、陳兆翱、鄭清濂、林怡遊，開採熔鍊如羅臻祿、林慶升，駕駛如劉步蟾、林泰曾、蔣超英、方伯謙、薩鎮冰，頗為優異；其餘加以陶熔，均可成器。皆有考取確據，委與原定章程『辦有成效』之語相符。」[533]

---

[532]　《洋務運動》(叢刊五)，第 199 頁。
[533]　《李文忠公全集》奏稿，卷四〇，第 1～2 頁。

第三章　從仿造到創建：近代造船與海軍雛形

　　第 2 屆海軍留學生，是西元 1882 年 1 月赴英、法、德三國的。先是在 1879 年 11 月 3 日，沈葆楨會同李鴻章上〈閩省出洋生徒請予蟬聯折〉，建議朝廷繼續派遣海軍留學生，稱：「海防根本，首在育才。閩省出洋生徒，應予蟬聯就學，以儲後起之秀，而儲不竭之需。」責罵那些認為勿需再派學生出洋的官員說：「不知西學精益求精，原無止境，推步用意日新。彼已得魚忘筌，我尚刻舟求劍，守其一得，何異廢於半途？」[534] 一個多月後，沈葆楨病故於任所，此次派遣海軍留學生的計畫不能不受到影響。直到 1882 年 1 月 10 日，閩海關應籌撥的出洋第 1 年經費，始解交船政，第 2 屆海軍留學生才賴以成行。但這屆出洋學生人數不多。船政大臣黎兆棠與李鴻章往返諮商，本擬續派前學堂學生 8 名，後學堂學生 6 名，共 14 人出洋肄業。因後學堂學生中有許兆箕等 4 名先已調赴北洋，派充天津水師學堂教習及威遠練船教練等職，礙難離職。於是，只有製造學生王慶端、黃庭、李芳榮、魏瀚、王福昌、王回瀾、陳伯璋、陳才瑞、駕駛學生李鼎新、陳兆藝 1 名，由知縣尹翼經搭乘商輪護送至香港，又附法國公司輪船抵法國馬賽港。此時，李鳳苞已出任駐法公使，仍兼任監督；日意格繼續留任洋監督。第 1 屆出洋製造學生吳德章則擔任襄辦兼翻譯。

　　這屆留學生雖人數甚少，但所學卻很廣泛。如在法國的黃庭、王回瀾專習營造，李芳榮專習槍炮，王福昌專習硝藥，魏瀚專習製造；在德國的陳才瑞、陳伯璋專習魚雷；在英國的陳兆藝、李鼎新專習駕駛。在第二屆 10 名出洋學生中，除王慶端因病開刀致死，陳伯璋因自費試製魚雷負債而自殺，李芳榮臨時派至西班牙參贊官署擔任翻譯外，其餘 7 名皆於西元 1885 年和 1886 年上半年先後學成回國。

　　第 2 屆出洋學生經過考核，學習成績尚較優良：「其習營造者，於測

---

[534]　《沈文肅公政書》，卷七，第 122～123 頁。

第三節　人才為本：海軍技術人員的培育

量、算繪、久暫臺堡，守城防隘、水底設防各項；習槍炮者，於槍炮軍械、熔鍊鋼料各項；習硝藥者，於藥彈、棉藥、新藥、爆藥、造藥、鍋爐各項；習製造者，於水師製造輪機、船身各項；習魚雷者，於新式魚雷尺寸、製雷、修雷各項；習駕駛者，於行兵布陣、風濤沙線、駛船用炮各項，莫不詳求博覽，理法並精。」學習領域廣泛，詳求博覽，是這屆海軍留學生的特點。故船政大臣裴蔭森的評語是：「考察各該生所學，若營造，若槍炮，若硝藥，若製造，若雷魚，若駕駛，莫不各具專長，或為前屆學生所未備習，實足以仰備國家因材器使。」[535]

第 3 屆海軍留學生，是西元 1886 年 4 月出洋，仍分赴英、法兩國。先是在 1885 年 10 月，總理海軍事務衙門成立。時北洋練軍伊始，清廷責成李鴻章專司海軍事宜。11 月，在法國新購的「定遠」、「鎮遠」、「濟遠」3 艘戰艦來華，駛抵國門，駕駛製造，在在需才。李鴻章因與南洋大臣曾國荃、船政大臣裴蔭森聯銜奏請續派學生出洋肄業。得旨允行。於是，有派遣第 3 屆海軍留學生之舉。

此屆海軍留學生，由北洋和船政兩方面選派：於北洋水師學生中選取陳恩燾、劉冠雄、曹廉正、陳燕年、黃裳吉、伍光鑑、鄭汝成、陳杜衡、王家廉（後改名王邵廉）、沈壽堃等 10 名；於船政駕駛學生中選取黃鳴球、羅忠堯、賈凝禧、鄭文英、張秉珪、羅忠銘、周獻琛、王桐、陳鶴潭、邱志範等 10 名；於船政製造學生中選取鄭守箴、林振峰、陳慶平、工壽昌、李大受、高而謙、陳長齡、盧守孟、林志榮、楊濟成、林藩、游學楷、許壽仁、柯鴻年等 14 名。其中，黃裳吉因在北洋供差，未能成行。船政第 5 屆駕駛學生陳壽彭[536]以翻譯同行，後亦改為留學。故實際上出洋學生仍

---

[535]　《船政奏議彙編》卷三二，第 11～12 頁。
[536]　船政歷屆畢業生名冊中沒有「陳壽彭」這個名字，疑即陳宗器。據陳壽彭之子陳鏗所編《先妣

第三章　從仿造到創建：近代造船與海軍雛形

為 34 人。他們從福州出發，於西元 1886 年 4 月 6 日由香港乘坐洋商輪船西行。當年春，原洋監督日意格因槍傷復發而死，其遺缺由法員斯恭塞格繼任。斯恭塞格原係法國海軍軍官，曾在船政幫同日意格辦理工程，擔任前洋監督之幫辦，因此由他接辦洋監督事務。華監督一職則改由曾任船政提調的道員周懋琦擔任。至於學制，「習駕駛者仍以三年為限；習製造者則酌予變通，以六年為限。凡以便各生於其所學益求精密，期必進窺奧竅而後歸也」[537]。

第 3 屆海軍留學生分赴英、法兩國：在赴英學生中，陳恩燾、賈凝禧、周獻琛 3 人專習測繪海圖、巡海練船兼駕駛鐵甲兵船之學，劉冠雄、黃鳴球、邱志範、王學廉、鄭汝成、陳杜衡、沈壽堃、鄭文英 8 人專司操放大砲、槍隊、陣圖、大副等學兼駕駛鐵甲兵船，王桐專習兵船管理輪機之學，伍光鑑、陳伯涵（原名陳燕年）、曹廉箴（原名曹廉正）3 人專習水師、兵船、算學及格物學，張秉珪、羅忠堯、陳庚（即陳壽彭）3 人專習水師、海軍公法、捕盜公法及英國文字語言之學；陳慶平、李大受、陳長齡、盧守孟 4 人專習海軍製造之學；在赴法學生中，鄭守箴、林振峰 2 人專習海軍製造、算學、化學及格物學，林藩、游學楷、高而謙、王壽昌、柯鴻年、許壽仁 6 人專習萬國公法及法文法語。

在此屆學生中，除陳鶴潭病故未能卒業，羅忠銘因事撤回，林志榮因病先歸，楊濟成考試不及格外，其餘 30 名學習成績都很優秀。

據周懋琦稟稱：「學習測繪海圖、巡海練船兼駕駛鐵甲兵船者三員；

薛恭人年譜》，有兩點值得注意：（一）陳壽彭系光緒五年由船政畢業；（二）光緒十年船政欲調其充船上大副。可知陳壽彭必係船政第五屆駕駛學生。而在此屆學生中，陳姓只有二人，即陳恩燾和陳宗器。陳恩燾先已調北洋，又選派出洋，與陳壽彭經歷不合。故疑陳宗器即其人。

[537]　《光緒朝東華錄》（二），光緒十二年五月，中華書局，1984 年，第 58 頁。

陳恩燾、賈凝禧，文武兼資，最為出色；周獻琛於練船用帆駛風之學，尤肯不憚勞苦。習操放大砲、槍隊、陣圖、大副等學兼駕駛鐵甲兵船者八員：劉冠雄、黃鳴球、邱志範、王學廉、鄭汝成、陳杜衡、沈壽堃、鄭文英，考試皆屢列高等。學習兵船管輪機者一員：王桐，考試甚優。習水師、兵船、算學、格物學者三員：伍光鑑最為出色，陳燕年、曹廉正次之。學習水師、海軍公法、捕盜公法及英國語言文字者三員：張秉珪、羅忠堯較優，陳庚次之。習海軍製造、算學、化學、格物學二員，曰鄭守箴、林振峰。習海軍製造之學者四員：陳慶平、李大受，可勝輪車鐵路總監工之任；陳長齡、盧守孟，可勝輪船監工之任。習萬國公法以及法文法語等學者六員：林藩、柯鴻年、許壽仁、王壽昌考試均列上上等，高而謙、游學楷列上中等，均取中律科舉人。」[538]

前後派遣3屆海軍留學生，學成者共為74人。這是中國近代最早的一批海軍優秀人才，其中許多人回國後在海軍中擔任要職。

第四節　四洋海軍：多地艦隊初現輪廓

一　中國近代第一支海軍 —— 福建海軍

早在1860年代以前，清政府就從外國人手裡購進了一些輪船。這些船隻係零星置備，分散而不集中，既未統一組織，也無艦隊官制之設立，因此還不能稱為海軍。清政府之有海軍，應該說是從1870年代開始的。

早在西元1866年，船政剛創辦，左宗棠從香港買到一艘輪船，改名

---

[538]　薛福成：《出使英法義比四國日記》(走向世界叢書本)，岳麓書社，1985年，第206～207頁。

第三章　從仿造到創建：近代造船與海軍雛形

為「華福寶」。這是福建省購買的第一艘輪船。其後，又購置了「長勝」、「靖海」兩艘兵輪。1869 年，船政所造「萬年清」、「湄雲」兩船先後下水。同年，閩浙總督英桂購「海東雲」兵船，為臺灣沿海巡緝之用。1870 年夏，船政所造第 3 號船「福星」下水；第 4 號船「伏波」業已安置龍骨，船身即將告成，鑑於福建洋面兵輪漸多，清廷諭英桂、沈葆楨擇將統帶出洋操練。

西元 1870 年 9 月 2 日，沈葆楨會同陝甘總督左宗棠、福州將軍文煜、閩浙總督兼署福建巡撫英桂奏請，簡派福建水師提督李成謀為輪船統領。20 日，清廷允奏，釋出上諭稱：「據奏：新設輪船，約束操演，以及稽查聯繫，其難較戰船數倍，急需知兵大員統率，藉資訓練。福建水師提督李成謀，前隸楊嶽斌外江水師，迭著戰功，著作為輪船統領。英桂、沈葆楨即傳諭該提督，務當申明紀律，嚴加約束，以肅營規……隨時駕駛出洋，周曆海島，勤加操演，俾該員弁等熟習風濤，悉成勁旅。不得性耽安逸，致令訓練皆屬具文，有名無實。輪船號數漸多，不能不分布各口，若彼此各不相習，勢必心志不齊，難期用命。李成謀身為統領，尤當將各船聯絡一氣，以壯聲援。」[539] 這是中國近代海軍有艦隊官制之始。

既設輪船統領之後，清廷又催促閩浙總督英桂從速制定章程。西元 1871 年 1 月 12 日，即有上諭字寄英桂：「國家不惜數百萬帑金創制輪船，原以籌備海防，期於緩急足恃。現在已成之船，必須責成李成謀督率各員弁，駕駛出洋，認真操演，技藝愈精，膽氣愈壯，方足備禦侮折衝之用。至所謂揀調弁兵分配輪船常川訓練之處，即著會議章程，迅速具奏。」英桂也深感「一切規制未備，誠恐難垂久遠」，但認為：「輪船之設，創自泰西，利於巨洋，而不利於內港。其駕駛之法，既與長江師船迥異，亦與外

---

[539]　《船政奏議匯編》卷六，第 18～20 頁。

第四節　四洋海軍：多地艦隊初現輪廓

海炮艇懸殊，自不能概執平日水師營制求之。」因此，他奉旨後，便命船政提調夏獻綸、「萬年清」管帶貝錦泉和候補同知黃維煊起草，經英桂與李成謀會商定見，製成了《輪船出洋訓練章程》十二條，其主要內容如下：

（1）分派統駕以專責成：「輪船之設，本應身為外洋水師，唯現在初議試行，一切營制未能遽定，而每船設一管駕官，勢分相等，如在本省，尚可統領就近排程；若派赴浙江、廣東，無所統率，勢必有誤事機。擬請兩三船或三四船派一分統，除聽候浙江、廣東督撫節制外，仍應聽福建統領節制，俾事有專屬，排程亦可期靈便。」

（2）酌定褒獎以示鼓勵：「輪船管駕之要者，謂之船主，須諳悉全船之事。其司艙面事者凡有九等：曰大副、二副、三副、隊長、水手頭目、舵工、水手、炮手、號令；司輪機事者凡有七等，曰正管輪、副管輪、三管輪、管油、水氣表、升火、燒煤。俱宜認真挑選，執事各有不同。如有各項缺出，應由管駕官按其等差，遞相考拔，其兵丁應與水手、炮手一體考核。」、「如駕駛一年無過，即奏請以千總、把總、外委歸水師拔補；倘能巡洋捕盜，著有勞績，再另行保獎。」

（3）定期操閱以明賞罰：「輪船差旋到口，應准停息三日，將艙面洗刷，輪機擦淨，一切修整完備。第四日開操，或操篷桅，或操槍炮，或操救火，或操舢板，或操登岸，俱由管駕官臨期牌示。操練二口，第七口仍出洋。如遇緊要差事，則不必拘定停息、操練日期。其仕口內操演炮位，僅能虛作陣式，若放鉛彈，必須於海外荒島試之，遠近方有準的。按月演放一次，而炮手之優劣，即於此考校。每年春間，仍由統領將各輪船調齊合操一次。冬間由本將軍、部堂、部院分輪會同船政大臣閱視一次，以校技藝而定賞罰。」

第三章　從仿造到創建：近代造船與海軍雛形

(4) 頒定旗式以歸一律：按照總理衙門「頒發黃色繪龍旗樣，其在海洋相遇，或值打仗，外國多以舉旗為號，亦應仿照辦理。預作旗式，頒給各船，屆時得以辨別」。

同時，還制定了《輪船營規》三十二條，其主要內容是：

(1) 規定全船的人員編制：除每船設管駕官1員外，艙面設大副、二副、三副、隊長、正副水手頭目各1名，舵工6名或8名，正、副炮手各1名，號令手3名，兵丁二三十名至四五十名不等；艙內設正管輪、副管輪、三管輪各1名，管油2名或3名，管水氣表二三名，升火、燒煤人等視輪船大小酌定名數。另設木匠一二名，醫生1名及天文生1名。

(2) 規定管駕官的職責：「每船設管駕官一員，即外國謂之船主，總理船上各事。凡行駛停泊，均須聽其主裁，以專責成。」大副、二副、三副「係幫同管駕官管理船上各事」，正管輪、副管輪、三管輪「專管輪機行駛，及看水氣火力，行走緩速，仍應聽管駕官號令」。

「每日操練，均係由大副等督率，分操各項。管駕官應於每十日內，定期傳集合操一次，察驗器械、槍炮是否整齊，各式陣法是否精熟，以別勤惰而定升降。其應賞應罰者，管駕官俱應牌示，俾眾知悉。」

(3) 規定船上作息時間：「每日準定寅刻即起，水手先洗擦船面。辰初升旗，眾水手洗面歸整鋪蓋，擺列船邊，方吃早飯。辰正聽號上桅，整理繩檔篷具。巳初穿號衣聽點，俟點名畢，候示操練。至午初歇。午正吃中飯，飯後仍各做各工，不准亂走。酉初吃晚飯。酉正將篷檔放下，隨將鋪蓋安置臥處。戌初又由大副、二副查齊人數，點名一次。每夜應點桅燈、路燈、更燈、艙燈之外，其餘房艙燈火均於亥正止息；灶火戌刻即息，並各大副親赴各處查過。」

第四節　四洋海軍：多地艦隊初現輪廓

(4) 規定各項紀律：水手「如有正務上岸，須通知頭目，回明管帶官或大副准假，方准上岸。每棚每日仍不得過兩人，以示限制」。

船上各色人等「除犯事斥革外，均不得任意去留。」、「船內無論何人，不准吃食洋菸，以及酗酒、賭博，如敢犯違，由管駕官嚴行懲辦。其官艙及各艙下，內有儲放火藥，尤不可吃煙，以免疏虞。」、「現在駕駛俱係兵船，只能運載軍裝、官物，其各項貨物概不准夾帶，如有夾帶者，查出入官究辦。」[540]

西元 1871 年 4 月 10 日，清廷批准了《輪船出洋訓練章程》（以下簡稱《章程》）和《輪船營規》（以下簡稱《營規》）。《章程》和《營規》，乃是仿照西方各國兵船條例，參以中國水師營制而制定的。清廷的批准，象徵著中國近代第一支海軍的成立。

其後，這支海軍的船隻不斷增加。到西元 1874 年夏，除船隻已經陳舊不堪使用及調至北洋差遣者外，這支海軍擁有 15 艘艦船。如下表：

艦名	艦種	排水量（噸）	馬力（匹）	航速（節）	配炮（門）	管駕官
靖海	砲艦	578	480	10.0	7	儘先千總　陳紹芬
長勝	砲艦	195	340	10.0	1	五品軍功　黎家本
萬年清	砲艦	1,450	150	10.0	6	儘先把總　沈順發
福星	砲艦	515	80	9.0	3	儘先千總　楊永年
伏波	砲艦	1,258	150	10.0	5	儘先游擊　貝珊泉
安瀾	砲艦	1,005	150	10.0	5	補用都司　呂文經
揚武	巡洋艦	1,393	250	12.0	13	副將銜參將　貝錦泉
飛雲	砲艦	1,258	150	10.0	5	儘先副將游擊　吳世忠

[540]　以上均見《海防檔》(乙)，福州船廠，第 279～289 頁。

第三章　從仿造到創建：近代造船與海軍雛形

艦名	艦種	排水量（噸）	馬力（匹）	航速（節）	配炮（門）	管駕官
靖遠	砲艦	572	80	9.0	6	儘先千總　張成
振威	砲艦	572	80	9.0	6	都司銜　呂瀚
濟安	砲艦	1258	150	10.0	5	拔補千總　鄭漁
永保	運輸兼通報艦	1,391	150	10.0	3	都司銜儘先千總　林永和
海鏡	運輸兼通報艦	1,391	150	10.0	3	都司銜儘先千總　柯國棟
琛航	運輸兼通報艦	1,391	150	10.0	3	都司銜　林國祥
海東雲	砲艦	—	—	—	—	五品軍功　葉富

總排水量約達到 1.5 萬噸，可算是初具規模了。

對於這支海軍的名稱，迄今說法不一。根據西元 1875 年沈葆楨〈船政積年出力人員請獎折〉，有「留閩浙水師儘先補用」[541] 之語，看來當時是可以用「閩浙水師」來稱這支海軍的。不過，這支海軍雖歸閩浙總督節制，但它又是由閩浙總督與船政大臣雙重主導，故在清朝官方文書中有時稱之為「船政輪船」。因這支海軍主要駐泊於福建海域，故通常仍稱之為「福建海軍」。

二　「海防議」的興起與北洋海軍初建

北洋因無船廠之設，故籌建海軍較南方晚。西元 1871 年，李鴻章時任直隸總督，諮商於兩江總督曾國藩，飭調滬局所造的「操江」輪赴津，

---

[541]　《海防檔》(乙)，福州船廠，第 571 頁。

第四節　四洋海軍：多地艦隊初現輪廓

為北洋巡哨之用。這是北洋當時僅有的一艘兵輪。李鴻章認為，「北洋之口，洋面遼闊，向未設巡洋水師」，而「天津為京師門戶，各國商船往來輻輳，英、法、俄、美皆常有兵船駐泊，我亦必須有輪船可供調遣，稍壯聲勢」。因此，當 1872 年春，閩廠所造「萬年清」、「安瀾」二輪運解賑米到津時，李鴻章便派津海關道陳欽、天津機械局道員沈保靖前往查驗，見其「或船身過大，或吃水較深，均於津郡海口不甚相宜」，因此作罷。9 月下旬，閩廠所造「鎮海」輪到津，李鴻章又派員前往驗閱，見其「實係兵船式樣，船身堅固，炮位精利」，「輪船吃水尺寸，出入天津口亦為便利」，便奏准撥歸直隸留用，以與操江號「輪替出洋駐泊」。[542]

西元 1874 年，日本侵略臺灣事件發生，引起朝野的很大的震撼。11 月 20 日，總理衙門即有切籌海防的奏請：「現在日本之尋釁生番，其患之已見者也，以一小國之不馴，而備禦已苦無策。西洋各國之觀變而動，患之瀕見而未見者也，倘遇一朝之猝發，而弭救更何所憑？及今亟事綢繆，已屬補苴之計，至此仍虛準備，更無求艾之期！」提出了練兵、簡器、造船、籌餉、用人、持久六條實際意見。其中，特地建議發展海軍：「請設水軍三大營，一紮天津，一紮江口，一紮閩省，簡派大員為之統帥。」添置鐵甲船，「每水軍一營，先購一兩只以為根本」[543]。清廷將總理衙門的「六條」發給沿江沿海督撫、將軍詳細籌議，限於一月內復奏。海防之議於是興起。

海防議波及的範圍很廣，當時沿江沿海各省的封疆大吏幾乎都捲入了這場爭論。儘管各方意見紛紜，但大致可歸納為五種觀點：第一種，主張海防論。前江蘇巡撫丁日昌認為，海防應重於塞防。他說：「以理與勢揆

---

[542]　《籌辦夷務始末》(同治朝) 卷八八，第 5～6 頁。
[543]　《籌辦夷務始末》(同治朝) 卷九八，第 31～34 頁。

第三章　從仿造到創建：近代造船與海軍雛形

之，凡外國陸地之與我毗連者，不過得步進步，志在蠶食，而不在鯨吞；其水路之實逼處此者，則動輒制我要害，志在鯨吞，而不在蠶食。」[544] 他還提出了《海洋水師章程》六條，強調「外海水師以火輪船為第一利器，尤以大兵輪為第一利器」，「初則購買，繼則由廠自製。有此可恃，則沿海一切艇船，皆可廢棄不用。緣並五十號艇船之費，可以養給一號大兵輪；並五十號闊頭舢板之員，可以養給一號根缽輪船」。建議：「設北、東、南三洋提督，以山東益直隸，而建閫於天津，為北洋提督；以浙江益江蘇，而建閫於吳淞，為東洋提督；以廣東益福建，而建閫於南澳，為南洋提督。其提督文武兼資，單銜奏事。每洋各設大兵輪船六號，根缽輪船十號。三洋提督半年會哨一次，無事則以運漕，有事則以捕盜。計省沿海舊制各船之糜費，以之供給大小四十八號輪船，尚覺有盈無絀。」浙江巡撫楊昌濬、福建巡撫王凱泰等，皆有同見，甚至認為：「目前之務在此，久遠之圖亦在此。」[545]

第二種，主張江防論。兩廣總督英翰和安徽巡撫裕祿認為，固然「海防本為今日全局第一要務」，「而戰守之機，尤在審度彼我情形，以為經畫」，因此力主江防。奏稱：「長江地亙五省，而皖鄂為居中門戶。海口有事，則金陵首當其衝，皖、鄂與上游亦同受其患。是以言江防者，未先籌戰，宜先籌守。防江口，即所以防金陵；固金陵，即所以固皖、鄂。合上下游之力以固長江，則財力易集，合長江之力以防海口，則事機易赴。」同時強調說：「所以籌防者在此，所以持久者亦在此。」[546]

第三種，主張陸防論。兩江總督李宗羲認為：「船炮不可不辦，亦宜

---

[544] 朱克敬輯：《邊事續鈔》卷三，文海出版社影印本，第2頁。
[545] 《籌辦夷務始末》(同治朝) 卷九八，第24～26頁；卷九九，第47頁。
[546] 《籌辦夷務始末》(同治朝) 卷九九，第3頁。

第四節　四洋海軍：多地艦隊初現輪廓

量力徐圖，稍蓄財力，以練陸防之兵。」因為「沿海之地，幾及萬里，處處可以登岸，勢不能處處皆泊輪船。一旦有事，若敵人乘海濱無備之隙地，舍舟登陸，則我之船炮皆無所用。夫外人之涉重洋而來者，志在登陸耳，非志在海中也；中國惡其來者，惡其登陸耳，非惡其在海中也。則陸軍急宜講矣。」所以，若論籌防，「仍以水陸兼練為主」，「尤宜急練陸兵之法」。[547]

第四種，主張塞防論。江蘇巡撫吳元炳、山東巡撫丁寶楨認為，俄國為中國之心腹大患，應急籌北疆之塞防。吳元炳分析東南沿海形勢，已與道光、咸豐時期大不相同；由於列強相互牽制，「洋人似不敢輕易發動」，「是目前東西洋諸國尚不足為大患」，而「最可慮者莫如俄羅斯」。丁寶楨指出：「現在東南海防漸次籌辦，而北面為京畿重地，以形勝而論，則拊我之背，後路之防尤為緊切。將來時勢稍變，各該國互相勾結，日本窺我之東南，俄國擾我之西北，尤難彼此兼顧。」因此，他說：「私憂竊慮、寢食不安則尤在俄羅斯，而日本其次焉者也。」[548]

第五種，主張塞防海防並重而塞防為急論。湖南巡撫王文韶奏稱：

「江海兩防，亟宜籌備，當務之急，誠無逾此。然臣愚所慮及，竊謂海疆之患，不能無因而至。其所視成敗以為動靜者，則西陲軍務也。」指出：「今雖關內肅清，大軍出塞，而限於饋運，深入為難。我師遲一步，則俄人進一步；我師遲一日，則俄人進一日。事機之急，莫此為甚！彼英、法、美諸國固乘機而動者，萬一俄患日滋，則海疆之變相逼而來，備禦之方顧此失彼，中外大局將有不堪設想者矣。」湖廣總督李瀚章也認

---

[547]　《籌辦夷務始末》（同治朝）卷一○○，第2～3頁。
[548]　王彥威纂輯：《清季外交史料》卷一，書目文獻出版社，1987年，第1～3頁。

第三章　從仿造到創建：近代造船與海軍雛形

為：「東南防務固宜認真圖謀，西北征軍尤貴及時清理。」[549]

這些論者，觀點互異，各從不同的角度立論，卻都著眼於改變軍備不修、防務鬆弛的現狀，並以防範列強侵略為目的。第二次鴉片戰爭後，列強又開始對中國展開新的侵略活動。大學士文祥描述當時的情景說：「俄人逼於西疆，法人計占越南，緊接滇、粵，英人謀由印度入藏及蜀，蠢蠢欲動之勢，益不可遏。所伺者中國之間耳！」[550] 正當中國西南和西北發生邊疆危機之際，日本卻趁機派兵入侵臺灣，由此而引發了海防之議。所以，這次海防問題討論中的各種觀點，實際上是對當時中國邊疆危機的一次全面反映。各種觀點都包含著合理的內容，具有正面的意義，不應對任何一種觀點加以輕率的否定。

不過，在這次海防問題的大討論中，舉足輕重的兩位主角卻是李鴻章和左宗棠。他們兩個人的態度，足以影響清廷的最後決策。

西元 1874 年 12 月 10 日，李鴻章在〈籌議海防折〉中稱：「洋人論勢不論理，彼以兵勢相壓，我第欲以筆舌勝之，此必不得之數也。夫臨事籌防，措手已多不及，若先時備預，倭兵亦不敢來，焉得謂防務可一日緩哉？」他認為，中國歷史備邊多在西北，而此時東南一萬多里海疆門戶洞開，「實為數千年來未有之變局」，面對的「又為數千年來未有之強敵」。他除支持總理衙門和丁日昌成立 3 支海軍的意見外，還主張購買鐵甲等艦。至於經費問題，他重申裁撤各省舊式師船，移作專養輪船之費。另外，建議朝廷停止西征，「密諭西路各統帥，但嚴守現有邊界，且屯且耕，不必急圖進取」。他說：「新疆不復，於肢體之元氣無傷；海疆不防，則腹心之大患愈棘。孰重孰輕，必有能辨之者。此議果定，則已經出塞及尚未出塞

---

[549]　《籌辦夷務始末》(同治朝) 卷九九，第 60～61 頁，卷一〇〇，第 13 頁。
[550]　《清史稿》卷三八六〈文祥傳〉。

第四節　四洋海軍：多地艦隊初現輪廓

各軍，似須略加核減，可撤則撤，可停則停。其停撤之餉，即勻作海防之餉。否則，只此財力，既備東南萬里之海疆，又備西北萬里之餉運，有不困窮顛躓者哉？」[551]

西元 1875 年 4 月 12 日，左宗棠上〈復陳海防塞防及關外剿撫糧運情形折〉，闡述自己對防務問題的意見。他說：「東則海防，西則塞防，二者並重。」認為停兵節餉絕不可能：「論者擬停撤出關兵餉，無論烏魯木齊未復，無撤兵之理，即烏魯木齊已復，定議劃地而守，以徵兵作戍兵，為固圉計而乘障防秋，星羅棋布，地可縮而兵不能減，兵既增而餉不能缺。非合東南財賦通融挹注，何以重邊鎮而嚴內外之防？是塞防可因時制宜，而兵餉仍難遽言裁減也。」他還責罵放棄新疆的主張說：「若此時即擬停兵節餉，自撤藩籬，則我退寸而寇進尺，不獨隴右堪虞，即北路科布多、烏里雅蘇臺等處恐亦未能晏然。是停兵節餉於海防未必有益，於邊塞則大有所妨。利害攸分，亟宜熟思審處者也。」[552]

左李爭論的焦點是新疆問題。李鴻章有許多清楚之論，而停西征之兵以節餉的主張則未免失之偏頗。相比之下，左宗棠的海防塞防並重主張，確為高見卓識。軍機大臣文祥與左宗棠頗有同見，也認為：「以烏桓為重鎮，居中控制，南鈐回部，北撫蒙古，藉以備禦英、俄，實為邊疆久遠之計。」他正面支持左宗棠，在軍機處議事時「排眾議之不決者，力主進剿」[553]。

從效果上看，這次海防議是有益的，其作用是正向的。清政府一方面接受左宗棠的正確意見，任命他為欽差大臣督辦新疆軍務，「速籌進兵，

---

[551] 《李文忠公全集》奏稿，卷二四，第 11、19 頁。
[552] 《左文襄公全集》，奏稿，卷四六，第 32～36 頁。
[553] 《邊事續鈔》卷五，第 10 頁。

第三章　從仿造到創建：近代造船與海軍雛形

節節掃蕩」；一方面採納海防論者的合理建議，派李鴻章督辦北洋海防，沈葆楨督辦南洋海防，並明發上諭稱：「海防關係緊要，亟宜未雨綢繆，以為自強之計。」[554] 由於這次海防議開展得廣泛深入，因此清廷能夠全面地估量形勢，從而保證了決策的正確性。於是，不僅規復新疆的計畫實現了，而且海防問題也開始受到更多的重視。

所謂籌備海防，主要是發展海軍問題。總理衙門提出設三大支水軍，丁日昌建議設三洋提督，李鴻章和江西巡撫劉坤一、浙江巡撫楊昌濬，福建巡撫王凱泰等都同意設三洋海軍。而且要求每洋各置戰船一二十艘及鐵甲船兩號。閩浙總督李鶴年和湖廣總督李瀚章，主張只就南北兩洋設外洋水師，分設輪船統領，「以一船為一營，隨帶自造船若干只，數船為一軍，中設鐵甲輪船一只」。湖南巡撫王文韶則主張不必分為三洋，「簡任知兵重望之大臣，督辦海防軍務，駐節天津，以固根本。即由該大臣慎選熟海洋情形之提鎮等，不拘實任候補，作為分統，分布沿海各洋面，以資防禦。其戰守機宜，仍聽海疆各督撫隨時節制排程」。[555] 對於三洋海軍之設置，李鴻章也主張不應平均使用力量，因為「自奉天至廣東，沿海袤延萬里，口岸林立，若必處處宿以重兵，所費浩繁，力既不給，勢必大潰。」唯有分別緩急，擇尤為緊要之處先行布置。直隸沿岸一帶「係京畿門戶，是為最要」；吳淞一帶「係長江門戶，是為次要」。他說：「蓋京畿為天下根本，長江為財賦奧區，但能守此最要、次要地方，其餘各省海口邊境略為布置，即有挫失，於大局尚無甚礙。」[556] 清廷綜合各種意見，決定先在南北兩洋籌辦海防，並同意酌度情形先購鐵甲船一兩艘。

---

[554]　《光緒朝東華錄》，光緒元年三月，第 35～36 頁；光緒元年四月，第 56 頁。
[555]　《籌辦夷務始末》（同治朝）卷一〇，第 14、29 頁。
[556]　《李文忠公全集》奏稿，卷二四，第 16 頁。

第四節　四洋海軍：多地艦隊初現輪廓

　　海防議結束之時，也是北洋海軍開始籌建之日。西元 1875 年，李鴻章即透過總稅務司赫德，在英國阿摩士莊廠訂購了「龍驤」、「虎威」、「飛霆」、「策電」4 艘砲艦。1877 年，此四艦先後來華。前福建巡撫丁日昌以臺灣防務吃緊，商調「龍驤」、「虎威」駐防澎湖。「飛霆」、「策電」二艦，經船政大臣吳贊誠選派管駕，募配舵勇水手後，在閩洋操練。1878 年 6 月，李鴻章派令直隸候補道許鈐身，督率四艦北上，駛抵天津海口。6 月 30 日，李鴻章親往大沽勘驗，決定派此四艦分駐大沽、北塘兩海口。「每月各出洋會哨兩次，練習風濤，循環輪替調紮，並按季合操。」[557]

丁汝昌

　　西元 1879 年 10 月，原南洋在英國阿摩士莊廠訂購的 4 艘炮艦「鎮東」、「鎮西」、「鎮南」、「鎮北」，先期由江海關稅務司赫政赴廣東迎護，亦駛抵天津海口。11 月 19 日，李鴻章帶同津海關道鄭藻如、道員許鈐身、稅務司德璀琳等，親往大沽驗收。同一天，奏請將記名提督丁汝昌留於北

---

[557]　《李文忠公全集》奏稿，卷三二，第 1 頁。

第三章　從仿造到創建：近代造船與海軍雛形

洋海防差遣。其奏有云：「查該提督丁汝昌幹局英偉，忠勇樸實，曉暢戎機，平日於兵船紀律尚能虛心考求。現在籌辦北洋海防，添購炮船到津，督操照料，在在需人。且水師人才甚少，各船管駕由學堂出身者，於西國船學、操法固已略知門徑，而戰陣實際概未閱歷，必得久經大敵者相與探討砥礪，以期日起有功，緩急可恃。臣不得已派令丁汝昌赴飛霆等炮船講習，一切新到各船會同道員許鈐身接收，該提督頗有領會，平日藉與中西各員聯繫研究，熟練風濤，臨事或收指臂之助。」[558] 據李鴻章後來自稱，他之所以將丁汝昌留於北洋海防差遣，是因為看中了其「材略勇武」，準備作為「橫海樓船之選」。[559] 不久，即派丁汝昌督操炮船。英人葛雷森為總教習。

西元 1880 年，李鴻章發現「龍驤」、「虎威」、「飛霆」、「策電」4 艘炮艦品質不佳，「在津沽兩年，海水浸漬，船底鐵板難免鏽蝕，機器等件間有松損」，而「鎮東」、「鎮西」、「鎮南」、「鎮北」4 艘砲艦卻是新船，於是決定留下「鎮東」等四船，將「龍驤」等四艦撥赴南洋調遣。4 月 7 日，「龍驤」等四船起碇放洋，駛到上海後即行入塢，經過修理後又在南洋聽差。同年底，因委託赫德在英國阿摩士莊廠訂購的「超勇」、「揚威」兩艘快船即將造成，李鴻章派炮船督操丁汝昌、總教習葛雷森、管駕官林泰曾、鄧世昌等航海赴滬，先行在吳淞輪船操練，然後乘輪赴英驗收。

西元 1881 年 8 月 3 日，「超勇」、「揚威」竣工，由駐英公使曾紀澤親引龍船，升炮懸掛。8 月 17 日，「超勇」、「揚威」放洋起程，沿途「經行各國，均鳴炮致賀，以為中國龍旗第一次航行海外也」[560]。9 月 1 日，山

---

[558]　《李文忠公全集》奏稿，卷三五，第 24 頁。
[559]　李鴻章：《廬江丁氏宗譜序》。
[560]　《洋務運動》（叢刊八），第 485 頁。

第四節　四洋海軍：多地艦隊初現輪廓

東新購的兩艘炮艦「鎮中」、「鎮邊」駛抵大沽。李鴻章認為，兩艘砲艦若零星分布，力單無用，與新任山東巡撫任道鎔商妥，將「鎮中」、「鎮邊」與「鎮東」等4炮船及新購的兩艘快船「合為一小支水師，隨時會操，輪替出洋，防護北洋要隘，以壯聲勢」[561]。11月17日，「超勇」、「揚威」駛抵大沽港。於是，李鴻章奏請以丁汝昌統領北洋海軍，奏改三角形龍旗為長方形，以縱三尺，橫四尺為訂製，質地章色如故。這是中國近代最早的海軍旗。

至此，北洋從英國購進2艘快船、6艘炮船，加上先後調進滬、閩二廠的「操江」、「鎮海」、「湄雲」、「泰安」、「威遠」五船，共13艘艦船，已經初具規模了。如下表：

艦名	艦種	排水量（噸）	馬力（匹）	航速（節）	製造地	乘員	配炮（門）
超勇	巡洋艦	1,350	2,400	15.0	英	137	18
揚威	巡洋艦	1,350	2,400	15.0	英	137	18
鎮東	砲艦	440	350	8.0	英	55	5
鎮西	砲艦	440	350	8.0	英	54	5
鎮南	砲艦	440	350	8.0	英	54	5
鎮北	砲艦	440	350	8.0	英	55	5
鎮中	砲艦	440	400	8.0	英	55	5
鎮邊	砲艦	440	400	8.0	英	54	5
鎮海	砲艦	572	80	9.0	閩	70	6
威遠	練船	1,300	750	12.0	閩	124	11
操江	通報兼運輸船	640	425	9.0	滬	91	5

---

[561]　《李文忠公全集》奏稿，卷四二，第9頁。

第三章　從仿造到創建：近代造船與海軍雛形

艦名	艦種	排水量（噸）	馬力（匹）	航速（節）	製造地	乘員	配炮（門）
泰安	通報兼運輸船	1,258	150	10.0	閩	180	10
湄雲	通報兼運輸船	515	80	9.0	閩	70	3

三 「移緩就急」方針與南洋海軍和廣東海軍的創建

　　在西元1874年開展的海防問題討論中，海防派提出設立三洋海軍的構想，但由於經費難籌，清廷決定先在北洋和南洋設立兩支海軍。籌建海軍的經費，由粵海、潮州、閩海、浙海、山海5關和臺灣滬尾、打狗2口應提4成洋稅和江海關4成內2成，每年約二百數十萬兩，以及江蘇、浙江釐金項下40萬和江西、福建、湖北、廣東釐金項下3萬，每年200萬兩，共計400餘萬兩。此經費由南北兩洋分用，各20萬兩。但是，總理衙門於1875年5月間有「請先於北洋創設水師一20軍，俟力漸充，由一化三」[562]之奏。南洋大臣沈葆楨公忠體國，顧全大局，亦「以外海水師宜先盡北洋創辦，分之則為力薄而成功緩，諸明各省統解北洋兌收應用」。當時，有人對他的舉動頗不以為然。他則稱：「愚以為非得外海一大支水師，江防雖極力補苴，究竟防不勝防，毫無把握，故至今猶一心一意延頸跂踵，以俟鐵甲之成也。」這種「移緩就急」[563]方針，對於早日使中國建成一支強大的海軍是有利的。不過，這樣一來，籌建南洋海軍的工作便不能不受到嚴重的影響。

　　此時，南洋發展海軍尚無基礎，僅有滬廠所造的「測海」、「威靖」和閩廠所造的「靖遠」3艘兵輪。西元1878年3月6日，沈葆楨以3年以來海

---

[562]　《洋務運動》（叢刊二），第387頁。
[563]　《沈文肅公政書》，卷七，第52、29，60頁。

第四節　四洋海軍：多地艦隊初現輪廓

軍經費皆解交北洋，興辦海軍應已「略有端緒」，力請仍按原議將南洋經費撥歸南洋，以先就海防之尤關緊要者依次舉行。他在奏疏中說：「夫以餉項如此之絀，海防如此之重，而派定南洋海防經費若仍悉數解歸北洋，似臣博推讓之美名，而忘籌防之要務，使後人無可措手。」其後，又奏請派江南提督李朝斌統帶輪船，負責操練事宜。到1879年，南洋僅增添了滬廠的「馭遠」、「金甌」和閩廠的「靖遠」、「登瀛洲」等兵船。沈葆楨奏請以李朝斌為外海輪船統領，並建議各省兵輪每兩月赴吳淞口合操，操畢仍回原省。何處有警，即向何處，「彼此聯為一氣，緩急乃有足憑」[564]。

　　清政府對南洋的海防也很重視，希望能夠加強，釋出上諭稱：「前於光緒元年四月間，曾經派令李鴻章、沈葆楨督辦北洋南洋海防事宜。數年以來，漸有頭緒，唯值海疆無事之時，難保不日久生懈。現在泰西各國皆練習水師，日本船炮亦效西人。該國密邇東隅，近且阻梗琉球入貢，情尤叵測。亟應未雨綢繆，力圖自強之計。因思北洋所轄海口較少，李鴻章一人尚能兼顧，著即責成該督認真整頓，妥籌布置，不得冀倖目事無事，稍涉大意。至南洋統轄數省，地面遼闊，洋人來華，亦首將其衝。沈葆楨駐紮江寧，緩急恐難兼顧。前福建巡撫丁日昌辦事認真，於海疆防務向來亦能講求，著賞加總督銜，派令專駐南洋，會同沈葆楨及各督撫，將海防一切事宜實力籌辦，所有南洋沿海水帥弁兵統歸節制，以專責成。」若東南數省兵輪合為一軍，涉及各方面的問題，困難更多，是很難行得通的。丁日昌有自知之明，上書婉辭。清政府只好改弦更張，另行釋出上諭：「聞李成謀前在廈門整頓水師，極為得力。現在閩海防務重於江防，著李成謀即赴福建廈門、臺灣一帶，總統水師，並將船政輪船先行練成一軍，以備不虞。」但為了避免牽動過大，又改調原福建水師提督彭楚漢總統閩海水

---

[564]　《沈文肅公政書》，卷七，第53、102～103頁。

第三章　從仿造到創建：近代造船與海軍雛形

師，諭沈葆楨「遵照前旨，飭令彭楚漢將船政輪船先行練成一軍，以備不虞。均歸該督節制，仍隨時與何璟（閩浙總督）、勒方錡（福建巡撫）妥籌備禦之策」。[565] 實際上，南洋大臣的所謂「節制」只是一個名義，仍由駐地督撫直接指揮。可見，想以合數省的兵輪為一軍的辦法來加強南洋的海防並未奏效。

　　沈葆楨最終沒有看到這支海軍的建成。西元 1879 年 12 月 18 日，沈葆楨卒於兩江任所。遺疏稱：「天下事多壞於因循，但糾因循之弊，繼之以囚莽，則其禍更烈。日本自臺灣歸後，君臣上下早作夜思，其意安在？若我海軍全無能力，冒昧一試，後悔方長。」[566] 寥寥數語，卻值得發人深思。繼任劉坤一到職時間很短，無所作為。1881 年冬，清廷命左宗棠以大學士出任兩江總督。時左宗棠年已 70，詔授兩江總督，是想借重其收復新疆的威望。召見時，諭曰：「以爾向來辦事認真，外國怕爾之聲威，或可省事。」[567] 1882 年 2 月 12 日，左宗棠受印視事後，即出省閱兵。3 月 17 日，出吳淞口巡閱兵輪。透過視察，左宗棠看到海口一帶防禦薄弱，決定添置快船。遂向德國伏爾鏗廠訂購了「南琛」、「南瑞」兩艘快船。

　　到西元 1884 年上半年為止，南洋的兵輪數量已有增加。先是在 1880 年，北洋原在英廠訂購的「龍驤」、「虎威」、「飛霆」、「策電」4 艘炮艦撥歸南洋，而留下南洋新購的「鎮東」、「鎮西」、「鎮南」、「鎮北」4 艘砲艦。李鴻章說：「該四船赴滬，就近撥歸南洋調遣，即留續到四只供北洋操防之用。船炮本係一律，一轉移間，兩得其宜。」[568] 即指此事而言。此後，又有閩廠的「澄慶」、「開濟」調撥南洋。到 1884 年春，在德廠訂購的「南

---

[565]　《清德宗實錄》卷九二，第 5～6 頁；卷九五，第 3 頁；卷九七，第 14 頁。
[566]　《洋務運動》（叢刊八），第 484 頁。
[567]　羅正鈞編：《左文襄公年譜》卷一〇，第 22 頁。
[568]　《李文忠公全集》譯署函稿，卷一〇，第 9 頁。

第四節　四洋海軍：多地艦隊初現輪廓

琛」、「南瑞」先後駛至上海。新任兩江總督曾國荃奏稱：「江南購買兵輪蚊快等船及自造者，為數無多。所有登瀛洲、靖遠、澄慶、開濟、龍驤、虎威、飛霆、策電、威靖、測海、馭遠、金甌大小兵輪，及新購之南琛、南瑞，上海機器局所造之鋼板保民兵輪，各船大小不齊，兵額不一，以之海戰則不足，以之扼守江海門戶，與炮臺相輔，借固江防。」[569] 其中，除「保民」尚未竣工外，南洋實有艦船達到 14 艘。如下表：

艦名	艦種	排水量（噸）	馬力（匹）	航速（節）	製造地	乘員	配炮（門）
南琛	巡洋艦	2,200	2,400	15.0	德	250	18
南瑞	巡洋艦	2,200	2,400	15.0	德	250	18
開濟	巡洋艦	2,200	2,400	15.0	閩	170	18
馭遠	砲艦	2,800	1,800	12.0	滬	372	26
澄慶	砲艦	1,268	750	12.0	閩	150	6
登瀛洲	砲艦	1,258	150	10.0	閩	158	5
威靖	砲艦	1,000	605	10.0	滬	142	8
測海	砲艦	600	431	9.0	滬	120	8
靖遠	砲艦	572	80	9.0	閩	118	6
金甌	砲艦	195	200	12.5	滬	122	3
龍驤	砲艦	319	310	9.0	英	60	5
虎威	砲艦	319	310	9.0	英	60	5
飛霆	砲艦	400	270	9.0	英	60	6
策電	砲艦	400	270	9.0	英	60	6

---

[569] 《清史稿》卷一三六〈兵志七〉。按：滬廠所造「保民」輪，此時剛下水，到西元 1895 年才竣工（見《洋務運動》（叢刊二），頁 579），不應計算在內，又，池仲祐《海軍大事記》說南洋還有「橫海」「鏡清」「超武」3 船，亦不符合事實。「橫海」、「鏡清」此時尚未下水，「超武」則已於 1881 年調撥浙江（見《洋務運動》（叢刊一）第 506 頁）。

第三章　從仿造到創建：近代造船與海軍雛形

　　此外，還有 60 馬力的「福安」差船 1 只和 20 馬力的「江安」、「澄波」差船兩只[570]。

　　同年 6 月，曾國荃奏准以長江水師提督李成謀總統南洋兵輪。至此，南洋海軍終於初步建成。

　　長期以來，清政府不把廣東作為籌備海防的重點，所以廣東海軍遲遲未能建立。西元 1882 年以前，廣東先後建造了「靖安」、「橫海」、「宜威」、「揚武」、「翔雲」、「海長清」、「執中」、「鎮東」、「緝西」、「肇安」、「南圖」、「海東雄」等小輪船 20 餘號，只備內河巡緝之用。1882 年，兩廣總督張之洞向德國伏爾鏗廠訂購魚雷艇「雷龍」、「雷虎」、「雷中」三艘。1884 年，又訂購魚雷艇「雷乾」、「雷坤」、「雷離」、「雷坎」、「雷震」、「雷艮」、「雷巽」、「雷兌」8 艘。直到 1885 年，廣東製成淺水輪船，才改變了過去沒有外洋兵輪的局面。先後建造「廣戊」、「廣己」、「廣金」、「廣玉」4 艘兵輪。由福州船廠代造快船「廣甲」、「廣乙」、「廣丙」三艘和炮船「廣庚」1 艘。1891 年 5 月，「廣甲」船曾到北洋會操。1894 年 5 月，又由記名總兵余雄飛統帶「廣甲」、「廣乙」、「廣丙」三艦到北洋會操。可見，直到甲午戰爭前夕，廣東海軍才初具規模。

　　廣東海軍的艦船十分雜亂，可稱之為軍艦者，不過 12 艘，而且其中還有 4 艘小型兵輪。如下表：

艦名	艦種	排水量（噸）	馬力（匹）	航速（節）	製造地	配炮（門）
廣甲	巡洋艦	1,296	1,600	14.0	閩	11
廣乙	巡洋艦	1,030	2,400	15.0	閩	9

---

[570]　《洋務運動》（叢刊二），第 545 頁。

第四節　四洋海軍：多地艦隊初現輪廓

艦名	艦種	排水量（噸）	馬力（匹）	航速（節）	製造地	配炮（門）
廣丙	巡洋艦	1,030	2,400	15.0	閩	11
廣金	砲艦	600	500	12.0	粵	5
廣玉	砲艦	600	500	12.0	粵	5
廣庚	砲艦	316	400	14.0	閩	4
廣戊	砲艦	400	500	10.0	粵	6
廣己	砲艦	400	500	10.0	粵	6
廣元	砲艦	—	78	10.0	粵	6
廣亨	砲艦	—	65	9.0	粵	6
廣利	砲艦	—	65	9.0	粵	6
廣貞	砲艦	—	78	10.0	粵	6

在四洋海軍中，廣東的發展最慢，經過將近30年的漫長歲月，才勉強組織成這樣一支低水準的海軍。福建海軍和南洋海軍，雖略勝於廣東海軍，但也強不了多少。這3支海軍的艦船主要靠本國製造，而當時中國的造船能力與西方國家相比，還有很大的差距，僅靠自己造船是無法建立強大海軍的，所以始終沒有真正達到成軍的階段。由於清政府確定了優先加強北洋海防的方針，因此只有北洋海軍得天獨厚，得以進入一個新的發展階段。

第三章　從仿造到創建：近代造船與海軍雛形

第四章
甲申海戰與中法海上衝突

第四章　甲申海戰與中法海上衝突

第一節　法艦南侵：閩臺海域的挑戰

一　基隆首捷

西元 1884 年夏，福建、北洋、南洋 3 支海軍已經初具規模，但卻歸其駐地總督節制，畛域攸分，未能組成一支較強的海上防禦力量。適在此時，法國艦隊發動了進攻閩臺之戰。

當時，法國軍隊已經占領了越南紅河流域的大部分地區，法國政府欲乘勝擴大侵略，把戰火燒到中國本土。其目的是要「據地為質」，以向中國勒索鉅額賠款。這就是所謂「擔保政策」。6 月 26 日，法國編成遠東艦隊，以海軍中將孤拔（Amédée Courbet）為司令，海軍少將利士比（Sébastien Lespès）副之。根據法國政府的指示，法國駐華公使巴德諾（Jules Patenôtre des Noyers）命令利士比先摧毀基隆炮臺，並奪取基隆煤場。

利士比與孤拔磋商後，即以「魯汀」號為旗艦，率「拉加利桑尼亞」號，於 8 月 3 日晚間由馬祖澳出發，駛向基隆。4 日上午 11 時，「魯汀」、「拉加利桑尼亞」兩艘法艦抵基隆港，與先已停泊在港內的法國巡洋艦「費勒斯」號會合。利士比了解到基隆有 3 座炮臺，其主炮臺設 17.3 公分口徑大炮 5 門，並計算了這些大炮射出的砲彈的穿透能力，認為像裝有 15 公分鐵板的「拉加利桑尼亞」號戰艦，即停泊在距炮臺 1,000 公尺處，也足以使其鐵甲受到有效的保護，不致遭到損傷。於是，他決定在距炮臺 900 公尺處停下，命令「費勒斯」號以艦的右舷側面對著主炮臺，作舷側進攻的姿態，「魯汀」號則尾隨「費勒斯」號之後，從側面威脅兩旁的小炮臺。布置停妥後，利士比派副官上岸，將一份要求交出防地的勸降書送給守軍，遭到拒絕。5 日清晨，利士比便下令對基隆炮臺開始炮擊。

第一節　法艦南侵：閩臺海域的挑戰

劉銘傳

　　此時，主持臺灣軍務的是淮軍宿將劉銘傳。早在4月間，法國軍艦即駛至基隆港口活動，以購煤為名，登山瞭望，繪製地圖，窺測炮臺，並揚言要開炮攻擊基隆。與此同時，法國艦隊還不斷在福建沿海游弋示威，進行挑釁。閩臺形勢趨於危急，清廷決定起用在籍養病的劉銘傳，詔任巡撫銜督辦臺灣防務。劉銘傳由上海化裝乘輪南下，於7月16日行抵基隆，翌日便巡視炮臺，布置防務。

　　8月5日上午7點30分，利士比發出準備戰鬥命令。8點，法艦開始猛烈炮擊基隆炮臺。炮臺守軍營官姜鴻勝督炮還擊。「拉加利桑尼亞號的桅檣中了些了彈，二個榴彈打在裝甲室的牆上。其中，兩個停在木製墊板上，向後爆發；第三個榴彈打穿船壁炮門下的鐵甲，並使炮箱凹入，彈身留在打進的孔內，沒有爆發。費勒斯號中了數次開花砲彈。」[571] 但是，炮臺只有當門一面，敵人由兩側來攻，炮即不能旁擊。雙方炮戰1小時後，炮臺前壁被法艦炮火轟毀，火藥庫也中炮起火。炮臺既毀，姜鴻勝被迫率部撤出。

---

[571] 羅亞爾：〈中法海戰〉，《中法戰爭》（中國近代史資料叢刊）（三），上海人民出版社，1961年，第542頁。

第四章　甲申海戰與中法海上衝突

　　法國海軍陸戰隊 200 人在炮火掩護下登陸，占領了基隆炮臺和附近的高地。

　　8 月 6 日下午兩點鐘，法國海軍陸戰隊從宿營地出發，企圖一舉占領基隆廳署和市街。先是劉銘傳正在淡水，忽接告急之信，知基隆炮臺難守，便親馳督戰。行至半途，忽聞炮聲隆隆，法軍業已開炮攻臺。及至趕到基隆，炮臺已被敵炮摧毀。劉銘傳決定誘敵上岸，一面飭令海濱難守各營移向後山，暫避敵炮，一面「激勵各軍，堅籌血戰，誓挫凶威」[572]。法軍要進占基隆市街，必須通過福寧鎮總兵曹志忠營壘旁邊的大道，為掃除前進路上的障礙，便直奔曹志忠營。曹志忠留大部兵力守衛本營，親督副將王三星率隊 200 人出戰。劉銘傳即令記名提督章高元、蘇得勝率隊一百多人進擊法軍的左翼，游擊鄧長安率親軍小隊 60 人繞攻法軍右翼。曹志忠軍見兩路夾攻敵人，士氣大壯。

　　敵人三面被圍，有全部被殲的危險，只有趁包圍圈尚未合攏之際，趕快撤回軍艦。此戰斃傷法軍 13 人，繳獲炮 4 門、步槍數十桿、帳篷 10 幾架及軍旗兩面，而清軍才死傷數人。基隆首戰告捷，大大鼓舞了臺灣守軍的鬥志。

二　中法馬江之役

　　基隆登陸戰失敗的當天，利士比即命「費勒斯」號巡洋艦駛往馬祖澳，向孤拔報告基隆之敗的經過。8 月 9 日，孤拔致電巴德諾，請示下一步的作戰行動。10 日，巴德諾向茹費理（Jules Ferry）建議：中國政府如不答應賠款，先即炮擊馬尾船廠及炮臺，然後派艦隊占領基隆。16 日，茹費

---

[572]　〈敵陷基隆炮臺我軍複破敵營獲勝折〉，《中法戰爭》（叢刊三），第 144 頁。

第一節　法艦南侵：閩臺海域的挑戰

理通知巴德諾：議會兩院投票，決議採取強硬態度，已電令孤拔，「如接到中國否定的回答，他應於知照外國領事及船艦後，立即在福州行動，毀壞船廠的炮臺，捕獲中國的船隻。福州行動後，提督將即赴基隆，並進行一切他認為以他的兵力可做的一切戰鬥」[573]。法國在談判桌上的訛詐既未能得逞，於是，便按既定侵略計畫採取戰爭行動了。

當利士比率艦進攻基隆之際，孤拔也率法國遠東艦隊主力聚泊於福州馬江。其中，包括巡洋艦4艘、砲艦3艘及魚雷艇兩艘。4艘巡洋艦是：「杜居土路因」號、「費勒斯」號、「德斯丹」號、「富爾達」號。3艘砲艦是：「野貓」號、「益士弼」號、「蝮蛇」號。到開戰時，法鐵甲艦「凱旋」號也駛來馬尾港。如下表：

艦名	艦種	噸位	馬力（匹）	乘員	炮數
凱旋號	鐵甲艦	4,127	2,400	410	21
杜居土路因號	巡洋艦	3,189	3,740	300	10
費勒斯號	巡洋艦	2,268	2,790	250	5
德斯丹號	巡洋艦	2,236	2,790	250	5
窩爾達號	巡洋艦	1,300	1,000	160	9
野貓號	砲艦	452	—	120	9
益士弼號	砲艦	471	—	120	9
蝮蛇號	砲艦	471	—	120	9

當時停泊在馬尾港的福建海軍艦船有11艘，即「揚武」、「伏波」、「濟安」、「飛雲」、「振威」、「福星」、「藝新」、「永保」、「琛航」、「建勝」和「福勝」。福建海軍儘管在數量上多於法國艦隊，但在實力上卻遠遜於法國艦

---

[573]　《法國黃皮書》，中國與東京事件，第39號。見《中法戰爭》（叢刊七），第249～250頁。

第四章　甲申海戰與中法海上衝突

隊。如下表：

艦隊名稱	福建海軍	法國遠東艦隊	比較差數
軍艦總數	11	8	+3
鐵甲艦	0	1	-1
3,000 噸級巡洋艦	0	1	-1
2,000 噸級巡洋艦	0	2	-2
1,000 噸級巡洋艦	1	1	0
砲艦	8	3	+5
總噸數	9,781	14,514	-4733
火炮總數	45	77	-32
24 公分以上口徑炮	2	6	-4
19 公分口徑炮	1	5	-4
16 公分以下口徑炮	42	66	-24
乘員總數	1,190	1,830	-640

此外，法國艦隊各艦還都裝備了機關炮。池仲祐在《甲申戰事記》中說：「法艦禦炮有鐵甲，衝鋒則有雷艇，桅盤悉置機關炮，兩船通語時有旗號。我船均無之，炮多舊式前膛，又無護身鐵板，船皆木質，彈過立穿。輪機多設立機，機在水線上，易遭擊毀。」[574] 可見，在力量對比上，雙方的差距是十分懸殊的。

馬江是閩江下游的一段，其北岸即馬尾鎮，西北距福州 40 里。從五虎門海口至馬江 80 多里，層巒復嶂，暗礁跑沙，有山皆石，處處炮臺，以天險而著名。對於這一帶形勢，沈葆楨做過這樣的描述：「馬尾一區，上抵省垣南臺水程四十里，下抵五虎門海口水程八十里有奇。

---

[574]　池仲祐：《甲申戰事記》，見張俠等編《清末海軍史料》，海洋出版社，1982 年，第 303 頁。

第一節　法艦南侵：閩臺海域的挑戰

　　自五虎門而上，黃埔、壺江、雙龜、琯頭、亭頭、閩安，皆形勢之區，而金牌為最重。自閩安而上，洋嶼、羅星塔、烏龍江、林浦，皆形勢之區，而羅星塔為最要。馬尾地隸閩縣，距羅星塔之上流，三江交會，中間港汊旁通長樂、福清、連江等縣，重山環抱，層層鎖鑰。當候潮盛漲，海門以上島嶼皆浮；歸潮而後，洲渚礁沙縈迴畢露。所以數十年來，外國輪船、夾板船常泊海口，非土人及久住口岸之洋人引港，不能自達省城。」[575] 法國軍艦想要闖進馬江，本來是極端困難的。但是，法國政府卻趁中法兩國正在談判之機，命令艦隊搶先駛入閩江，集結於馬尾。

　　本來，《萬國公法》規定：「兵船與陸兵不同，凡經過地方出入海口，各國皆不得阻攔。所在官司並須妥為保護，以全友誼。或因有事須封海口，或指名某國兵船不准入口，必須先行布告，或明立公約，方能禁止。」[576] 根據這條規定，甲國兵船有出入乙國海口的權利，而乙國也有布告禁止甲國兵船駛入海口的權利。但是，從清廷到疆吏，都怕與法國公開決裂，片面地承認法艦有駛入閩江口的權利，卻不敢按國際公法運用布告禁止法艦駛入閩江口的權利。早在 4 月間，李鴻章致閩浙總督何璟電即稱：「各國兵船應聽照常出入，唯法船進口若只一二只，尚未明言失和，似難阻止。」[577] 法艦炮擊基隆之後，清政府滿可以按照國際公法，名正言順地禁止法艦駛入閩江，卻未能做到。7 月 13 日，法國駐福州副領事白藻泰知照，將有法艦兩艘入口。會辦福建海疆事宜侍講學士張佩綸，以「照約未便阻其入口」，致電總理衙門請示，總理衙門竟置之不答。14 日，即有法艦 1 艘駛入閩江。其後，又有法艦多艘以「遊歷」為名，陸續入口。張佩綸開始理解到，法艦之來，顯然是包藏禍心的。但又感到：「阻之則

---

[575]　《船政奏議彙編》卷三，文海出版社影印本，第 7 頁。
[576]　《邊事續鈔》卷八，文海出版社影印本，第 10 頁。
[577]　《李文忠公全集》電稿，卷二，第 5～6 頁。

第四章　甲申海戰與中法海上衝突

先啟釁端,聽之則坐失重險,實屬左右為難。」[578] 這樣一來,中國方面便完全處於被動地位了。

及至法艦麋集馬江,清政府仍然未能及時採取果斷的防範和自衛措施。張佩綸抵閩後,清廷電旨即有「彼若不動,我亦不發」之語。這道電旨,實際上是自縛手腳,將主動權讓與敵人。對此,張佩綸深為不滿,致電總理衙門:「靜待,(敵)先發,即勝,船局必毀。」隨後,他又提醒說:「勝負呼吸,爭先下手。」主張爭取主動。總理衙門奕劻等人見張電有「爭先下手」之語,連忙發電阻止。福州將軍穆圖善也傾向於採取主動,致電總理衙門稱:「法酋舉動日肆,意揣必至決裂。閩失勢在不能先封口,又不能先發。」清廷發來的諭旨,則告誡穆圖善:「法艦久泊閩口,我軍與之相持,總以鎮靜為主。」張佩綸又與閩浙總督何璟聯名建議「塞河先發」,清廷仍不同意,謂:「所稱『先發』,尤須慎重,勿稍輕率。」[579]

在建議爭取主動的同時,張佩綸等還電請朝廷派海軍救援。張佩綸說:「彼深入,非戰外海。敵船多,敵勝;我船多,我勝。促南、北速以船入口,勿失機養患。」何璟說:「敵船若續到,而華船不一至,敵且圍閩船,馬尾危。願屬南、北、浙、粵合勢救援。」穆圖善說:「預敕南北洋聞閩警,即應電以師船尾綴敵艦,牽制後路,使敵不敢深入,陸軍堅守較壯。南洋如警,閩必出船互援。」[580] 但皆無結果。奕劻奏稱:「法兵船現已深入福州,張佩綸等迭請南北洋、浙、粵酌派兵輪策援,以為牽綴之計。而南洋電覆,以兵輪不敷守口,實難分撥;北洋覆電,以現有兵輪較法人鐵甲大船相去遠甚,尾躡無濟,且津門要地,防守更不敢稍疏;浙省

---

[578] 《中法戰爭》(叢刊五),第 489 頁。
[579] 《中法戰爭》(叢刊五),第 414、427、439、450、469、470 頁。
[580] 《清光緒朝中法交涉史料》(704),卷一八,第 36 頁。

第一節　法艦南侵：閩臺海域的挑戰

亦以船少，尚難自顧電覆。」[581] 對此，張佩綸不禁發出無可奈何的慨嘆：「株守遂已一月，請先發不可，請互援不可，機會屢失，朝令暮更。樞（軍機處）、譯（總理衙門）勇怯無常，曾（曾國荃）、李（李鴻章）置身事外。敵在肘腋，猶且如此，國事可知！」[582] 並質問總理衙門：「互援是活著，先發是急著。舍兩著，布置更難。不乘未定時先籌，若待敵船大至，將何所恃耶？」[583] 不僅如此，清廷還想放棄船廠。先是法國方面提出要占據馬尾船廠作抵押，說守軍若攔押，法艦必定開炮，造成「決裂」。李鴻章電囑張佩綸：「若不阻彼亦不能先開炮，或尚可講解。望相機辦理，切勿躁急。」[584] 總理衙門和李鴻章看法相同，亦電張佩綸：「船廠非城池可比，與其拘守一隅，以正兵抵禦，不如統籌全局，設法出奇。」[585] 按清律：「守邊將帥被賊攻圍城寨，不行固守，而輒棄去，因而失陷城寨者，斬監候。」[586] 就是說，凡失守城池的官員按律是要處以斬刑的，而電令則謂船廠非城池可比，即使放棄不守，也不會治罪。明告張佩綸將馬尾船廠讓法軍占領。7月31日，李鴻章致電總理衙門，進一步建議：「我自度兵輪不敵，莫如全調他往，騰出一座空廠，彼即暫據，事定必仍原物交還，否則一經轟毀，從此海防根本掃盡，力難興復。此以柔制剛之妙算，乞速與當事諸公密圖之。」[587] 這條「妙算」立即為清廷所採納，當天即發出電旨：「法艦既占要隘，我軍難操萬全，與其分守力單，總以保城保民為第一義。」[588] 這實際上是命令馬尾守軍退保省城，把船廠讓給法軍。張佩綸

---

[581]　《中法戰爭》（叢刊五），第431、433、444頁。
[582]　《中法戰爭》（叢刊四），第385頁。
[583]　《會辦福建海疆事宜張佩綸來電》，《中法戰爭》（叢刊五），第473頁。
[584]　《李文忠公全集》電稿，卷二，第39頁。
[585]　《發會辦福建海疆事宜張佩綸電》，《中法戰爭》（叢刊五），第448頁。
[586]　《中日戰爭》（中國近代史資料叢刊）（三），新知識出版社，1956年，第450～451頁。
[587]　《李文忠公全集》電稿，卷三，第9頁。
[588]　《軍機處電寄穆圖善諭旨》，《中法戰爭》（叢刊五），第457頁。

第四章　甲申海戰與中法海上衝突

對這道電旨表示很大的憤慨，說：「必令馬尾不戰而失，遂其質地索償之請，而臣且在省靜候與此土一並贖還，其然何以為人！」[589]

儘管如此，張佩綸還是不得不遵旨行事。為了在法艦的攻擊下不陷於被動，他多次致電總理衙門，要求在照會法國拒絕賠款的前一兩天，速示福建，以便先行下手。他在奏章中也明確提出：「法人形同鬼蜮，詐譎無信，其陰謀譎計，實有密據要害先發制人之意。臣等已密致總署，如果聖意決戰，務請於復絕法使之先，預授機宜，俾臣等得首尾合擊，水陸並舉，戰事較為得算。」[590] 令人痛恨的是，清廷連這一最基本的要求也不滿足。

在此期間，清政府的態度不是沒有一點變化，有時態度似乎很硬，但有一點不變，就是始終沒有放棄幻想。8月17日，軍機處寄沿江沿海督撫將軍電旨稱：「法使似此驕悍，勢不能不以兵戎相見。著沿江沿海將軍督撫統兵大臣極力籌防，嚴行戒備。不日即當明降諭旨，聲罪致討。目前法人如有蠢動，即行攻擊，毋稍顧忌。」同一天，又寄張佩綸等電旨，聲稱即要宣戰：「著張佩綸就現有陸軍，實力布置，以專責成。現在戰事已定，法艦在內者應設法阻其出口，其未進口者不准再入。」與此同時，由總理衙門照會法國代理公使謝滿祿（Comte de Semallé），法以兵力從事攻襲，「中國唯有另籌辦法，以伸公法，而得事理之正」。照會各國公使，宣告：「是法國有意失和，已可概見。曲直是非，天下定有公論。中國雖欲顧全睦誼，無從再與商議。」看來，宣戰似乎就在眼前了。21日，謝滿祿下旗出京，以示決裂之意。但是，清廷既沒有通知福建前線，也沒有採取應急措施。因為，碰巧在這一天，駐法公使李鳳苞來電，報告說：法國政府允

---

[589]　《清光緒朝中法交涉史料》(1038)，卷二二，第19頁。
[590]　〈張佩綸等奏法船入口窺伺現籌省防佈置情形折〉，《中法戰爭》（叢刊五），第490頁。

第一節　法艦南侵：閩臺海域的挑戰

諾，先付法恤款 50 萬兩，其駐華公使巴德諾即赴天津，與李鴻章詳議，「倘商約便宜，冀可不償」。22 日，軍機處電兩江總督曾國荃：「現已請旨，由總署電覆李使，告知外部，如願議約，中國亦不為己甚，唯恤款作為罷論。」[591] 23 日，總理衙門電覆李鳳苞說：「即欲明宜諭旨，布告天下，一力主戰。適得來電，今日再乞聖恩，暫緩明發。如欲仍議津約，中國亦不為己甚，可由法國派人來津，與李中堂詳議。」[592] 張佩綸等眼睜睜地等著明發諭旨，卻一直沒有等到。正當清廷忙於折衝尊俎之際，馬江法艦的炮聲卻使樞臣疆吏們醉心於談判的幻想遭到了破滅。就在總理衙門覆電李鳳苞的當天，法國艦隊便向泊於馬江的福建海軍 11 艘艦隻發動了毀滅性的攻擊。

　　先是在 8 月 20 日，茹費理已授權巴德諾，可以隨時將攻擊中國艦船的命令轉達給孤拔。22 日，巴德諾正式通知孤拔採取行動。當天晚上 8 點，孤拔召集各艦艦長到旗艦「窩爾達」號舉行作戰會議，並制定了作戰計畫。其主要內容是：「在 8 月 23 日下午（約近兩點），當退潮移轉船身的時候，各船即準備出動，互相保持各船現在碇泊的距離，維持非常微小的汽力速度，提督在桅檣頂上升起第一號旗。這個信號發出時，兩只水雷艇應立即出動，攻擊碇泊在提督上游的兩艘中國戰船。當第一號旗收回時，全線立即開火。窩爾達號一方面以它左舷的大砲和步槍支援兩只水雷艇的攻擊，另一方面從右舷以師船為主要目標，向它們開炮。同時，野貓、益士弼和蝮蛇三號砲艦，從右舷離開提督，迅速駛至船廠的附近，攻擊那裡的三只砲艦和三只通訊艦。杜居土路因號、費勒斯號和德斯丹號，各以一側邊的炮火擊沉與它們舷側相對的三只中國通訊艦，以另一側邊的炮火攻

---

[591]　《中法戰爭》（叢刊五），第 502、503、506、507、510 頁。
[592]　《李文忠公全集》電稿，卷三，第 34 頁。

第四章　甲申海戰與中法海上衝突

打成列的師船。」[593]

　　孤拔之所以要在退潮時發動攻擊，是因為中國有 8 艘艦在法艦的上游，以艦尾對著法艦，而艦尾又是軍艦防禦最薄弱之處。在這種情況下，中國軍艦只有在旋轉 180 度之後，才能攻擊法艦，這在倉促之間是很難辦到的。相反，法艦則以艦首對著中國艦隻，可以立即展開最猛烈的炮擊。孤拔也注意到泊於法艦下游的 3 艘中國軍艦，特意地布置 3 艘巡洋艦來對付它們。無論如何，這是一個十分冒險的計畫。如果福建海軍趁漲潮時主動攻擊，情況便會全然不同了。參加此戰的法國上尉羅亞爾（Loir）供稱：「如果他們於潮水來時進攻，那地位便完全倒轉，提督所打算可得到好處的所有優勢，都將轉到他們手中去，反而對我們不利。但是，中國人一直到現在，不敢首先發動戰事，我們有理由希望他們不至於比從前大膽。提督又可以猜測，他對他們所引起的驚懼，將使他們不敢妄動。總之，這是一種碰運氣的事情。」[594] 如果說是「運氣」使法國人占了便宜的話，那麼還不如說是清朝統治者的昏瞶無能幫了法國人的大忙。

　　作戰會議之後，孤拔即招法國駐福州副領事白藻泰（Gaston de Bezaure）到「窩爾達」號，將攻擊命令通知他。白藻泰立即趕回領事館，做撤退的準備。洋教習邁達（Médard）適於此日乘船抵馬江。船政學生候選知縣魏瀚往訪，邁達稱：「昨日法公使出京，事恐決裂。」魏瀚當即報告何璟。當晚 8 點左右，何璟將此消息電告張佩綸：「明日法人將乘大潮力攻馬尾。」[595] 張佩綸雖復電「嚴備」，然以照會未到，遲疑不決。

　　8 月 23 日上午 7 點，白藻泰將開戰決定通知了各國領事。隨後，英國

---

[593]　羅亞爾：〈中法海戰〉，《中法戰爭》（叢刊三），第 548 頁。
[594]　羅亞爾：〈中法海戰〉，《中法戰爭》（叢刊五），第 549 頁。
[595]　《中法戰爭》（叢刊六），第 246、249 頁。

第一節　法艦南侵：閩臺海域的挑戰

領事即將此通知知照何璟說：「三日內法必開仗。其意先將船廠轟（毀），再行渡臺。」[596] 為了麻痺中國官員，這個通知故意在開戰日期和攻擊目標上都編造了謊言。10點多（巳刻），白藻泰的正式照會才送到何璟處。但是，何璟已有先入之見，將照會中的「本日」錯誤地領會為英國領事所說的「三日內」，因此在未刻（當在未初，即下午1點多）致電總署尚稱：「午刻接法領事照會，言巳日要開戰。已告知長門、馬尾準備。」[597] 或謂：對「巳日」的理解，會不會是以韻代日呢？「巴」字屬下平聲「六麻」韻，「巴日」即初六。[598] 這裡只是作為疑問提出，現與福州初三打給李鴻章「三日內法必開仗」的電報相印證，這個推測是可以成立的。由於何璟將照會看錯，故未能立即作緊急處理，到初三（8月23日）未初和未正之間（當在下午1點半以後），何璟才弄清照會的意思，立即電告張佩綸和穆圖善，但時間已經晚了。他於初五日（8月25日）致電總署稱：「初三午刻，法領事照稱，本日開戰。甫電告馬尾、長門，而法人先行開戰。」[599] 法軍是在8月23日下午1點56分發動攻擊的，「甫電告」三字說明何璟打電報給張、穆的時間不會早很多。後來，左宗棠奉旨查辦此案，調查後說：「迨初三日，法國照會何璟，何璟據電張佩綸等，翻譯甫畢，炮聲已隆隆矣。」池仲祐《海軍大事記》記：「張佩綸接何電，譯未及半，而法船已開炮轟擊我軍。」皆可證明張佩綸接到何璟的電報是在法艦開炮前不久的事。總督署內的電報底簿將寄張佩綸電的時間記為「七月初三日午刻」，顯然是何璟有意作偽。同樣，何璟接法領事照會的時間明明是「巳刻」，在致總署電中卻謊稱「午刻」，更是欲蓋彌彰。可知何璟打電報給張、穆的時間必在

---

[596]　《李文忠公全集》電稿，卷三，第34頁。
[597]　〈閩浙總督何璟等電〉，《中法戰爭》（叢刊五），第512頁。
[598]　《中法戰爭史學術討論會論文集》，福建論壇雜誌社，1984年，第83頁。
[599]　〈閩浙總督何璟等電〉，《中法戰爭》（叢刊五），第512頁。

第四章　甲申海戰與中法海上衝突

下午1點半以後。其電文云：「頃接白領事照會，孤拔即於本日開戰。」[600] 張佩綸剛把電報譯完，還未來得及通知海軍，馬江上的炮聲就響起來了。

是日下午1點56分，孤拔在旗艦「窩爾達」號上升起了第一號旗。法國艦隊的46號魚雷艇，距福建海軍旗艦「揚武」僅約500公尺，首先向「揚武」發射了第一枚魚雷。45號魚雷艇則衝向「福星」，想一雷中的。幾乎與此同時，法艦「野貓」號也從桅邊開始向「振威」發射哈乞開斯機關炮。孤拔急忙下令降下第一號旗，發出全軍開火的訊號。「揚武」、「福星」、「振威」等艦發炮還擊。「自時厥後，兩軍交相炮擊，山鳴海立，殷殷如萬雷，硝煙迷離，咫尺難辨。」[601]

法艦知「揚武」為營務處所在，係各船主將，且船大砲多，此船若破，諸船之氣自奪，故首先合力攻之，砲彈均專注於「揚武」一船。

「揚武」剛開炮回擊，船尾已被魚雷擊中。船上木匠張寶急用鐵錘將錨砸斷。管駕張成[602]即令開動機器，將船身旋轉，對法艦開炮。舷側有大炮3門，各發射兩三炮。其中一炮擊中敵46號魚雷艇的汽鍋，使其爆炸破裂，當時將1名水手炸死，艇長都莊（Douzans）及其他水手多名受傷。據美國海軍的一位目擊者記述：「艇面被敵彈洞穿如星點，骨肉橫飛；淒慘異常。」[603]46號魚雷艇因已失去控制，隨江流而下。孤拔見狀，即令「窩爾達」號向「揚武」連發幾顆榴彈。「揚武」、「機器房亦被大砲轟壞，鍋爐炸裂，艙內水深數尺，船輪傾側」[604]。當「窩爾達」號炮擊「揚武」

---

[600]　《中法戰爭》（叢刊六），第246頁。
[601]　羅螢：《馬尾江觀戰記》。見佚名輯《中法戰爭資料》，文海出版社影印本，第105頁。
[602]　張成，廣東人。船政後學堂駕駛班第一屆畢業生。迭保至遊擊，委帶「揚武」輪，並派充營務處。馬江戰役後，以「玩敵怯戰」罪，從嚴懲辦，定為「斬監候」，解交刑部監禁，秋後處決。
[603]　羅螢：《馬尾江觀戰記》。見佚名輯《中法戰爭資料》，第105頁。
[604]　《中法戰爭》（叢刊六），第534頁。

第一節　法艦南侵：閩臺海域的挑戰

之際,「揚武」也不甘示弱,「以它的尾炮回擊了窩爾達的第一陣舷炮,並且很準確,第一彈就在窩爾達號的船橋上炸裂,轟斃引水(自上海來的湯姆士)和五個水手。孤拔當這彈爆炸時正站在引水人的旁邊,僅以身免」[605]。但「揚武」受傷過重,旋即沉沒。張成跳入江中,被流水沖至上岐君竹鄉江邊,遇福靖後營哨官吳德恩獲救。全船270人,陣亡102人,受傷40多人,傷亡過半。

法國艦隊的45號魚雷艇行動稍為遲緩,其任務是擊沉「福星」,但艇長拉都(Latour)指揮笨拙,發射的魚雷沒有擊中本來真正要打的部位,故魚雷爆炸未能產生破壞的效果。不僅如此,由於拉都過於慌張,竟使艇上的木柄和鐵叉鉤搭在「福星」的後艄上,「它以全部速度向後退,但不能擺脫,尚仍黏著在敵艦的側邊」。「福星」管駕陳英[606]指揮全船官兵,「將小型子彈,甚至手擲的榴彈,向它如雨地打來。一顆手槍彈擊中拉都艇長的眼睛,一顆散彈打折艇上一人的手臂」[607]。這艘法國魚雷艇開足馬力,好不容易才脫離了「福星」,連忙退至火線之外,「先躲到美國軍艦事業號的一邊,後來又轉到了美艦的另一邊躲避,法艇上有很多的受傷者」。自「揚武」沉沒後,「伏波」、「藝新」兩船駛向上流,「福星」位置突出,身當前敵。此時敵船槍砲彈如驟雨,陳英屹立望臺,傳呼開炮擊敵。其僕程某勸曰:「伏波、藝新已開向上游,我船亦宜開向上游,合各船相機合擊。」陳英怒目圓睜:「爾欲走我耶?」將程斥退。鼓舞官兵說:「今日之事,有進無退。我船銳進為倡,當有繼者,安知不可望勝?」於是,鼓輪掌

---

[605] 〈閩海關稅務司法來格報告〉,《中國海關與中法戰爭》,第217頁。按:羅亞爾《中法海戰》稱:「一顆圓形炮彈穿過窩爾達號的過道甲板,擊斃領港人湯姆士及在舵輪邊的兩個舵手。」所述擊斃人數有出入。

[606] 陳英,字貽惠,福州人。船政後學堂駕駛班第3屆畢業生。

[607] 羅亞爾:〈中法海戰〉,《中法戰爭》(叢刊三),第552頁。

第四章　甲申海戰與中法海上衝突

舵，貫敵陣而前，開邊炮以左右擊之，惜炮小不能中敵要害。先是孤拔見「伏波」、「藝新」上駛，鼓輪尾追不捨。「藝新」轉舵，回擊數炮，孤拔始退。他見「福星」已成孤立之勢，便以三艦合圍，猛擊「福星」。命令「窩爾達」號副艦長拉北列爾乘「淮特」號汽艇，再以魚雷攻擊「福星」。激戰中，陳英在望臺指揮，不幸中彈陣亡。「三副王漣繼之，開炮奮戰，亦被彈顛。船上死傷枕藉，仍力戰不退。」[608]此時，「淮特」號汽艇逼近了「福星」，並放出魚雷，在「福星」的暗輪附近爆炸，將暗輪毀壞，使之完全癱瘓。而火藥艙也中彈爆發，船在烈火中熊熊燃燒。據法艦上的軍官報導：只見福星「向羅星塔下游流去，一道濃煙從它的艙壁中冒出。在它的甲板上，在它煙囪旁的小橫橋上，處處躺著死屍，或垂死的人。我們的砲彈所穿破的汽爐的水蒸汽籠罩著中國人。他們因我們的武器而受傷或肢體殘折，又受到可怕的火燒。大火總是擴大地燃燒。……過些時候，這艘通訊艦便沉入江中」[609]。全船88人（一說95人），死者達70幾人。

當「福星」衝向敵陣之時，隨之而進者唯「福勝」、「建勝」二船。「該二船係水炮臺，唯前向大砲一尊，船小行滯，不能衝鋒陷陣，只能遙擊。」[610]統帶「福勝」、「建勝」二炮船者為游擊呂翰[611]，時在「建勝」船上，撫炮而笑曰：「我志者，此也。」先是當法軍攻擊基隆，旋以軍艦闖入馬江，呂翰知形勢危急，即遣其妻奉母回粵，並致書親好：「翰受國恩，見危授命，絕不苟免。」及見「揚武」沉沒，「福星」衝鋒在前，即「在船短衣仗劍，冒煙指揮發炮攻敵。而敵之「威遠」。西元1884年，充後學堂

---

[608]　《中國海關與中法戰爭》，第26、222頁。
[609]　羅亞爾：〈中法海戰〉，《中法戰爭》（叢刊三），第555頁。
[610]　《中國海關與中法戰爭》，第222頁。
[611]　呂翰（西元1853～1884年），字賡堂，廣東鶴山人。船政後學堂駕駛班第1屆畢業生。曾先後管帶「飛雲」。

第一節　法艦南侵：閩臺海域的挑戰

教習。旋統帶「福勝」、「建勝」二炮船。格林炮驟下如雨，彈及公額，流血被面，裹首以帛，督戰如故」[612]。「建勝」發出之炮，擊中孤拔的座船「窩爾達」號，使受微傷。「建勝」繼續進逼，敵船以群炮萃於「建勝」，呂翰和管駕林森林[613]皆中彈仆地，船亦被轟而沉。此時，僅餘「福勝」一船，船尾已受彈，火發，仍然與敵搏戰。大副兼管炮翁守恭[614]奮不顧身，連發大砲，多中敵艦。正指揮間，敵彈貫其胸而仆地。管駕葉琛[615]「槍彈貫頰，躓而起，指揮裝炮，敵彈復集其脅而亡。」[616]「建勝」、「福勝」兩船共 95 人，死者 83 人。

當法艦發起攻擊之初，停泊於下流的「振威」、「飛雲」、「濟安」船，也立即遭到炮擊。時「振威」管駕許壽山[617]正在望臺，即刻傳呼砍斷錨鏈，開炮還擊。法艦見狀，慮其船走動而難制，併力攻之。「振威」錨鏈剛斷，「凱旋」、「費勒斯」、「德斯丹」3 艘法艦即猛放排炮，均專注「振威」一船，兼以哈乞開斯機關炮連珠彈，紛如雨集。許壽山陷於苦戰之中，仍勇氣百倍，奮力指揮。此時，「飛雲」、「濟安」兩船錨鏈尚未砍斷，法艦趁機連發數炮。「飛雲」管架高騰雲[618]中炮身亡。二船均中彈起火。「振威」既受重傷，又成為孤軍，便奮力向敵艦衝去，準備與之同歸於盡。終因勢單力孤，敵艦炮火太猛，先是四葉輪被擊壞，繼之鍋爐又中炮爆炸。

---

[612]　池仲祐：〈呂遊戎廣堂事略〉，《清末海軍史料》，第 353～354 頁。
[613]　林森林，船政後學堂駕駛班第 3 屆畢業生。
[614]　翁守恭（西元 1867～1884 年），原名守正，福建閩縣人。船政學堂駕駛班第 7 屆畢業生。
[615]　葉琛，字可堂，福州人。船政後學堂駕駛班第 2 屆畢業生。
[616]　《中國海關與中法戰爭》，第 222 頁。
[617]　許壽山（西元 1853～1884 年），字玉珊，福建閩縣人。船政學堂駕駛班第 1 屆畢業生。曾管帶「藝新」兵船。西元 1880 年，調赴南洋管帶「虎威」炮船。西元 1884 年 7 月回閩，接管「振威」兵船。
[618]　高騰雲（西元 1841～1884 年），廣東順德人。行伍出身。歷任廣東廣德營都司、廉州營游擊。時授廣德營參將，奉派督帶「飛雲」兵船回閩。

第四章　甲申海戰與中法海上衝突

許壽山堅持戰至最後一刻，連中數彈，壯烈殉國。當時，閩海關副稅務司賈雅格（Jacquard）報告說：「那驍勇的振威，雖然暴露在維拉號（又譯作「費勒斯號」）和臺斯當號（又譯作「德斯丹號」）的舷炮下，並且在駛過特隆方號（譯音，又譯作「凱旋號」）之前時，為敵艦的重炮烈火所洞穿，頭尾都已著火，船已失去控制，隨波漂向下游，漸漸沉沒，但是它仍然奮戰到底，一次又一次地發射炮火，直到一艘法國魚雷艇在煙火中衝進，才完全毀滅了它。就是在最後沉沒的一刹那，這勇敢的小船還以最後一炮擊中它的敵人，重創了敵艦艦長和兩名士兵。」[619]法艦「凱旋」號上的上尉羅亞爾也以讚揚的筆調，描述「振威」沉沒前的情景道：「無情的榴彈把死亡散布到他們中間來，但其中有些人表現出勇敢和英雄的優美榜樣。在其中一艘巡洋艦上，船身四分之三都著火了，而且即要沉入江中，中國黃旗忽然升起來，又有一個炮手向我們的戰艦送來最後的一炮。」[620]「振威」全船88人，死者約70人。

戰至下午兩點半，福建海軍的「揚武」、「福星」、「福勝」、「建勝」、「振威」、「飛雲」、「濟安」7船或焚或沉；「伏波」、「藝新」受傷後避向上游急駛，至林浦自沉，以塞至省城航路；「永保」、「琛航」停在船廠水坪前，連中10幾炮，隨之起火。至此，11艘兵船一時俱盡，檣櫓灰飛煙滅。將士死傷近600人，占總人數的50%。[621]法國艦隊則僅有6人斃命，27人受傷。

---

[619] 《中國海關和中法戰爭》，第217頁。
[620] 羅亞爾：〈中法海戰〉，《中法戰爭》（叢刊三），第554頁。按：引文中所說的「其中一艘巡洋艦」，應指「振威」。
[621] 關於福建海軍在馬江之戰中的傷亡數字，歷來無準確統計。閩海關副稅務司賈雅格9月30日報告說：「中國艦隊的損失估計是419人，傷128人，失蹤51人。」（《中國海關與中法戰爭》第218頁）合計598人。何如璋10月3日之奏稱：「弁勇傷亡五百餘員。」（《船政奏議彙編》卷二五，第20頁）二者基本一致。但傷者可能因傷重而死，失蹤者雖有希望生還，但多數可能死亡，故陣亡人數絕不止419人。池仲祐《海軍實記》列名統計，海軍陣亡者為510人。據此，馬江之戰中國海軍傷亡當近於600人。

第一節　法艦南侵：閩臺海域的挑戰

在戰鬥的過程中，泊於海潮寺前的捍雷船7艘，泊於羅星塔馬尾岸旁一帶的閩安、平海師船8號和羿鎮、炳南炮船10號，以及劃船20幾號，也大部中炮著火沉沒。

8月24日上午11點，孤拔率「窩爾達」號、「益士弼」號和「野貓」號出動，上溯閩江。11點半，駛近船廠，開炮猛轟。孤拔報告說：「我們重二十八公斤的榴彈，對凡力所能及的東西，均予摧毀。對準工廠和倉庫，或對著一艘正要完工的巡洋艦，所發的射擊發生很大的傷害，但沒有達到我們所希望的程度。拿口徑十四公分的大砲，我們不能獲得更大的效果了。……鑄造所、裝配所、設計所受到很大的破壞，巡洋艦遍身是孔洞。」[622] 據戰後查驗：「砌磚之廠，以合攏廠、畫樓為最，水缸廠次之，炮廠、輪機廠又次之，鑄鐵廠為最輕。架木之廠，以拉鐵廠為最，廣儲所、磚灰廠次之，船亭棧房又次之，模廠為最輕。船槽陡出江干，受炮最烈。新制第五號鐵脅船身將次下水，被敵炮擊穿九十餘孔。至學堂、匠房等處，雖受炮較輕，而器具書籍亦有殘缺。各廠機器，則輪機、水缸等廠微有損壞，據學生勘驗，略為修整，尚堪運用。」[623] 與孤拔的報告基本一致。船廠雖遭到一定的破壞，然並未被摧毀。

8月25日上午7點，法軍在艦隊的重炮火力掩護下，以陸戰隊在羅星塔強行登陸，搶走3門克魯伯大砲。11點，孤拔召集艦長會議，決定摧毀兩岸所有的炮臺。並將「杜居土路因」號巡洋艦改為旗艦。

12點40分，法國艦隊沿江而下，於下午5點在大嶼附近停泊，開始炮擊田螺灣炮臺。因為閩江兩岸炮臺的設計，「各臺炮眼的構造僅能控制臺前的下游河道，所以它們就不得不受制於處在它們上游背後的敵人」。

---

[622]　轉引羅亞爾：〈中法海戰〉，《中法戰爭》（叢刊三），第557頁。
[623]　《船政奏議彙編》卷二五，第17頁。

第四章　甲申海戰與中法海上衝突

同一天，法國鐵甲艦「拉加厘松尼埃」號企圖闖進閩江，在距長門炮臺 2 英里半處發射排炮。穆圖善指揮還擊。「炮臺對準了它的目標，兩發砲彈連續命中，接著準確的炮火不斷地向敵艦打過來，拉加厘松尼埃號發覺自己所處地位非常危險，不得不掉頭逃向港外原泊處所。炮臺給予這條法艦的損失，一定非常嚴重，這艘軍艦後來駐往香港船塢大修去了。」[624]

8 月 26 日，法艦繼續沿江而下，炮擊閩安炮臺。同時派陸戰隊上岸，摧毀炮臺工事，炸毀臺內的大炮。因前一天，清廷誤信孤拔已被擊斃的謠傳，認為：「如果屬實，我軍似已獲勝，正可鼓勵將士，誘彼陸戰。穆圖善現紮長門，可以遏其出路。」因於是日寄何璟等電旨，諭穆圖善「趕緊堵塞海口，截其來往之路」。[625] 直到此時，才決定堵塞海口，已經來不及了。

8 月 27 日清晨，法國艦隊抵達琯頭。孤拔親率「杜居土路因」號，由 1 艘汽艇領引，駛向長門，用巨炮連轟 1 小時之久。因「炮門均外向，不能還擊」[626]，炮臺守軍只以步槍抵禦，擊斃法軍 4 人，擊傷多人。28 日拂曉，「杜居土路因」號和「凱旋」號鐵甲艦，又駛到金牌附近，炮擊兩岸炮臺。後來，「窩爾達」號和「野貓」號也參加炮擊。

這次炮擊一直繼續到黃昏時候。29 日，法艦又駛至近岸處炮擊金牌炮臺。到下午 3 點，所有炮臺皆被摧毀。30 日，孤拔率法國艦隊駛離閩江。

歷時 8 天的馬江戰役，至此結束。

馬江戰役，是中國近代自有海軍以來對外的第一戰，卻以船毀師熸而告終。之所以如此慘敗，固然有多方面的原因，但最主要的還是清廷對

---

[624] 《中國海關與中法戰爭》，第 219 頁。按：據張佩綸電報，長門炮臺重創法國鐵甲艦的時間為 8 月 7 日，前後相差兩天（見《中法戰爭》（叢刊五），第 529 頁）。
[625] 《中法戰爭》（叢刊五），第 516、518 頁。
[626] 《中法戰爭》（叢刊五），第 529 頁。

第一節　法艦南侵：閩臺海域的挑戰

敵存有幻想和一廂情願地尋求妥協的錯誤政策所造成的。在清廷「靜以待之」的嚴旨下，既使疆吏難以有所作為，也渙散了前敵官兵的鬥志。目擊此戰的美國「事業」號上的一位軍官說：「拱手以待敵人之制，是雖有堅甲利器，亦無所用之也。」[627] 儘管如此，眾多海軍將士仍然前仆後繼，奮勇搏敵，視死如歸。賈雅格在呈給赫德的報告中寫道：「如果記住這些軍艦的水手，幾個星期以來始終處在敵人隨時準備發射 —— 並且是對準他們 —— 的炮口下，對於敵我實力的懸殊十分清楚，而始終沒有離開職位，那麼他們的行為簡直是可敬佩的。這一點必須提出來，以反證那些誣衊他們在船沉沒以前放棄炮位的讕言。」[628] 的確，眾多海軍將士用自己的鮮血譜寫了一曲愛國主義讚歌。

三　基隆退守與滬尾之捷

馬江戰役爆發後，清廷無可再忍，於8月26日明發上諭，對法宣戰。詔書歷述法國種種侵略行徑之後，指出：「該國專行詭計，反復無常，先啟兵端。若再曲予含容，何以伸公論而順人心！用特揭其無理情節，布告天下，俾曉然於法人有意廢約，釁自彼開。」諭令：「沿海各口，如有法國兵輪駛入，著即督率防軍，合力攻擊，悉數驅除；其陸路各軍，有應行進兵之處，亦即迅速前進。」[629] 在此以前，中國駐法公使李鳳苞也下旗離開巴黎，前往柏林。從表面上看，清政府似乎決意一戰，態度非常堅決。其實，並非如此。中國宣戰之後，在清廷的默許下，清朝官員與法國外交人員的聯絡並未中斷。在天津，李鴻章與法國領事林椿（Paul

---

[627]　羅蚩：《馬尾江觀戰記》。見佚名輯《中法戰爭資料》，第108頁。
[628]　《中國海關與中法戰爭》，第216頁。
[629]　〈上諭〉，《中法戰爭》（叢刊五），第518頁。

第四章　甲申海戰與中法海上衝突

Ristelhueber）；在上海，蘇松太道邵友濂與法國總領事李梅（Victor-Gabriel Lemaire）；在柏林，李鳳苞與法國駐德大使顧賽爾（Goussel），彼此之間都一直在保持祕密接觸。因此，清廷之宣戰，只不過是在對法政策上的一種調整，即變「以讓求和」為「以戰求和」而已。儘管如此，這對清政府來說，仍是一個進步。若不是在對法政策上做這種調整，恐怕要取得滬尾大捷是不可能的。

　　法國政府的對華方針則是以戰逼和，即透過戰爭以實現對中國盡可能多的掠奪。但是，法國茹費理內閣卻寧願繼續採取不宣而戰的政策。當時，孤拔極力主張法國正式宣戰。巴德諾也認為：「宣告戰爭狀態，定然較佳。」甚至提出，他本人撤離上海前往日本長崎，以便孤拔率領艦隊北上作戰，可以停泊吳淞。茹費理斷然拒絕了巴德諾的要求。他還要繼續玩弄戰和兩手：一方面，命令孤拔「繼續執行報復，並用極度毅力，貫徹其軍事行動」；另一方面，表示：「如中國有提議，可以直接向我提出，或請第三國居間轉遞。」就是說，法國不達目的絕不停止戰爭，但也不關閉和談的大門。9月9日，茹費理指示巴德諾，必須掌握「據地為質」、「這種強而有力的商議方法」，迫使中國政府「在九十九年期間，把基隆埠口的行政和經營、海關、礦區，並與該埠口相關的各種有用的權利，讓給我們」。巴德諾和孤拔認為，僅僅割讓基隆還不夠，割讓淡水作為補充是必需的。因此，向茹費理建議：「割讓基隆及淡水連同附近礦區，照我們的看法，是唯一可為的、非戲謔的同等價值賠償。」[630] 茹費理立表贊同。根據法國政府的指示，孤拔決定再度進攻臺灣。

　　9月29日，孤拔在進行作戰部署之後，於下午4點率「膽」號、「鬥拉

---

[630]　《法國黃皮書》，中國與東京事件，第 97、94、83、87 號。見《中法戰爭》（叢刊七），第 262、260、257～258 頁。

第一節　法艦南侵：閩臺海域的挑戰

克」號、「尼夫」號、「魯汀」號、「巴雅」號五艦，駛向基隆港；將「阿達朗德」號、「野貓」號、「窩爾達」號三艦留在馬祖澳，以保證與芭蕉山電信站的交通；命令利士比於翌日相同時間，率「拉加利桑尼亞」號、「德斯丹」號、「凱旋」號三艦，向滬尾方面出動。

9月30日上午9點，「膽」號等5艘法艦駛進基隆，碇泊於港外，與先已來此的「梭尼」號、「雷諾堡」號、「杜居土路因」號3艘法艦會合。孤拔乘坐「魯汀」號，在港外用望遠鏡進行觀察。他發現，中國軍隊嚴密地據守著通往臺北大道以南的山峰和基隆西南的高地，唯有基隆港西的仙洞山腳一直延伸到海邊，很容易攀登。「這山控制鄰近的所有山峰，可以真正看作為本處地形的管鑰。」因此，他決定：法軍即在仙洞山的山腳登陸，其「第一目的是占領這山的山嶺，在那裡設置炮位……用炮火轟擊所有中國方面的工事；同時部隊則沿岸邊的山脊路線繞轉港灣，驅逐敵兵；戰艦大砲同時射擊，支援步兵的行動」[631]。下令於10月1日實行登陸作戰。

法軍的登陸部隊，主要由3個兵種組成：步兵有海軍步兵3個大隊，由大隊長伯爾（Colonel Borel）、郎治（Colonel Longuet）、拉克羅（Colonel Lacroix）率領；砲兵3隊，包括海軍炮隊第23隊、陸上炮隊支隊和巴利（Balli）上尉率領的機關炮隊；工兵1隊。另外還有憲兵1隊。總兵力達到2,000多人。伯多列威蘭（Bordeleau）上校擔任法軍臺灣遠征軍司令。

自法軍第一次進攻基隆失敗後，劉銘傳知其不肯善罷甘休，定會增兵增船，捲土重來。奏稱：「基隆炮臺既為敵毀，臣深見敵人船堅炮利、巨炮環布鐵船，非避開船炮，縱得基隆，終難拒守。不得不退居滬尾，添築炮臺，另築土牆，深挖濠窟，隔山堅守，以老敵師。隔山則巨炮不克移

---

[631] 羅亞爾：〈中法海戰〉，《中法戰爭》（叢刊三），第560頁。按：羅亞爾在此處把仙洞山誤記為獅球嶺，今予以改正。

第四章　甲申海戰與中法海上衝突

攻，登岸則堅船已歸無用。非若死守基隆，彼長我短，勝算自可操也。」[632]基於以上策略上的考慮，他以曹志忠防區的正、中兩營離海過近，令其「移紮後山，以保兵銳」[633]。另派擢勝營官楊洪彪拆散挖煤機器移至山後，放水淹沒礦井，燒掉礦山的房屋，「並焚毀礦外存煤約一萬五千噸，以使法人不能再利用這存量豐富的煤礦，作艦隊的添煤站」[634]。因基隆炮臺已被法艦摧毀，重修已無可能，便決定放棄。同時，海關也撤離基隆，商務完全停頓。基隆基本上做到了堅壁清野的準備。守衛基隆的清軍有8營；恪靖軍6營，由曹志忠統領；武毅軍2營，由章高元統領。然「各勇日在炎瘴游溼之中，將士多病，八營之眾，能戰者僅一千多人」[635]。

　　10月1日清晨6點，法軍開始進攻，由「巴雅」號向岸上發出第一炮，整個艦隊同時向預定目標猛轟。6點半，在強大砲火的掩護下，乘坐「伯尼」號的伯爾大隊，首先分乘小艇，從基隆港西岸仙洞山腳登陸。曹志忠所部恪靖軍霆慶中營營官陳永隆、章高元所部武毅右軍營官畢長和，各帶士兵一百多人堅決抵禦，往復衝蕩，相持兩個半小時之久。不久，法軍登陸部隊陸續上岸，又從山頭抄襲，清軍不得不撤出山口。上午9點，法軍占領了仙洞山，即以山頂為據點，與海面上的艦隊配合，以猛烈的炮火射擊清軍陣地。章高元和陳永隆率部退至二重橋，設下埋伏，斃傷法軍前鋒六七人，迫使敵人退回仙洞山。此時，曹志忠、章高元等「督率將士，身自搏戰，毫無退心」[636]。正在全力相持之際，忽接滬尾告急的消息，形勢更趨嚴峻。是守基隆還是援滬尾？不容身為統帥的劉銘傳遲疑不斷，而

---

[632]　《劉壯肅公奏議》卷八，文海出版社影印本，第12頁。
[633]　《劉壯肅公奏議》卷三，第7頁。
[634]　《中國海關與中法戰爭》，第224頁。
[635]　〈督辦臺灣事務劉銘傳奏摺〉，《中法戰爭》（叢刊五），第563頁。
[636]　《中法戰爭》（叢刊五），第563頁。

第一節　法艦南侵：閩臺海域的挑戰

必須立即作出明確的抉擇。

按法軍的預定計畫，利士比率3艘法艦於10月1日抵達淡水港外。一舉攻占基隆和淡水，本是孤拔制定作戰計畫的指導概念。在這裡，孤拔犯了一個致命的錯誤：驕傲輕敵。法國艦隊從馬祖澳出發前，官兵當中充滿了樂觀空氣，歡欣鼓舞，甚至堅信：「這次行動不過是一種軍事的遊行散步，一槍亦不用放的。」[637] 正由於此，孤拔才決定兵分兩支，由其本人和利士比分別率領，兩處進攻，而且還將3艘戰艦留在馬祖澳，使本來已經分散的兵力更加分散了。

在此以前，劉銘傳已經看到了保衛滬尾的重要性。因為「滬尾為基隆後路，離府城只三十里，僅恃一線之口，借商船稍通聲問，軍裝、糧餉盡在府城……臺脆兵少，萬不足恃，倘根本一失，則前軍不戰立潰，必至全局瓦解，不可收拾」[638]。因此，他的指導概念是：「堅保滬防，擁護臺北府城，固全根本。」[639] 在他的帶領下，採取了以下鞏固滬尾防禦的措施：（一）填塞海口。鑑於法艦多次來窺滬尾，前敵營務處知府銜李彤恩建議，填塞海口，以防法艦進港。當時，各洋商以秋茶上市，紛紛阻撓，經曉以利害，多方開導，始得封塞。其法是用木船10艘，滿裝石塊，沿於港口，只留一條仄道可通小船。並在主航道上布設水雷。

（二）增修炮臺。原先，在滬尾海岸有一座舊炮臺，裝有克魯伯炮5門，指向淡水河入口處。劉銘傳抵臺後，又在濱海的丘陵上修築新炮臺一座，以控制海口的整個地平線。由於戰爭卒起，這座炮臺還未完全竣工，只安裝了一門舊式前膛大砲，並臨時配備了4門40磅小口徑炮。

---

[637]　羅亞爾：〈中法海戰〉，《中法戰爭》（叢刊三），第572頁。
[638]　《中法戰爭》（叢刊五），第563頁。
[639]　《劉壯肅公奏議》卷八，第12頁。

第四章　甲申海戰與中法海上衝突

（三）籲請增兵。起初，只有署福建陸路提督漳州鎮總兵孫開華統擢勝軍 3 營 1,200 人[640]駐滬尾。劉銘傳以臺北兵力單薄，多次籲請派兵援臺，南洋允調江陰銘軍分統劉朝祜 4 營赴臺，但因法艦封鎖海面，無船可僱。直到 9 月中旬，南洋花重金在上海僱「匯利」、「萬利」兩船，載劉朝祜軍 600 人，其中「匯利」裝 550 人，「萬利」裝 50 人，於 9 月 20 日駛抵淡水。「匯利」用駁船卸岸 100 人後，忽遇大雨颶風，二船皆入海避風。翌日風止，「萬利」50 人亦卸岸，而「匯利」則受到法艦「蝮蛇」號的攔阻，被迫將未下岸的 450 名清軍仍裝回上海。是日，劉銘傳至滬尾視察後，又添派張邦才炮勇 100 人。

（四）招募土勇。由於大陸派兵困難，而形勢日趨吃緊，劉銘傳在臺北設團練局，招募土勇。其中，最著名的有兩支：一是林朝棟，初募 100 人，助守基隆；一是張李成，初募 200 人，助守滬尾。

到法軍進攻時為止，滬尾守軍的總兵力，包括張李成土勇在內，才 1,650 人。

10 月 1 日上午 9 點半，當基隆正在激戰之際，利士比率領 3 艘戰艦駛至滬尾，在早已泊於此處的「蝮蛇」號的旁邊下錨。4 艘法國軍艦排在與海岸平行的一列線上，其順序如下：「拉加利桑尼亞」號、「凱旋」號、「德斯丹」號和「蝮蛇」號。10 時，利士比發訊號給在港內的英船「戈克歇菲」號：「我將於明日 10 點開火。」法艦一面測量與滬尾炮臺的距離，一面觀察岸上清軍的動靜。據測算，法艦停泊位置距舊炮臺為 2,600 公尺，距新炮臺為 3,200 公尺。岸上的中國守軍也正在做抗禦的準備，「工事活動整天不斷地、最緊張地進行……積極地將炮臺安好，以便使用。人數眾多的步兵在堡壘周圍往來和操練」。對於這些，利士比不感到有什麼可擔心

---

[640]〈淡水關稅務司馬士報告〉，《中國海關與中法戰爭》，第 224 頁。

第一節　法艦南侵：閩臺海域的挑戰

的，甚至不屑一顧，認為法艦「距離遠，使他們不起什麼作用」。於是，他又於下午 3 時發訊號給「戈克歇菲」號：「你在我的射程內。」[641] 暮色降臨，一夜平靜，法艦的全體官兵都安心睡覺，只等明天上午 10 點的進攻炮聲了。

法艦發出訊號之後，孫開華、劉朝祜、李彤恩三人，兩度飛書至基隆告急。晚上 8 點左右，劉銘傳接到第一件告急文書，稟明法軍明日定攻滬尾，並請派兵救援。到 10 點左右，又接到第二件告急稟文，內稱：「法船已到五艘，滬口危在旦夕，臺北郡城恐為敵有，請移師救援。」[642]

當天黃昏之後，劉銘傳正在基隆大營，與曹志忠、章高元、蘇得勝諸將議事。當時商定，半夜時分由曹志忠率東岸 5 營各出四成隊，至西岸會同章高元軍，去偷襲法軍營盤。適在此時，接滬尾第一封告急文書。同時，還有英國駐淡水領事費里德（Alexander Frater）和淡水關稅務司法來格（E. H. Lager）的來信，內稱：「法人十四日（10 月 2 日）十點鐘定攻滬尾，攻破滬尾之後，長驅到臺北。臺北空虛，料難抵禦。若臺北有失，則全臺大不可問。以洋人論，則基隆重而滬尾輕；以中國論，則基隆輕而臺北重。務請率師救滬尾以固臺北根本。」劉銘傳感到了情況的緊急，但深知難以兼顧，便立即親筆致書孫開華和李彤恩，謂：「基隆兵尚不敷，不能派隊馳救，現已飛調甫到新竹之武毅右軍左營，赴滬助戰。基隆今日甫獲勝仗，諸將不肯拔隊，萬難分兵。請堅忍為兩口之守，以顧威名而全大局。」[643]

雖然如此，劉銘傳仍然不放心滬尾的戰況。及至接到第二封告急文書

---

[641]　羅亞爾：〈中法海戰〉，《中法戰爭》（叢刊三），第 565 頁。
[642]　《中法戰爭》（叢刊五），第 568、564 頁。
[643]　《中法戰爭》（叢刊五），第 568 頁。

第四章　甲申海戰與中法海上衝突

後,他還是下不了最後決心,遲疑不決達兩小時之久。直至近午夜時,接到第3次告急文書,他想到「事急不得出十全,必有所棄而後有所取」[644],終於決定「只有先其所急,移師顧守後路」。傳令曹、章二將無須撲法軍營盤,挑奮勇300人,與土勇100人退守獅球嶺;其餘各營勇丁、軍裝盡退運臺北附近的錫口、舡卿一帶。

　　劉銘傳的這一決定,引起幾乎所有官員、將領和紳民的反對。臺北知府陳星聚和淡水知縣周有基,「均以基隆有獅球嶺天險可守,若任法人上岸,一過山嶺,則長驅直入,無可阻擋,郡城難保」。馳稟阻止,已來不及。基隆通判梁純夫當面進諫:「若棄基隆而不守,則基隆以達宜蘭,而蘇澳非復國家土地矣。況守基隆,勝於守艋舺。基隆不守,敵人即有立足之地,不獨可以直下艋舺,且到處可擾。其關係大局,殊非淺鮮!」言之再三,聲淚俱下。而劉銘傳主意已定,不可挽回。臺北、基隆紳民公稟所言最為痛切:「愚民驚駭,私相偶語,有言用計者,有言棄之者,甚至有言禍不深、功不烈者,嘖嘖人言。竊爵帥勳高望重,蓋世英名,稱揚四海。今基隆之故,愚民妄言,固在不足有無之數。而在職等,思基隆為臺北府城門,最為扼要,門戶一失,堂奧堪虞。且法人之所難得者,煤炭耳。今民炭任在搬運,海上之船從此有恃無恐,而腳踏實地,步步為營,長驅直入,水陸並進,凡臺灣蒼赤難免遭殃。……況臺灣為海外重鎮,如此一變,天下大局震動。凡有血氣者,莫不搥胸頓足,號哭郊原,痛切剝膚,咸動公憤。」劉銘傳在稟上批曰:「據稟各情,所論實為切要。唯前因滬尾緊要,距府過近,臺北萬一有失,所關尤重,不得不移師趕回,以顧滬口之防,兵力單薄,不敷公布,而外人何得而知?此本爵軍門之苦心,亦即軍事之緊要。」又謂:「本爵軍門用兵有年,非萬不得已,豈肯輕棄要

---

[644]　〈書先壯肅公守台事〉,《中法戰爭》(叢刊三),第152頁。

第一節　法艦南侵：閩臺海域的挑戰

隘？現在唯就現有兵力，竭力防剿，以抒紳民士庶義憤之忱。天地神明，實共鑑之！」[645]一般民眾當然更不理解，甚至「詬之為漢奸，為懦夫」[646]。

左右諸將環跪而諫，劉銘傳反問道：「是吾意也，咎吾自當之。若以基隆失他隘，君等能任其咎乎？」[647]皆不能答。章高元是劉銘傳的舊部，也伏地哭阻。他不禁大怒，拔佩刀砍前案，叱之曰：「不捨基隆，臺北不能保也。違者斬！」[648]

看來，劉銘傳是下了最大的決心，也甘冒最大的風險。當時，在臺灣省內，到處是流言蜚語。一些外籍人士猜測：「劉爵帥向臺北府敗退，彼意以為在彼背城一戰，繼可退入臺灣之南地也。余等於本口岸（淡水）遙揣，法兵必自基隆行陸路至此，與彼之兵船會合。隱窺夫伊等之意，不外乎臺灣北半盡歸其掌握耳。」[649]對此，他一概置之不理。不僅如此，他還要頂住來自朝廷的壓力，「論者前後數十疏，諭旨切責，有『謗書盈篋』之語」。他也毅然不為動，說：「兵事變化，惡有隔海可遙度者？」[650]

那麼，劉銘傳這個決心下得對不對呢？100年來，對此毀譽不一，迄今仍在聚訟不休。然而，揆諸事實，至少有3點是可以斷定的：

第一，即使基隆守軍不援滬尾，也不可能立即驅法軍入海。法軍這次進攻，所用兵力大幅超過第一次。其登陸部隊是上次的10倍；與中國守軍可戰之兵相比，其數量幾乎超過1倍。而且法軍有8艘戰艦的猛烈炮火作掩護，清軍要在海岸一帶與之對抗，是根本不可能的。唯其如此，法軍

---

[645]　《中法戰爭》（叢刊五），第566～570頁。
[646]　〈淡水新關稅務司法來格呈〉，《法軍侵台檔》（一），文海出版社印，第217頁。
[647]　〈紀劉省三宮保守臺灣事狀〉，《中法戰爭》（叢刊三），第149頁。
[648]　《劉壯肅公奏議》卷首，第3頁。
[649]　《法軍侵台檔》（一），第216頁。
[650]　《中法戰爭》（叢刊三），第152頁。

第四章　甲申海戰與中法海上衝突

才輕易地占領了仙洞山,並在兩三小時內推進到二重橋。到當天中午時,法軍登陸部隊已經全部上岸,並在仙洞山上駐紮兩營(郎治大隊和拉克羅大隊),清軍想要奪回仙洞山並非易事,除了造成重大傷亡和消耗有生力量外,不會有更好的效果。若不能像第一次那樣,迫使法軍撤退,那就只能與敵全力相持。這樣一來,不僅基隆清軍陷入被動,而且滬尾清軍得不到增援,也會處於危殆的境地。

第二,清軍放棄基隆,完全出乎孤拔的意料之外,因而陷入劉銘傳所布的疑陣。法軍雖在10月1日登陸成功,並鞏固了灘頭陣地,占據了險要,但2日和3日兩天卻不敢大力向前推進,只在海岸一帶占領了幾處高地。因為法軍上次進攻基隆吃了虧,這次變得小心翼翼了。直到4日,孤拔下令占領基隆,這才發現是一座空城。法軍「在靠近海關大樓處登陸,上去看到這座房屋全部為中國軍隊所放棄,甚至於城市亦一樣,單單看見幾個無敵意的本地人」。既占領基隆之後,孤拔仍然不知基隆附近有多少清軍,不敢輕舉妄動。據一個法國軍官自述:「我們占領了城市,以及沿著港灣的第一道高地,並將中國軍隊驅至緊靠在後的高地。只從敵人非常微小的抵抗來看,倘若想要擴大占領區,並非輕妄鹵莽。但登陸軍隊的弱小人數,剛好夠防守所攻得的據點,任何向前推進都沒有用處,因為我們沒有人,不能據守再取得的陣地。所以我們好像是被中國軍隊所封鎖。想要擴大形成於我們周圍的包圍圈,那就完全必需增援占領部隊。而且,即使援軍到來後,恐怕還會有新的困難,因為中國軍時刻不停地在第二道山脊上建築堅固的工事。我們到臺灣北部來的主要目標是要煤礦工廠。它們距離尚遠,彼我之間有三道重重相疊的高山。」[651] 明明占據優勢的法軍,卻由於主帥孤拔不能知彼知己,以及在策略方向上缺乏明斷,卻使自己的

---

[651]　羅亞爾:〈中法海戰〉,《中法戰爭》(叢刊三),第 561～562 頁。

第一節　法艦南侵：閩臺海域的挑戰

優勢化為烏有。這樣一來，清軍不僅贏得增援滬尾的時間，而且滬尾防禦得到加強後，又能夠及時地回守基隆後路之返水腳。劉銘傳所說「本爵軍門之苦心，亦即軍事之機要」，得到了完全的證實。

第三，劉銘傳率軍援滬，既加強了滬尾的防禦力量，又提高了士氣，成為清軍獲得滬尾大捷的一個關鍵因素。章高元是一員勇將，在滬尾防禦戰中發揮重要的作用。當時，劉銘傳自駐淡水策應。據時人稱，適「疫癘流行，我軍既疲勞，復感瘴，多疾病，軍中炊煙日減。公短衣草履，親拊循士卒，弔死問疾，與同食飲。將士感奮，人人皆樂為吾帥死」[652]。如果不是劉銘傳當機立斷，麾軍援滬，很難保證滬尾不失。法軍若占滬尾，直下臺北，不但臺灣局面將不可收拾，而且中法戰爭的結局也會完全是另一個樣子。後來，清廷派幫辦軍務楊嶽斌在臺灣查李彤恩案，指責李彤恩「不審敵情」，遽爾「三次飛書告急」，「第知滬尾兵單，而不知孫開華諸將領之足恃」[653]，其實不過是一種想當然的說法。正如劉銘傳指出：「雖提臣孫開華驍勇敢戰，器械不敵，眾寡懸殊，何能保其不失！」[654]

劉銘傳毅然撤基援滬，表現了他身為統帥的卓越膽識和非凡氣度。「及滬尾戰捷，軍威大振，中外人士聞其戰狀者，始交頌劉公艱苦絕人。」[655]

當 10 月 2 日曹志忠、章高元兩軍陸續抵達臺北時，滬尾之戰的炮聲提前打響了。劉銘傳率軍趕至淡水，立派曹志忠、章高元、蘇得勝二將率奮勇數百名，馳援滬尾。

是日清晨 6 時 35 分，孫開華和劉朝祜商定，命張邦才先發炮擊敵。

---

[652]　《中法戰爭》(叢刊三)，第 152 頁。
[653]　〈遵旨確查據實複陳折〉，《楊勇愨公奏議》卷一六，文海出版社影印本，第 27 頁。
[654]　《劉壯肅公奏議》卷二，第 16 頁。
[655]　《中法戰爭》(叢刊三)，第 153 頁。

第四章　甲申海戰與中法海上衝突

這個時間較利士比預定的開戰時間提早了近 3 個半小時，使法軍大感意外。此時，4 艘法國軍艦按照工作表的規定，正在進行洗刷艦面的工作，根本沒想到中國軍隊會這麼早開始炮擊。在法國軍官當中，普遍存在著輕敵麻痺情緒。第一天晚上，「在艦上相互交換的談話中，多在為明天諸事件打賭。有些人說，一切都將經過良好，只等待通告的時間開火便了，而且在很短的時間內，因有我們的優良炮手，敵人的大炮即將被擊碎，防禦工事將被破壞」[656]。這些法國軍官的看法不是全無道理，這是他們的經驗之談，而這次卻碰了釘子，因為他們低估了滬尾守軍的決心和勇氣。正由於此，法軍在始戰階段便陷入了被動。利士比見中國守軍開炮後，才匆忙地發出準備戰鬥的訊號。

中國軍提前開炮，是一個非常果敢而又聰明的決定。法國侵略者承認：「中國方面，當攻擊的開始，是懂得利用我們不可能好好射擊的時機的。當光耀的太陽出現在俯瞰城市和堡壘的群山上時，一陣濃霧完全把城堡遮蓋著，把它們掩蓋起來，使我們看不見。我們的視線原已經為當面撲來的強烈陽光所妨礙。此外，又如晴天好日的早晨所常有的高度的折光現象在整個海岸出現，目標全都顯得高起，以致我們的砲彈打得過遠。當半小時內，我們完全是無益地消耗子彈。中國方面的榴彈，都在法國戰艦的陣線前的一點點的地方爆發。」[657] 法艦「德斯丹」號、「凱旋」號、「蝮蛇」號先後受傷，其中「蝮蛇」號受傷最重。據觀戰的淡水新關稅務司法來格報告：「斯時中國海灘中炮臺，已設許多沙袋圍護，備有新式克魯伯炮五尊；並於其上面高處所尚未修葺完竣之炮臺，備有一尊從舊膛裝藥之大砲。……炮臺發出炮彈，可命中擊打法船，將法國維伯戰船頭桅打成兩

---

[656]　羅亞爾：〈中法海戰〉，《中法戰爭》（叢刊三），第 565 頁。
[657]　《中法戰爭》（叢刊三），第 566 頁。

第一節　法艦南侵：閩臺海域的挑戰

截，復於其船旁擊一大洞。是只維伯戰船，為前數日開來本口者。而法國船發出之砲彈，甚不得利，均擊中於事無濟之他物，獨不能打炮臺。是時，炮臺之完固，與未開仗之先，差無幾也。」[658] 這場炮戰一直持續到下午4點。在炮戰中，岸上舊炮臺終於被法艦的猛烈炮火摧毀，陣亡炮勇10幾名，張邦才身受重傷；新炮臺略受損傷，而其前膛炮因施放太多，業已損壞，不堪使用。

當天夜裡，利士比派兩艘小艇進港偵察。原先，孤拔命利士比率艦來滬尾的任務是：「保證擔任封鎖職務的戰艦得在港口自由出入，並保證河流內部航行的絕對安全。」[659] 但是，根據偵察得來的情況，他認為，要清除河道，除去水雷和沉船，最好的辦法是軍隊登陸。這樣，便可派水雷兵找到起爆水雷的燃點站，逐一地將水雷炸毀。然後，再派「凱旋」號裝載一兩枚500公斤的黑炸藥水雷，利用其強大的爆炸力在封塞的河道中間開闢一條便於往來的航道。於是，立即派「德斯丹」號駛至基隆，向孤拔送去所擬定的登陸計畫。

10月3日，孤拔批准了利士比的登陸作戰計畫。同時派「杜居土路因」號、「雷諾堡」號、「膽」號3艘戰艦增援利士比。下午5點，這3艘法艦抵達淡水港外，使法艦的數量增加到7艘。這樣，能參加登陸作戰的人數達到600人：「拉加利桑尼亞」號120名；「凱旋」號120名；由「膽」號裝來的「巴雅」號陸戰隊100名；「德斯丹」號和「雷諾堡」號共130名；「杜居土路因」號和「膽」號共130名。另外還有大約200名從西貢和河內募來的僱傭兵。登陸部隊由「拉加利桑尼亞」號副艦長馬丁上校指揮，因為他在第一次基隆登陸作戰中指揮法軍退卻，避免了大量傷亡。

---

[658]　《法軍侵台檔》(一)，第215頁。按：引文中之「維伯戰船」，原文為 la Vipere，即「蝮蛇」號。
[659]　《中法戰爭》(叢刊三)，第567頁。

第四章　甲申海戰與中法海上衝突

　　根據利士比的命令，法軍於 10 月 6 日實行登陸，以淡水河北岸的一個小灣為靠岸地點：上岸後，馬丁應先占領滬尾新炮臺所在的高地，然後下至舊炮臺，避免通過兩處炮臺下面的厚密森林，以防遇到埋伏。因從 5 日晚間起，海面驟起大風，法軍的登陸計畫又推遲了兩天。臨登陸前，馬丁說是得了重病，利士比只好改命「雷諾堡」號司令波林奴指揮，以「凱旋」號的杜華爾上校為副官參謀。

　　10 月 8 日上午 9 點零 2 分，法國海軍陸戰隊分乘數十艘小艇出動。9 時零 4 分，利士比下令各艦開始發炮，以榴彈遮覆海岸，以及堡壘和岸上所有構築防禦工事的營地。岸上則寂然無聲。9 點 35 分，各小艇抵達海灘，陸戰隊登岸整隊。9 點 55 分，開始展開隊伍，分為隊：一隊順沙灘南行，直撲舊炮臺；一隊北行；一隊向內陸而行。

　　是日清晨，孫開華見法艦放下小艇，斷定其勢必登岸。於是，與章高元、劉朝祜商定，由孫開華親督擢勝右營營官龔占鰲埋伏在假港，中營營官李定明埋伏在油車，後營營官范惠意為後應；章高元、劉朝祜各率本營埋伏於新炮臺的山後為北路，以防敵人包抄；李彤恩所募張李成營埋伏於北路山澗。「皆列陣於沙堤高下崎嶇之處，其軍為叢密小樹遮蔽者殆半。」10 點 10 分，當法國海軍陸戰隊逼近叢林時，聽到林中響起了砰砰的槍聲。法軍不敢進入叢林，旋即後退，任中國軍隊衝出。25 分，孫開華見時機已到，立率李定明、范惠意兩營，從新炮臺後面的工事裡衝出，直前搏敵。章高元等自北路迎戰，使法軍兩面受敵。據法來格記述：「時華軍張兩翼而進，膽力堅定，步武整齊，不少退縮，以來復槍夾攻法兵，連施不絕。法兵竭力抵抗，志在前進，初不料華軍儼然不動，概無少退。法兵皆持來復槍，並多帶有輪旋施放之新式炮，加以法船皆開炮相助，乃力戰

第一節　法艦南侵：閩臺海域的挑戰

四點鐘之久。」[660] 在短兵相接中，孫開華、章高元皆「身先士卒，血肉相搏」。銘軍一朱姓哨官「盡裂其衣服，袒身唧利刃，持炮狂呼轟擊而進。其屬五十人亦大呼馳進，遂衷敵師，裂其陣」。張李成所部「突出敵背，敵愕顧。我軍前後夾擊，士卒皆一以當百，短兵接，呼聲動天地。法軍亂，則反走其艦」[661]。中國軍隊追至岸邊時，「法船向華軍開炮，反自斃法兵數名，並自擊沉二小法艇」[662]。到下午1點，法兵遺下來不及搬走的眾多屍體，好歹逃到了艦上。

在滬尾之戰中，擢勝中、後兩營首迎其衝，鏖戰最久，傷亡較多，陣亡哨官3員，傷亡士兵一百多人；武毅、銘中兩營及張李成士勇傷亡近百人。法軍被梟首者25名，其中有「拉加利桑尼亞」號陸戰隊司令方丹（Fontaine），以及「雷諾堡」號的見習軍官羅蘭（Roland）和狄阿克（Diac）；被擊斃者30多人，逃跑時因爭渡而溺死者有七八十人；受傷者一百多人。[663]「凱旋」號的隊長德荷臺（de Hautay）胸部中彈，雖被屬下搶回艦上，終因傷重而斃命。遺棄格林炮數門。此戰清軍大獲全勝。

滬尾之戰，對法國侵略者是一次沉重的打擊。參加作戰的海軍軍官承認：「這次的失敗，使全艦隊的人為之喪氣。……對於這不祥的一天的悲慘印象，又加上了慘重的損失，大家的談話總不能脫開這麼令人傷痛的話題。」狂妄自負的侵略分子利士比經過此戰以後，也失掉了信心，呼喊：「水手永不到地上作戰！」[664] 從此，不敢再次在滬尾進行登陸。孤拔在發

---

[660] 《法軍侵台檔》（一），第219頁。
[661] 《中法戰爭》（叢刊三），第152、150、153頁。
[662] 《法軍侵台檔》（一），第219頁。
[663] 〈孫開華致曾國荃函〉：「是役也，法寇傷亡約五六百人，官軍傷亡二百餘人。」（見《法軍侵台檔補編》第74頁）
[664] 〈孫開華致曾國荃函〉：「是役也，法寇傷亡約五六百人，官軍傷亡二百餘人。」（見《法軍侵台檔補編》第74頁）

第四章　甲申海戰與中法海上衝突

給巴德諾的電報中也不得不自認失敗:「淡水失敗嚴重。艦隊 7 艦的陸戰隊企圖突擊魚雷燃點站,被擊退。我們的損失十分嚴重。」在接到滬尾失敗的消息之前,巴德諾堅信:「我們有希望很快地把整個臺灣北部,不可動搖地置於我們統治之下。」[665] 並準備隨後派艦隊北上,攻襲直隸。滬尾一戰,使法國侵略者的狂想幻滅了。

防守滬尾海口的清軍,在沒有海軍支援的情況下,挫敗了強大的法國艦隊的強行登陸計畫。這次勝利得來不易,是應該大書特書的。但也正由於沒有海軍,後來法國艦隊才得以攻占澎湖,使鎮南關大捷策略性勝利的影響在一定程度上有所抵消。

四　法國「擔保政策」的破產

劉銘傳指揮的抗擊法國保衛臺灣之戰,其是非對錯,歷來頗有爭議,聚訟紛紜,未有已時。論者或著眼於撤基援滬之得失,或探討劉左（劉銘傳與左宗棠）、二劉（劉銘傳與劉璈）之爭的誰是誰非,這些研究無疑是有必要的,然卻不能以此作為評價劉銘傳的標準。評價歷史人物,既要把問題提到一定的歷史範圍之內,又要將社會實踐及其效果作為最主要的標準。當時,法國政府的侵臺方針,是以實施其「據地為質」的「擔保政策」為目的。因此,其「擔保政策」是否得到實現,是評價法國侵臺方針成功與否的主要依據,當然也是評價劉銘傳帶領的臺灣抗法戰爭勝利與否的唯一標準。正由於此,要探討劉銘傳撤基援滬決策的是非問題,必須先對法國政府的「擔保政策」做進一步的了解。

或認為,劉銘傳作出撤基援滬的決定,使法軍占領基隆,在臺灣得到

---

[665]　《中法戰爭》(叢刊七),第 266、264 頁。

第一節　法艦南侵：閩臺海域的挑戰

了一個立足點，從而使其「據地為質」的「擔保政策」得以實現。是否真的如此，還是一個需要進一步研究的問題。

　　首先應該了解的是，法國的「擔保政策」是如何出籠的？要回答這個問題，必須追溯到法軍在越南所挑起的「北黎衝突」。北黎是諒山附近的一個地方，中國稱為觀音橋，故或稱其為「觀音橋事變」。先是在西元1884年5月11日，李鴻章與法國代表福祿諾（François Ernest Fournier）海軍中校在天津簽訂了《中法簡明條約》五款，其第二款規定「中國約明將所駐北圻各防營即行調回邊界」；第五款規定「此約既經彼此簽押，兩國即派24全權大臣，限三月後悉照以上所定各節會議詳細條款」。[666] 第二款有中國撤兵之語，而無撤兵之期，應按第五款3個月後雙方訂明詳細條款，兩國界務議定分清之後，中國再行撤兵，這是顯而易見的。但是，到5月17日，即福祿諾離開天津前，臨時留下一件「牒文」給李鴻章。其中片面地規定，法軍於20天後，即6月6日占領諒山等地；40天後，即6月26日占領越南全境。「牒文」的最後竟有這樣的一句話：「這些期限屆滿後，我們將立即進行驅逐遲滯在東京領土上的中國防營。」[667] 法國政府剛好借這件「牒文」挑起了「北黎衝突」。

　　法方單方面地炮製了這件「牒文」，不僅違背了外交的常規，而且也是沒有法律效力的。連法國的公正輿論都承認這是法國政府的「外交錯誤」。如巴黎《評論報》的一篇署名文章便寫道：「這是法國交涉員個人單獨規定了中國軍隊撤退的細節，細節中附上撤退的一定日期。很可惜這些細節和這些日期從未經總理衙門承認接受。既然總理衙門不曉得這些細節

---

[666] 邵循正等編：《中法戰爭》（中國近代史資料叢刊）（七），上海人民出版社，1961年，第419～420頁。
[667] 《法國黃皮書》，北黎案，第17號。見《中法戰爭》（叢刊七），第216頁。

第四章　甲申海戰與中法海上衝突

和日期，它如何得加以承認接受呢？」同時還批判法國政府：「讓外交家去訂立條約，是智慎之舉，這和讓軍事家去打仗一樣。一個政府，不守這個法則，便要承當責任。」[668]明明是法國政府犯了外交錯誤，卻絕不認帳，反而無理取鬧，耍盡了無賴，並進而訴諸軍事行動。

「北黎衝突」發生於6月23日。先是法國遠征軍總司令米樂（Charles-Théodore Millot）命杜森尼中校率其縱隊880人，及運輸隊約1,000人，兼程北上，企圖盡快強占諒山。是日，當行近中國軍營時，清軍已革提督萬重暄派3名員弁前去交涉，並攜帶了一封「詞氣極為和平」的信件。杜森尼扣留了清軍使者，派人到清軍軍營聲稱：「一點鐘內，法國軍隊將繼續前進。」[669]並謂：「和與不和，三日內定要諒山！」[670]隨後即鼓動部下官兵，高喊：「我奉有開赴諒山的命令，我要前去，有了像我這麼一支軍隊，我能夠直搗北京。」[671]又派了幾隊法軍去搶占四周山崗，遇到清軍的前哨，「不再麻煩也不和他們談判，直接就向他們開槍」，並且槍殺了清軍的3名來使。[672]清軍被迫還擊。雙方激戰達3個小時，清軍傷亡300多人，法軍傷亡98人，失蹤2人。這次北黎衝突本是法國方面挑起的，它卻要倒打一耙了。

衝突發生後，法國政府總理茹費理致函清朝兼署駐法公使李鳳苞，咬定這次衝突是中國方面的「預謀」，聲稱：「這明顯地違背了天津條約。對這個條約的違背我們明示地保留法國要求合法賠償的一切權利。」[673]同時，其駐華代理公使謝滿祿一面照會總理衙門，「攻打之責任在中國，無

---

[668] 《一八八四年十月十九日評論報論文》，《中法戰爭》（叢刊七），第414、417頁。
[669] 加爾斯：〈在侵略東京時期〉，《中法戰爭》（叢刊三），第506、507頁。
[670] 〈廣西巡撫潘鼎新奏法人撲犯官軍迎擊獲勝折〉，《中法戰爭》（叢刊五），第422頁。
[671] 加爾斯：〈在侵略東京時期〉，《中法戰爭》（叢刊三），第507頁。
[672] 斯名特：〈一八八四年法國進軍越南記〉，《中法戰爭》（叢刊三），第379頁。
[673] 《法國黃皮書》，北黎案，第34號。見《中法戰爭》（叢刊七），第219頁。

第一節　法艦南侵：閩臺海域的挑戰

論明暗攻打，法國定欲暫存應得賠補之權」[674]；一面指示其駐天津代理領事法蘭亭（J.H. Frandin）威脅李鴻章，說法國已派「頭等水師提督孤拔總統兵船來華，兩三月內必定有辦法，必要賠償」。[675] 總理衙門據理駁之日：「貴國官兵既欲巡邊，何以不待詳細條款議定之後，又何以不先知照貴署大臣明告本衙門以便轉行中國滇、粵各防營知悉，而遽行前進攻打，核與簡明條約第二款『不虞有滋擾之事』相背。似此情形，貴國官兵應任攻打之責，認賠補之費也。」但為了「共保和好大局」，建議兩國軍隊各仍駐原地，「不准前進，靜候兩國大臣議定界務，再行飭遵」。[676] 法國一心要乘機從中國榨取更多的利益，決定一意孤行到底，非要中國賠償不可。

法國政府曾先後提出了三個索賠方案：

第一個方案，是中國向法國賠償 2.5 億法郎（約合銀 3,570 萬兩）。最初，茹費理致函李鳳苞，提出：「要求最少二億五千萬佛郎的賠款，作為違背條約的賠償及我們維持東京遠征軍團所需要的費用的賠償。」[677] 為了實現索賠的計畫，法國新任駐華公使巴德諾在上海與清政府任命的全權代表兩江總督曾國荃談判時，極盡勸誘之能事，提出中國賠款符合兩利的原則：一是法國征服越南和重建治安，從商務觀之，中國和法國同樣獲益；二是北黎事件的結果大幅增加了法國的費用，「因此提出了二百五十兆佛郎，作為目的在賠償法國開銷的一種出資。法國這些開銷對兩國都是有利的」。[678]

第二個方案，是中國向法國賠償 8,000 萬法郎（約合銀 1,140 餘萬

---

[674]　〈法國謝署使照會〉，《中法戰爭》（叢刊五），第 394 頁。
[675]　〈北洋大臣李鴻章來電〉，《中法戰爭》（叢刊五），第 396 頁。
[676]　〈複法署使臣照會〉，《中法戰爭》（叢刊五），第 395～396、399 頁。
[677]　《法國黃皮書》，北黎案，第 39 號。見《中法戰爭》（叢刊七），第 223 頁。
[678]　《法國黃皮書》，北黎案，第 70 號。見《中法戰爭》（叢刊七），第 234 頁。

第四章　甲申海戰與中法海上衝突

兩）。這是海關總稅務司赫德的斡旋方案：「中國承認法國為保證東京商務的安全，需要莫大的費用，約定在捐輸的名義下，於十年內，每年付給八百萬法郎，結果共計八千萬，即為最終之所要求數字。」但有一個附加的條件，即：「法國同意安南對中國繼續納貢，作為交換條件。」[679] 在茹費理看來，8,000 萬法郎也是一筆可觀的鉅款，急欲將它賴到手，命巴德諾透過赫德遊說中國全權大臣，即以這個數目作為「獲致協議的一個基礎」。赫德則認為，若能繼續保持傳統的進貢儀式，即在法國「與安南訂立諸新約以前，越廷每二年進貢一次與中國皇朝」，倒可以試試。對此附加條件，法國根本拒絕考慮。因為照巴德諾的說法，「此項提議，等於間接否認我們的保護權」。[680]

第三個方案，是中國向法國賠償 5,000 萬法郎（約合銀 700 餘萬兩）。這是海軍提督利士比的建議，減少到 5,000 萬法郎，作為最後的、不能再減少的出價。茹費理認為，8,000 萬法郎分 10 年付給，與 5,000 萬法郎以三四年付給，頗相接近，同意這個方案。巴德諾仍以堅持 8,000 萬的數目為宜，茹費理幫他算了一筆細帳：「五千萬分三四年付給，算上利息，則兩個辦法很接近了。」[681] 並指出 5,000 萬是盡頭數目，要他明告總理衙門：「至於數目，討價還價，毫無用處。就是五千萬或者戰爭。」[682] 於是，由謝滿祿照會總理衙門，限於 8 月 1 日前議定賠款之數，否則法國「定必火速動兵」[683]。出乎法國政府的預料之外，清政府這次的態度比較堅決，不聽威脅，告以：「諒山之事，貴國先行開釁，本屬理曲，中國知之，各

---

[679]　《法國黃皮書》，中國與東京事件，第 8 號。見《中法戰爭》（叢刊七），第 238 頁。
[680]　《法國黃皮書》，中國與東京事件，第 23 號。見《中法戰爭》（叢刊七），第 241～242 頁。
[681]　《法國黃皮書》，中國與東京事件，第 28 號。見《中法戰爭》（叢刊七），第 246 頁。
[682]　《法國黃皮書》，北黎案，第 70 號。見《中法戰爭》（叢刊七），第 234 頁。
[683]　《法國黃皮書》，中國與東京事件，第 8 號。見《中法戰爭》（叢刊七），第 238 頁。

第一節　法艦南侵：閩臺海域的挑戰

國亦知之。乃轉因此索賠，並欲動兵，是貴國動兵之始，已先處於無理之地。」[684] 揭穿了法國的行徑純屬敲詐。

從以上三個索賠方案看，法國政府要求中國賠償的數目本無定準，能多敲就多敲，不能多敲就少敲，必須乘機撈到一筆巨資。等到各種伎倆被戳穿，外交訛詐失敗，便決定輔之以軍事訛詐。就是在這種情況下，法國政府終於丟擲了其蓄謀已久的「擔保政策」。

法國「據地為質」的「擔保政策」的形成，是有一個過程的。它不是法國在「北黎衝突」後才突然提出來的。其實，早於「北黎衝突」的發生，甚至在李鴻章與福祿諾在天津會談之前，法國政府已經在考慮採取「擔保政策」的問題了。

早在4月上旬，福祿諾即有密信致李鴻章，內稱：「法國欲向中國索償兵費，且擬乘此機會用其兵力占據東方沿海地方以為質押。」其後，他又透過天津海關稅務司德人德璀琳（Gustav von Detring），有意地向李鴻章透露法國的「密計」。所謂「密計」，也就是「據地為質」的「擔保政策」。據德璀琳向李鴻章報告：「蓋聞其密計，法提督孤拔、利士比等遍查中國沿海防務，閩、粵、江、浙罅隙頗多，若乘此夏令越南暑瘴之際，移調水陸來擾，必可隨意攻奪一二口岸為要索巨費地步，其意尚不在此也。」[685] 可見，法國早就準備把「擔保政策」作為一種訛詐的手段了。

「北黎衝突」發生後，法國軍政界普遍認為實施「擔保政策」的時機來到了。利士比即讓其副官日格密（Rigmy）致電海軍殖民部長裴龍（Admiral Peyron）海軍中將稱：「我看海軍分艦隊的一個強力行動及占取一地以為質，對於強制中國履行天津條約，是必不可少的。」巴德諾也致電茹費

---

[684]　《法國黃皮書》，中國與東京事件，第23號。見《中法戰爭》（叢刊七），第241～242頁。
[685]　《法國黃皮書》，中國與東京事件，第28號。見《中法戰爭》（叢刊七），第246頁。

第四章　甲申海戰與中法海上衝突

理說：「我們欲獲取賠償，必須據地以為質。」這兩封電報，對於法國政府下決心採取「擔保政策」發揮推動作用。7月9日，茹費理在給李鳳苞的信中便正式提出，中國對法國的賠償要求必須給出滿意的答覆，「要不然，我們將有必要直接地獲取擔保與應得的賠償」。4天後，即7月13日，裴龍便向孤拔下達了這樣的電令：「遣派你所有可呼叫的船隻到福州和基隆去。我們的用意是要拿住這兩個埠口作質，如果我們的最後通牒被拒絕的話。」[686] 這樣，法國「據地為質」的「擔保政策」終於正式發表了。

法國「據地為質」的最初計畫，是占據福州和基隆。當福祿諾在天津時，即曾聲稱：「和局不成，將取臺灣、福州。」[687] 直到「北黎衝突」後索賠未達到目的，這才端出了其「據地」的計畫。就在裴龍向孤拔發出電令的當天，謝滿祿照會總理衙門，要求清政府答應賠款，否則法國「必當逕行自取押款，並自取賠款」[688]。總理衙門明確地拒絕法國的訛詐，指出：「仍執索償，顯與津約第三條不符，且致詳議條款因此延宕，深為可惜。來文所謂逕行自取押款，並自取賠款，於約尤為相背。中國即當布告有約各國，將越南一事，詳述始末，並中國萬難允此無名兵費之故。」[689] 法國政府當然不肯善罷甘休，終於圖窮匕見，決意用武力來實現「據地為質」計畫了。於是，由茹費理通知李鳳苞：「如果賠償問題沒有在八月一日以前解決的話，我們將在這天再採取自由行動。」[690] 隨後，又向巴德諾發出電令，命利士比率兩艘軍艦前往基隆，當中國一旦不允賠償或拖延時間，

---

[686] 《法國黃皮書》，北黎案，第 30、31、39、44 號。見《中法戰爭》（叢刊七），第 218、218、223、225 頁。
[687] 〈北洋大臣李鴻章來電〉，《中法戰爭》（叢刊五），第 408 頁。
[688] 〈法署使謝滿祿照會〉，《中法戰爭》（叢刊五），第 413 頁。
[689] 〈致法使照會〉，《中法戰爭》（叢刊五），第 414 頁。
[690] 《法國黃皮書》，北黎案，第 69 號。見《中法戰爭》（叢刊七），第 233 頁。

第一節　法艦南侵：閩臺海域的挑戰

「則採取戰爭行動，占領基隆港口及其礦山」[691]。

既然法國「據地為質」的計畫起初是要占據福州和基隆，為什麼又改為單提「占領基隆港口及其礦山」呢？不是別的，而是法國怕占領福州會引起西方國家的反對，故此改變計畫，將占領福州改為攻毀馬尾船廠。這在其後茹費理發給法國駐德大使顧賽爾的電報中說得很清楚：「我們的計畫，乃盡量置無要塞的城市及外國租界地於一切直接的軍事行動之外，俾免受波及。所以福州城並未曾受任何損害，我們專攻船廠、炮臺及河面上的艦隊。」[692]

8月5日，利士比指揮法艦炮擊基隆，並派海軍陸戰隊一度占領基隆炮臺。6日，劉銘傳率部進行反擊，驅敵回艦。法軍的首次基隆登陸戰遭到了失敗。但是，法國卻利用當時消息不靈，有意掩蓋事實真相，宣稱法軍已占據基隆。實際上，巴德諾已在8月9日得知基隆的敗訊。是日，接孤拔來電：「基隆最近消息不佳。利士比海軍提督不得不放棄其陸上的陣地。海軍陸戰隊遇到眾多兵力開展逆襲，只好回到艦上。」[693] 而其致曾國荃照會則稱：「本國水師提督古巴（孤拔）奉命取守臺北所屬基隆口岸炮臺，作為質押，現已均被取守。唯大清國若願我國將該處早日交還，但能照法國前次所請各節，立即照允。」[694] 茹費理是在8月10日收到基隆法軍敗績的電報的，但在15日參加下議院會議時，仍裝作已經占領基隆的樣子，宣稱：「今據基隆，不過索償，尚非啟釁，因中（國）與各國不同，唯割據乃可商量。」[695] 當天，李鳳苞從巴黎致電李鴻章：「探得毀炮臺後，

---

[691] 《法國黃皮書》，中國與東京事件，第10號。見《中法戰爭》（叢刊七），第239頁。
[692] 《法國黃皮書》，中國與東京事件，第69號。見《中法戰爭》（叢刊七），第255頁。
[693] 《法國黃皮書》，中國與東京事件，第29號。見《中法戰爭》（叢刊七），第246頁。
[694] 〈南洋大臣曾國荃等來電〉，《中法戰爭》（叢刊五），第478頁。
[695] 〈上海道致譯署〉，《李鴻章全集》（一），電稿一，上海人民出版社，1985年，第233頁。

第四章　甲申海戰與中法海上衝突

法兵回船，仍踞基隆，並無官兵克復。」李鴻章也就認為：「現報被踞，恐非虛妄。」[696]

　　法國處心積慮地隱瞞基隆戰事的真實情況，製造虛假的輿論宣傳，其目的是藉此加重其敲詐的籌碼，以逞其索取賠償之志。因此前巴德諾曾降低要價，向赫德表示，中國以「恤款」的名義償付銀 400 萬兩（合 2,800 萬法郎），法國可以接受。現在據稱已據基隆，價碼當然要隨之漲了。於是，便對赫德重新宣告：「前議四百萬恤款，中國不允；現在情形不同，改恤款為邊界經費，加至一千萬兩，如中國立刻允准，仍分十年還清，每年一百萬兩，仍可了結，基隆亦即還回中國，法不占據。如不肯允，定要轟奪船廠並福州省（城），再駛船北來索款。到那個時候，臺灣地方即歸法國，是不退還的了。」[697] 美國駐華公使楊約翰（John Russell Young）以調停者的面目出現，也極力慫恿總理衙門接受法國的索賠要求：「論理中國分文不能給他；現在之勢，法國無賴，不得錢不肯干休，中國無論何處被占，總是吃虧，不如勉強應允，比之失和還好。」[698] 但是，清政府最終還是拒絕了賠償的要求，並鄭重宣告：「中國唯有另籌辦法，以伸公法，而得事理之正。」[699]

　　法國政府也已經做好了中國拒絕賠償的準備，就是要將「據地為質」的「擔保政策」進一步付諸實施。關於這次「據地為質」的範圍，茹費理指示巴德諾說：「我們剛發電致海軍提督，如你接到中國否定的回答，他應於知照外國領事及船艦後立即在福州行動，毀壞炮廠的炮臺，捕獲中國的船隻。福州行動後，提督即將赴基隆，並進行一切他認為以他的兵力可做

---

[696]〈寄譯署〉，《李鴻章全集》（一），電稿一，第 234 頁。
[697]〈總理衙門與賀璧理問答二〉，《中法戰爭》（叢刊五），第 484～485 頁。
[698]〈總理衙門與丁韙良問答〉，《中法戰爭》（叢刊五），第 481 頁。
[699]〈擬給法國照會〉，《中法戰爭》（叢刊五），第 507 頁。

第一節　法艦南侵：閩臺海域的挑戰

的一切戰鬥。他將確定地告訴我們須用何種新方法來保證礦區。這個礦區，應成為我們補給的中心點。至於其後的作戰，我們給他一切抉擇的自由，尋求如何可以最有害於中國而最無損於歐洲各國之商務。在原則上，我們願意避免需要長期占領之作戰，我們可能樂意接受關於在北直隸的兩個新海口——旅順及威海衛——作戰的計畫。」[700]

中法馬江之戰後，在法國政府內部便開始醞釀「擔保政策」的實施問題。茹費理十分垂涎基隆，認為：「在所有的擔保中，臺灣是最良好的、選擇得最適當的、最容易守、守起來又是最不費錢的擔保品。」[701] 當然，他並不是要簡單地把基隆作為抵押品，而是有著更深遠的打算。他在發給巴德諾的電報中指出：「我們需要的同等價值的賠償，要有實在的價值，至少可以補償我國所必需巨大犧牲的一部分。基隆的埠口及礦區的收入，可視為唯一的同等價值賠償。中國將不必讓與我們領土及宗主權，它只要，譬如說，在九十九年期、間，把基隆埠口的行政和經營、海關、礦區、並與該埠口相關的各種有用的權利，讓給我們。」[702] 巴德諾和孤拔則認為，僅據有基隆還不行，還必須同時割讓淡水。因此覆電說：「割讓基隆及淡水（孤拔提督意謂第二點是補充第一點所必需的）連同附近礦區，照我們看法，是唯一可為的、非戲謔的同等價值賠償。」[703] 對此，利士比也有同樣的看法。早在幾個月以前，他即曾建議：如果攫取擔保品的話，就「毫不猶豫地占據煤場和臺灣的北部」[704]。所謂「臺灣的北部」，除基隆之外當然包括淡水。

---

[700]　《法國黃皮書》，中國與東京事件，第 39 號。見《中法戰爭》（叢刊五），第 249～250 頁。
[701]　羅亞爾：〈中法海戰〉，《中法戰爭》（叢刊三），第 539 頁。
[702]　《法國黃皮書》，中國與東京事件，第 82 號。見《中法戰爭》（叢刊七），第 257～258 頁。
[703]　《法國黃皮書》，中國與東京事件，第 83 號。見《中法戰爭》（叢刊七），第 258 頁。
[704]　同上。

第四章　甲申海戰與中法海上衝突

　　巴德諾等人一致認為，應該同時占據基隆和淡水，是從巨大的經濟利益方面來考慮的。據統計資料顯示：基隆和淡水兩港的商業情況，僅以進港的船隻而言，在西元 1879 年便達到了 8.8 萬噸，包括商船 294 艘和帆船 1,937 艘。對外貿易額在 1880 年高達 2,686.8 萬法郎。兩港海關的稅收合計：1881 年為 222.5 萬法郎；1882 年為 213.9 萬法郎；1883 年為 205.3 萬法郎。基隆煤的銷售量在 1880 年為 24,850 噸，而全年產量為 5.5 萬噸，按照每噸 20 法郎的價格計算，總值為 110 萬法郎。這樣，占據基隆和淡水，每年便可為法國提供的資源總數當不下於 30 萬法郎（約合銀 40 幾萬兩）。[705] 正由於此，茹費理非常贊同巴德諾等的建議，又向駐外使節發出關於「擔保政策」的新指示，即：「中國仍保留其領土的宗主權，而以臺灣島的基隆及淡水埠口的行政及經營、以及其海關、礦山等讓與我們，以九十年為期。」[706]

　　由上述可知，法國「據地為質」的「擔保政策」是有一個演變過程的。大致上，這個過程可以劃分為三個階段：第一階段，從月上旬開始，法國正式向清政府提出「擔保政策」，其內容是占據福州和基隆；第二階段，從 8 月中旬開始，法國政府擬擴大其「據地為質」的範圍，包括基隆及其煤礦，以及旅順和威海衛；第三階段，從 9 月中旬開始，將「據地為質」的計畫再做調整，明確以占據基隆、淡水及其附近煤礦為先務，繼之再占據旅順和威海衛，二者構成「擔保政策」的基本內容。

　　了解法國「擔保政策」的由來及其基本內容，再來看劉銘傳撤基援滬決策的是非問題也就比較清楚了。撤基援滬的實踐及其效果充分說明，當時劉銘傳的決策是十分正確的。在敵強我弱的危急關頭，就是在這一決策

---

[705]　羅亞爾：〈中法海戰〉，《中法戰爭》（叢刊三），第 540 頁。
[706]　《法國黃皮書》，中國與東京事件，第 94 號。見《中法戰爭》（叢刊七），第 260 頁。

第一節　法艦南侵：閩臺海域的挑戰

的指引下，才贏得了臺灣抗法戰爭的勝利，從而導致了法國「擔保政策」的最後破產。

　　首先，法國在臺灣實施「據地為質」的計畫遭到了嚴重的挫折。本來，法國「擔保政策」的首要任務是占據基隆及其煤礦和淡水。據孤拔艦隊的一位軍官稱：「占領基隆和它的煤礦工廠既決定為我們的目標，對於淡水作軍事行動顯然是必要的了。這兩個城市由一條大路連接起來，它們近在咫尺，所以占據這一個，就絕對必須占住另一個。這種必要性，是由於這兩個港口的簡單的地理形勢所產生的。」[707]所以，法軍在淡水登陸作戰的失敗，對於法國實施其「擔保政策」的計畫是一次沉重的打擊。巴德諾致電茹費理，幾次哀呼：「淡水失敗嚴重！」坦承淡水失敗可能造成難以估量的嚴重後果：「臺灣第一段輝煌的勝利，差不多立刻繼以失敗，失敗到如何程度，尚未確知。但中國人必然利用或擴大此項失敗消息，可能有很嚴重的影響。」法軍在淡水的失敗，也使法國在西方形象不佳，在外交上陷於被動境地。當法國駐英大使瓦定敦（Guillaume Louis de Vaillant）向英國外交大臣葛蘭維爾（Granville）請求幫助時，對方直言不諱地指出：「（你們）尚未取得淡水。取得這個城以後，中國人就可以好商談些。」瓦定敦答稱：「我們將以一切犧牲及一切必要的努力，使中國人懂得道理。」[708]然奈力不從心何！還是巴德諾的頭腦稍微清醒一點，他致電茹費理說：「必須我們有決定性的勝利，證明我們是東京及臺灣局勢的主人，商議始有成功的希望。你知道事實全非如此。雖然封鎖了，但是中國人完全知道我們可用的兵隊的定員缺乏，不能補救淡水的失敗。孤拔海軍提督既沒有接到援軍，所以還是一樣；我前信裡說，人家即讓與我一城，我們且無力占

---

[707]　羅亞爾：〈中法海戰〉，《中法戰爭》（叢刊三），第 563 頁。
[708]　《法國黃皮書》，中國與東京事件，第 109、112、140 號。見《中法戰爭》（叢刊七），第 265、266、280 頁。

第四章　甲申海戰與中法海上衝突

領。」[709]並且毫不諱言：「我們的軍事威信，自淡水事件以來，多少受了損害，這是我們應當好好承認的。」[710]法國終於不敢再次攻打淡水，被迫放棄了占據淡水的計畫。

其次，法軍不僅在淡水登陸失敗，而且奪取煤礦的計畫也落了空。因為法軍雖占領了基隆，但困守於市區，而市區距礦區尚遠，中間有三道重重相疊的丘陵，其力量根本達不到礦區。正如巴德諾向茹費理所報告那樣：「我們的遠征隊，雖然已作非常顯著犧牲，尚不能摧毀離我們陣地僅二公里的中國人所建築的工事，甚至礦區亦不在我們統制之下；按照政府的意思，礦區是我們遠征臺灣主要的目標。在這情況之下，無怪中國人自以為勝利屬於他們。」[711]他寫此信時已是西元1885年月初了，可見法軍占領基隆4個月後，仍未能將煤礦拿到手。這樣，孤拔只好從香港買煤，僱用香港汽船運至基隆，以充艦隊的燃料補給。

複次，法軍占領基隆讓法國背上沉重的包袱，陷入了進退維艱的境地。法軍占領基隆的十幾天後，孤拔便發現在那裡的處境十分不妙。他電告巴德諾說：「仗打得不好。我們沒有得到什麼不得了的利益。基隆形勢，很像科斯。用這麼少數軍隊，難以攻勢，因據守須要大部分軍隊。」根據基隆的戰報，巴德諾報告茹費理說：「我接到臺灣最近來的消息，頗難令人安心。孤拔提督電告我，1月10日在偵察的過程中曾作輕率的襲擊，意在攻略基隆南方的中國工事，遭受了失敗。我們在死15人、傷27人後，不得不退卻。此外人們從巴雅號寫信告訴我，在同一星期內，我們兵士中3人在兵營附近散步，相繼被埋伏兵所獲，並當白晝在他們的同伴們目睹

---

[709]　《法國黃皮書》，中國與東京事件，第136號。見《中法戰爭》（叢刊七），第278頁。
[710]　《法國黃皮書》，中國與東京事件，第164號。見《中法戰爭》（叢刊七），第286～287頁。
[711]　《法國黃皮書》，中國與東京事件，第168號。見《中法戰爭》（叢刊七），第292頁。

第一節　法艦南侵：閩臺海域的挑戰

之下，遭受殺戮。照這樣看來，我們在基隆的據點是不穩固的。我們所派給提督薄弱的兵力，恐至多僅可能維持現狀而已。」[712] 實際上，法軍已經陷入了中國軍隊的重圍。正像一位參加基隆之役的法軍軍官所說：「我們好像是為中國軍隊所封鎖。想要擴大形成於我們周圍的包圍圈，那就完全必要增援占領部隊。而且，即使援軍到來後，恐怕還會有新的困難。」[713] 因此，巴德諾憂心忡忡地告訴茹費理：「我總是害怕，占領臺灣，計算不免有誤。」連孤拔本人也不得不承認：「基隆的占領，是一個錯誤。」[714] 當時，俄國外交大臣格爾斯（Nikolay Girs）曾對法軍占據基隆打了一個十分形象的比方：「蜂螯象背 —— 不能有所成就。」[715] 的確再適當不過了。可見，法軍占領基隆是一個軍事上的失誤，在當時已成為普遍的共識。

不僅如此，法軍困守基隆，除在臺灣難以有所作為外，還帶來一個嚴重的負面後果，就是使法國的「擔保政策」進一步遭到徹底的破產。本來，早在 7 月間，巴德諾和孤拔就主張，向中國北方採取行動，「取得旅順及威海衛作為擔保」，「封鎖北直隸，阻止米糧的運輸」，並認為這是「能夠真正影響北京朝廷」的「唯一的考慮」。[716] 當時，法國政府準備採納這個建議，但要等到占據臺灣北部後再開始實施。就是說，將「擔保政策」的實施分兩步走：第一步，先占據基隆、淡水及其附近煤礦；第二步，再占據旅順、威海衛以封鎖北直隸。問題在於，這第一步就沒有走成功。法軍在淡水登陸失敗後，巴德諾還寄希望於走第二步，聲稱這是「抵消我們

---

[712]　《法國黃皮書》，中國與東京事件，第 114、164 號。見《中法戰爭》（叢刊七），第 267〜268、287 頁。
[713]　羅亞爾：〈中法海戰〉，《中法戰爭》（叢刊三），第 562 頁。
[714]　《法國黃皮書》，中國與東京事件，第 114、189 號。見《中法戰爭》（叢刊七），第 268、297 頁。
[715]　《法國黃皮書》，中國與東京事件，第 163 號。見《中法戰爭》（叢刊七），第 286 頁。
[716]　《法國黃皮書》，中國與東京事件，第 168 號。見《中法戰爭》（叢刊七），第 289〜290 頁。

第四章　甲申海戰與中法海上衝突

失敗結果的最好方法」。而孤拔卻有些信心不足了，覆電說：「一俟占據基隆及礦區似有把握時，我即帶其餘艦隊北上。此行必因淡水事件發生而延遲。」但是，他既未能占據礦區，又被圍困於基隆偏隅之地，終於意識到這第二步走不得，走也不會有什麼好的效果。因此明告巴德諾：「用留下來與我的兵艦，又無軍隊，在北方不可能有任何決定的勝利。」[717]這樣，法國終於放棄了派艦隊北上的計畫。總括以上所述，可以清楚地看到，認為法國占領基隆使其「據地為質」的「擔保政策」得以實現的說法，是難以成立的。全面理解法國「擔保政策」的基本內容，認真考察法軍「據地為質」的戰爭行動及其結果，足以充分說明，其「擔保政策」不但沒有得到實現，反而遭到了徹底的破產。因此，對於劉銘傳抗法保臺的歷史作用和貢獻，必須給予充分的認可與高度的評價。

第二節　南洋出援：臺灣保衛與鎮海之戰

一　南洋海軍援臺的背景與石浦沉船事件

法軍在滬尾戰敗後，孤拔向法國政府提出封鎖臺灣的計畫。其目的有二：一是「防止中國援軍的接濟」；一是阻止法軍「失敗的消息傳播到中國」。10月12日，巴德諾致電茹費理，指出：「採納孤拔提督所建議的封鎖計畫以阻擋敵人再增加兵力，似係當務之急。」16日，法國政府批准了封鎖臺灣的方案，但又祕密指示巴德諾：「這些方案，須盡量宣傳，使北京方面對我們踞地為質的決心，毫不置疑。」[718]2日，孤拔發出公告，宣

---

[717]　《法國黃皮書》，中國與東京事件，第107、110、114號。見《中法戰爭》（叢刊七），第265、267、268頁。

[718]　《法國黃皮書》，中國與東京事件，第107、112、116號。見《中法戰爭》（叢刊七），第265、

第二節　南洋出援：臺灣保衛與鎮海之戰

布對臺灣港口實行封鎖，並要求中立國家的船隻必須在 3 天內裝載完畢和離開封鎖區。從 23 日起，法國遠東艦隊調動全部艦隻，或游弋於臺灣各港口，以阻止大陸接濟船隻靠岸；或駐泊馬祖澳，以攔截中國南北洋海軍南下援臺。

法國艦隊的封鎖，使臺灣守軍造成了暫時的困難。10 月 26 日，清廷諭御前大臣、大學士、六部、九卿、翰詹、科道等，妥籌善策，切實復奏。28 日，釋出上諭，將劉銘傳補授臺灣巡撫，仍駐臺灣督辦防務，並採納出使日本大臣徐承祖的建議，著東南疆吏設法接濟臺灣。

11 月 1 日，准欽差大臣督辦福建軍務左宗棠所奏，寄發電旨：「南洋派兵輪五艘，北洋派兵輪四五艘，在上海會齊；楊嶽斌統帶八營，由漢口搭輪船赴滬，即統領各兵輪赴閩，先至廈門，探明法船情形，繞至鹿港等處登岸，相機援剿。」[719] 此電旨反映了朝廷對臺灣被困無援的焦急心情，這是可以理解的。然而，此策在實踐上是否能行通呢？這又是值得考慮的。

當時，南洋僅有「南琛」、「南瑞」和「開濟」，北洋僅有快船「超勇」和「揚威」，與法國艦隊相較，強弱懸殊過大。因此，11 月 2 日，李鴻章覆電總理衙門稱：「臺廈逼近，法船巡洋，封口嚴密，兵輪由北而南，閩洋恐被截阻，勢必半途接戰，或彼至廈尋戰，以何處為退步，皆須預籌穩妥，免蹈馬江覆轍。北洋只超勇、揚威二快船勉強可撥，迭奏有案。能否遵派兵輪五艘，法在臺洋有鐵甲船四五艘，我船小皮薄，絕非其敵，易為敵炮轟沉。」兩江總督曾國荃亦有同見：「迭奉撥船之旨，何忍坐視？奈南洋可派只有開濟、南瑞、南琛三船，然亦不足當鐵甲一炮。……且接戰之船不

267、269 頁。
[719]　〈譯署來電〉，《李文忠公全集》電稿，卷四，第 8 頁。

第四章　甲申海戰與中法海上衝突

能裝勇，裝勇則不能接戰，法船堅而且速倍於華輪，海中相遇，既無退步，萬難脫身。數日之煤用完，寸步之行難駛！」[720] 李、曾所言應屬實際情況，不能簡單地視為託詞拒絕赴援。

但是，清廷解救臺灣之危心急，於11月5日發出嚴旨督催。1日，李鴻章復奏，特派「超勇」、「揚威」二船由旅順口起碇南下，派德人式百齡（Siebelin，改名萬里城）統帶，與南洋所派之船會齊，相機前進。

在式百齡的統帶下，「超勇」由儘先副將林泰曾管帶，「揚威」由儘先游擊鄧世昌管帶，於20日夜駛抵上海。曾國荃決定派「開濟」、「南瑞」、「南琛」、「澄慶」、「馭元」五船援臺。「開濟」由吳淞營參將徐傳隆管帶，「南瑞」由副將銜儘先參將徐長順管帶，「南琛」由記名總兵袁九皋管帶，「澄慶」由儘先游擊蔣超英管帶，「馭遠」由準補太湖右營都司金榮管帶。以「開濟」為督船，統帶提督銜總兵吳安康乘坐；營務處幫辦候補副將丁華容則乘坐「澄慶」。南北洋七船雖在上海會合，然南下援臺之事仍然面臨重重困難。

「超勇」、「揚威」到滬後於23日入塢修理，需10天左右才能完工。式百齡還提出二船出塢後，須與南洋五船合操數次方能南下。他察看五船之後，認為只有「南琛」有哈乞開斯炮2門，其餘四船也應照樣添置。建議五船舵樓皆要用2寸厚鋼板遮蔽，以防敵人哈乞開斯炮；其中「南琛」、「南瑞」兩船還要加鐵柱6根。於是，曾國荃一面電商李鴻章，暫借北洋在上海地亞士洋行所存8門哈乞開斯炮；一面飭吳安康督率各船，趕辦應配之鐵柱、鋼板各件。這樣，援臺艦隊的南下時間便一再地推遲。

12月4日，日本政府趁中法戰爭之機，利用親日的開化黨人在朝鮮發

---

[720]　〈寄譯署〉，《李文忠公全集》電稿，卷四，第8、9頁。

第二節　南洋出援：臺灣保衛與鎮海之戰

動政變，並派日兵將朝鮮國王李熙軟禁於景祐宮。李鴻章聞訊，電調「超勇」、「揚威」速回北洋。清廷仍令式百齡帶南洋兵輪南下。但式百齡以馬祖澳難以通過，毫無把握，不願帶南洋兵輪，而隨「超勇」、「揚威」北歸。於是，援臺艦隊僅有南洋五艦了。如下表：

艦名	排水量（噸）	航速（節）	管駕	備註
開濟	2,200	15.0	吳淞營參將徐傳隆	統帶提督銜總兵吳安康乘坐
南瑞	2,200	15.0	副將銜儘先參將徐長順	
南琛	2,200	15.0	記名總兵袁九皋	
澄慶	1,268	12.0	儘先游擊蔣超英	營務處幫辦候補副將丁華容乘坐
馭遠	2,800	12.0	準補太湖右營都司金榮	

　　西元 1885 年 1 月 10 日，清廷電催援臺艦隊即日前進。直到 18 日，吳安康始率五艦起碇南下。

　　吳安康剛離開上海，即受到河南布政使孫鳳翔的參奏。先前曾國荃奏派吳安康統帶援臺艦隊時，曾稱：「臣以用人之際，只求無虧大節，不忍吹毛求疵，是以奉派該鎮統帶五船。」看來，他自己對吳安康也不是完全滿意的。孫鳳翔以到上海辦案，查實吳安康「在滬遊宴」，因向朝廷奏稱：「若以五船縱橫海上，所向無敵，不但吳安康非其所能，即遍求各營亦難其選。蓋自創造輪船以來，至本年夏間，閩中乃有戰事，此前十數年，海上未曾開仗，因無身經海戰之人。吳安康於軍務海洋尚有閱歷，曾國荃棄其小疵，奏派援閩，亦以全才難得，不得已而思其次也。援閩事關重大，

第四章　甲申海戰與中法海上衝突

臣博訪人言，體察事理，似以審慎進止，全師到閩為要義。」[721] 委婉提出統帶人選不當，並對能否「全師到閩」表示擔憂。

南洋援臺艦隊離滬後，於1月26日泊於三門灣的南田島，31日泊於溫州灣北面的玉環島。2月1日，吳安康致電曾國荃，謂：「探得福州口外，法船防守嚴密，深恐阻截受困，不能不慎，暫泊溫州洋面，遙作聲援，作佯攻臺北之勢。法若撤臺南圍防我，則廈門援軍可乘隙渡臺。」[722] 此後，援臺五艦便一直徘徊於溫州灣與三門灣之間。

當南洋五輪甫離上海之際，消息便已傳開，歐洲各報並刊載這則新聞。孤拔決定不等援臺艦隊來到，即先行截擊。2月3日，他把封鎖臺灣的任務交給了利士比，親率「巴雅」號、「偵察」號、「答拉克」號、「梭尼」號四艦到馬祖澳，並令「凱旋」號和「尼埃利」號到馬祖澳會合。6日，二艦應命來會。是日下午，「杜居土路因」號亦到。7日正午，七艦起碇，向北搜查而行。法國艦隊於當天晚間停於三沙灣，8日泊於沙埕港，9日泊於溫州灣，一連三天沒有發現南洋艦隊的蹤跡。10日拂曉，法國艦隊抵舟山，又搜查一天，仍無所獲。因「杜居土路因」號的儲煤快要枯竭，孤拔於下午5點命其返回基隆，自率其餘六艦向上海方向航進。11日上午10點，他下令停泊於大戢山島，並命「偵察」號透過大戢山電臺與上海方面聯絡，從而獲得了南洋艦隊在三門灣裡的準確情報。當天，邵友濂致曾國荃密電稱：「六法輪近泊大七（戢）山。或云欲截我船；或云來寄電報，明日往石浦尋找我兵船等語。探法船在大七（戢），要報房寄法京電，約兩時之久，我船必受其害。法輪帶魚雷船，尤可慮。已將各情具電交鎮海杜

---

[721]　《中法戰爭》（叢刊六），第 232、265 頁。
[722]　《中法戰爭》（叢刊六），第 273 頁。

第二節　南洋出援：臺灣保衛與鎮海之戰

（冠英）營務處飛送石浦。」[723]12 日，總理衙門收到曾國荃的轉電時，法國艦隊已轉頭南下了。

當日正午，孤拔下令按來路向南，日夜兼程航進。13 日清晨 5 點半，法國艦隊行至壇頭山時，航行在最前面的「偵察」號報告：「五艘戰艦在南邊！」孤拔立即發出訊號：「預作攻擊海上敵艦的準備！」時，發現南洋五艦在正前方約 10 海里處。孤拔在旗艦上升起小旗，各艦立時在桅上掛起三色旗，這是「以最快速度追上敵人的命令」。「開濟」、「南琛」、「南瑞」三艦見敵艦來追，以全速向南疾駛；「澄慶」、「馭遠」因速力不濟，駛入石浦灣。孤拔命令「凱旋」號、「梭尼」號和「益士弼」號監視「澄慶」、「馭遠」，自率「巴雅」號、「尼埃利」號和「偵察」號追趕「開濟」、「南琛」、「南瑞」。是時，忽然海上濃霧瀰漫，無法透視，已不知中國三艦駛向何方。「在這種情況下，追趕是不可能的了。無論如何是要停止，開到碇泊處，只好埋怨運氣，在目前只能以那兩艘不能逃脫的戰艦為滿足了。」[724] 這是一個法國軍官的自述，表現他們追不到中國三艦後的懊惱情緒。於是，孤拔下令封鎖石浦港東北的所有出口。

14 日清晨，法艦派出汽艇偵察，發現兩艘中國軍艦停在東門島（南輝山）與石浦廳之間。孤拔決定派魚雷艇攻擊。「澄慶」、「馭遠」兩艦雖航速不快，但火器配備並不弱：「澄慶」有 16 公分口徑炮 1 門，1 公分口徑炮 6 門；「馭遠」則有 21 公分口徑炮 1 門，15 公分口徑炮門，12 公分口徑炮 12 門。法艦大，不能進港，必派魚雷艇偷襲。1 日晚間，丁華容還致電曾國荃：「刻法船施放魚雷，雖經我舶打退，日久恐難保全。求救。」[725] 法

---

[723]　《中法戰爭》（叢刊六），第 284 頁。
[724]　《中法戰爭》（叢刊三），第 577、578 頁。
[725]　《中法戰爭》（叢刊六），第 296 頁。

第四章　甲申海戰與中法海上衝突

艦在 14 日早晨才偵察到「澄慶」和「馭遠」，怎麼可能在 13 日晚間施放魚雷呢？儘管這是謊報軍情，但說明他也料到敵人將會用魚雷襲擊。

果然，14 日夜 11 時半，「巴雅」號副艦長弋爾敦上尉乘 2 號艇，遮蔽燈光，趁黑夜駛進港。午夜時，「巴雅」號水雷官杜波克上尉乘一號艇，也駛進港內。這是中國傳統的除夕之夜，聲聲爆竹蓋住了汽艇機器發出的聲響。15 日，即大年初一凌晨 3 點半，弋爾敦的 2 號艇首先發現了「馭遠」的位置。45 分，2 號艇駛至距「馭遠」200 公尺時，同時發射出左舷和右舷兩枚魚雷，但黑暗中未能命中。「馭遠」槍炮齊施，擊斃艇上 1 名槍手，使機器受損。「杜波克」的 1 號艇也受傷擱淺。天明後，兩艇都被「梭尼」號拖回。

奇怪的是，「馭遠」、「澄慶」二輪不知何故竟沉入海中。這成了歷史之謎，引起各種猜測。根據可靠的資料，二輪是自行放水沉沒的。寧波知府宗源翰致海防營務處同知杜冠英函稱：「馭遠係初一日辰刻，澄慶係巳刻，均已自開水門沉沒。現該船營務處及管駕、勇丁仍在石浦守候。如法艦三數日開去，仍即絞起。」杜冠英詢問「馭遠」水手，亦謂：「馭遠進水管已開放，下艙已沉水，唯二層及艙面尚可放炮。」

於是，杜冠英電浙江提督歐陽利見：「頃奉道憲電諭云，澄、馭二船已於初一日放水自沉。恐敵舍石（浦）來鎮（海），望轉告各處戒備。」事後，歐陽利見致書曾國荃報告其事原委說：「澄慶、馭遠兩號逼入石浦內港，抵禦不住，嗣開水門自沉。該兩管駕勢逼出此，恐船資敵用，不得已而應變自全，亦權宜之策也。」[726] 這算是替石浦沉船事件做出了結論。

---

[726]　〈金雞談薈〉，《中法戰爭》（叢刊三），第 256～257、304 頁。

第二節　南洋出援：臺灣保衛與鎮海之戰

二　鎮海口拒敵

鎮海位於甬江海口，為浙東之咽喉。「詳察形勢，鎮海口外，即古之蛟門，夙稱天險。招寶、金雞兩山，雄踞南北岸。口門外數里，則虎蹲山、遊山兀峙於前，復有潮汐消漲之異勢，險礁暗沙之分布。故洋人每論南北洋各口，亦稱鎮海為天然形勢。」[727]在第一次鴉片戰爭期間，英軍曾攻陷鎮海，在浙東大肆騷擾。中法戰爭爆發後，鑑於以往的教訓，浙江巡撫劉秉璋兩次到鎮海視察，與浙江提督歐陽利見和寧紹臺兵備道薛福成籌商防務。劉秉璋相度形勢，進行部署：甬江海口南岸，自金雞山迆南至育王嶺，駐本標練兵 1,000 人及楚軍 250 人，由歐陽利見統帶；甬江海口北岸，招寶山駐淮勇 2,500 人，由記名提督楊岐珍統帶；寧波至梅墟通往內地要隘，以衢標、處標練兵 1,000 人及淮勇 2,500 人分扼，由游擊錢玉興統帶，作為後路，以備有事時策應。又有威遠、鎮遠炮臺，由守備吳傑指揮。「超武」、「元凱」二輪泊口內守衛。南北兩岸各營，以及炮臺和兵輪，仍總統於提督歐陽利見，遙受巡撫劉秉璋節制。巡撫「傳宣號令，籌議大計，悉下營務處。凡戰守機宜，無鉅細，一埤遺之」[728]。委寧紹臺道薛福成為寧防營務處，寧波知府宗源翰為營務處提調，同知杜冠英任海防營務處。

自西元 1844 年春季以來，在歐陽利見、薛福成等的主持下，鎮海在加強海防方面做了不少工作。舉其要者而言，大致有如下數端：

其一，堵塞海口。在招寶山和金雞山之間，潮漲時水深 2 丈 7 尺，潮退時不過 2 丈，而口門狹窄，僅約 100 丈，除淺水 40 丈不計外，深闊處

---

[727]　薛福成：《浙東籌防錄》卷一，第 26 頁。
[728]　《浙東籌防錄》序，第 1 頁。

第四章　甲申海戰與中法海上衝突

約 60 丈，橫插椿木。其法「以長三四丈、圍四五尺之木，攢聚一叢，作方格形，其根深入泥底，約及二丈，上用鐵鏈箍緊」，「每叢相隔數尺（後改為丈許），橫排水面」。椿內沉以裝滿大石的木船。中留船道，寬 10 餘丈，並「購具舊船，以備不虞，萬一有警，即載石沉船，橫亙口門」[729]。另以水雷十數枚，分數層置於口門 20 丈以內，以使敵艦不敢闖進。

其二，增臺徙炮。將堵口與炮口設置並重。薛福成說：「堵口與沉船、沉石、釘椿等事，非謂竟能堵住，不過敵船遇有攔阻，則炮臺可開炮盡擊。」[730] 鎮海兩岸炮臺，以招寶山威遠炮臺最為衝要。招寶山為鎮海縣城封鎖，右江左海，於西元 1876 年在此修建威遠炮臺，可兼顧前、左、右三面。「招寶之前，虎蹲以北，淺沙礁石相間，唯中泓深處可容輪船，即虎蹲南面亦只容一船直駛，鐵甲船身笨重，難近炮臺。」[731] 唯臺內僅置德國博洪廠後膛炮 1 門，彈重 240 磅，射程 8 里，可以洞穿鐵甲；餘皆生鐵前膛炮，不能及遠。南岸金雞山東北數十里近海處，有小港口，與虎蹲山隔江對峙，有鎮遠炮臺。後歐陽利見以此處地勢孤危，遂將大炮 9 門遷至烏龍崗。另於招寶山下之石磯旁築安遠炮臺，金雞山前麓之小金雞山築靖遠炮臺，共扼江面。金雞山上添築炮臺兩座：一曰天然；一曰自然。此外，還修建了隱蔽式土炮臺數座。合計鎮海南北兩岸大小炮臺，共 10 餘座，配備洋土各炮 70 餘門，使其防禦能力大為改觀。

就鎮海的海防部署而言，一面釘椿阻口，一面增臺添炮，固然不失為防敵之必要措施，但也要看到，形勢仍然是十分嚴峻的。其主要的問題在於：資以守禦者專恃陸師，得力大砲甚少，而「所用土炮，只可擊近，不

---

[729]　《浙東籌防錄》卷一，第 2 頁。
[730]　《浙東籌防錄》卷二，第 13～14 頁。
[731]　《浙東籌防錄》卷一，第 35 頁。

第二節　南洋出援：臺灣保衛與鎮海之戰

能中遠，且無砲兵」。守口者僅「超武」、「元凱」兩船，乃閩廠所造的1,000噸級木殼兵輪，攻守皆非利器。故連歐陽利見也心中無底：「承辦者本屬竭力盡心，究未知確的把握否？」[732]

按上述情形看來，留下南洋三輪協守鎮海，似乎是順理成章。但是，在江浙兩省，從督撫到前敵文武官員，對於南洋三輪或留或回問題，意見卻極為參差。大致上，當時有4種不同的主張：

第1種，主張催南洋三輪乘隙迅速回滬。持此主張最力者為寧紹臺道薛福成、寧波知府宗源瀚、浙江巡撫劉秉璋等。當南洋三輪抵達鎮海之初，薛福成即電稟曾國荃，提出：「似宜趁敵船未到，急調三輪迴滬。」[733]致書歐陽利見稱：「鎮口防務仗臺端實力整頓，聲威已壯，實亦無籍乎此；況三船新遭敗退，其氣不振，留之未必有益。各領事及稅司皆謂三輪在此，該船必再來招尋，故至今不令商船進口，甬滬消息中斷。……三輪不去，彼必在口外放炮，故作攻擊之勢，使我先自堵口，則三輪坐困在內，彼乃得專力攻擊炮臺，或乘虛犯長江。是為大局計，為寧鎮計，為三船計，為民情、商務、餉源計，皆以乘機駛回為最要之策。」宗源瀚亦致書歐陽利見，持有同見：「其逗留在此，於寧、鎮大有關礙者，則在商輪因此不肯往來。洋人執定三船不去，必有倉卒塞口之慮。招商等輪唯恐一旦被阻口內，故元旦至今，寧、滬輪船不通，待輪赴滬之人積至數百。愚民揣疑，漸起謠言，多延一口，恐謠言愈重　口，民心又將如去年七月之驚疑慌亂，是寧、鎮無事而有事矣。厘捐、關稅因此無收，尤礙餉需。」劉秉璋則認為，「三管駕怕死，徒以引敵，萬難同心」，堅持催三輪迴滬，並

---

[732]　《金雞談薈》卷三，第1頁；卷二，第20頁。
[733]　《浙東籌防錄》卷四，第2頁。

第四章　甲申海戰與中法海上衝突

謂「勿打錯主意」。[734]

第 2 種，傾向於留三輪協守鎮海，而不便明說。持此主張者為海防營務處同知杜冠英、浙江提督歐陽利見等。當時，劉秉璋怕南洋三輪有失，同意暫時駛入鎮口，致電歐陽利見，謂「必不得已，只好令其收入口內」。歐陽利見據此來電，力主三輪「拋寄椿邊」。諭杜冠英：「三輪同力禦敵，事出該管駕等情願。」而薛福成則指示杜冠英，令三輪「駛入梅墟，恐為敵人窺見」。杜冠英贊同歐陽利見的主張，認為：「官輪不便駛回吳淞，既在鎮口，自應同心禦敵。憲諭拋寄椿邊，最為允妥。……梅墟太遠，既有三船，亦不必於有事之際令其徒作壁上觀。」[735]

第 3 種，主張南洋三輪留於鎮海。此為江蘇巡撫衛榮光所明確主張。他致電劉秉璋稱：「頃據健飛（歐陽利見）軍門電稱，琛、瑞、開濟泊鎮海口內，法船來去無定。愚見此時三船不必急回，一恐攔截，二恐尾追。」[736]

第 4 種，兩江總督曾國荃主張「相機進止」。這也是朝廷的旨意。曾國荃致電浙省稱：「乘隙速回，兵機迅速，切勿拖延；倘洋面仍有法船游弋，則未可造次輕駛。」[737] 致電歐陽利見：「鄙意為今之計，以保全三船為上策。如征三（吳安康）尚未回船，即由三管駕相機衝出，駛回吳淞、江陰，但須探明鎮海口外有無船攔阻。如已封口，只可穩守；若能乘隙衝出，保全三船，統領、管駕皆有功無過。望轉告，相機施行。」[738]

以上 4 種主張中，第 1 種主要是從浙江本身的利害著想；第 3 種和第

---

[734]　《金雞談薈》卷六，第 9、5、11 頁。
[735]　《金雞談薈》卷五，第 11、22 頁。
[736]　《金雞談薈》卷六，第 14 頁。
[737]　《浙東籌防錄》卷三，第 7 頁。
[738]　《金雞談薈》卷五，第 27 頁。

第二節　南洋出援：臺灣保衛與鎮海之戰

4種，無論是主張留鎮也好，主張相機進止也好，都是為保南洋三輪的安全；第2種，也只有第2種，才是將保全三輪與加強鎮海的防禦力量聯合，加以全面考慮的。後來的實踐證明，第2種主張是正確的，也是唯一可行之最佳方案。

本來，南洋五輪被迫分開，乃是情勢使然，不能完全歸咎於統領吳安康。對此，曾國荃尚致電吳安康慰之：「澄、馭二船不見，所幸三船入口，猶為不幸之幸。大洋中風雨兼霧，猝然遇法九船，相顧誠難。」[739]滬上輿論對吳安康也頗諒之，認為：「法船群聚臺洋，時有散出近泊閩島，遠弋浙洋。援臺之船，向南迎駛，中途相遇，固在意料之中。」故對其「無可厚非也」[740]。劉秉璋則認為明是三管駕「畏死託辭」，並責罵歐陽利見等「游移其詞，坐待遲誤」。[741]在劉秉璋的堅持下，吳安康無奈於2月26日晚離鎮展輪迴滬。27日中午，南洋三輪遇商船，得知大戢洋面有6艘法艦，故仍退回。此時戰事已迫在眉睫，只好按歐陽利見之方案，將南洋三輪收入椿內。吳安康知浙省官員沒有信任之意，便明確表態說：「吾三輪誓與此口為存亡，絕不內移一步！」

至此，南洋三輪協守鎮海始有成議。兩天後，中法鎮海之役便開始了。長期以來，相關論著在述及中法鎮海之役的勝利時，主要談炮臺陸師之功，對南洋三輪在此役中的作用很少涉及，這是不夠實事求是的。實際上，在中法鎮海之役中，南洋三輪戰績卓著，功不可沒，其在戰役中的作用是不可低估的。

2月28日，即南洋三輪返回鎮海口的第2天，法國艦隊終於發現了三

---

[739]　《金雞談薈》卷五，第15頁。
[740]　《申報》，光緒十一年正月十九日。
[741]　《金雞談薈》卷六，第11頁。

第四章　甲申海戰與中法海上衝突

輪之所在。當天晚上7點多，孤拔乘其旗艦「巴雅」號，率「凱旋」號、「尼埃利」號、「答拉克」號三艦駛向鎮海，停泊於口外之七里嶼海面。4艘法艦的簡況如下表：

艦名	艦種	排水量（噸）	馬力（匹）	乘員（人）
巴雅號	鐵甲巡洋艦	5,881	4,000	480
凱旋號	鐵甲巡洋艦	4,176	4,000	470
尼埃利號	巡洋艦	2,200	2,465	—
答拉克號	通訊艦	800	400	90

3月1日上午10點，孤拔以其艦巨炮利，與南洋三輪強弱懸殊，志在必得，先派一小艇駛向遊山口，向暫泊的商輪探聽消息，被招寶山炮臺開炮擊退。下午2點多，法艦「尼埃利」號高懸紅旗，向甬江口之北側駛近，「巴雅」號、「凱旋」號、「答拉克」號三艦則遠泊外洋，其意是想將南洋三輪引出口外。對於孤拔此舉，時人評論曰：「蓋孤拔詭計多端，逆知華軍見法船少，輕忽視之，必令口內所泊之開濟等各艦出外環擊，然後法船得併力轟沉也。噫！法人之計誠詭矣，法人之謀誠狡矣。然亦知我中國統兵諸大員足智多謀，早已洞見鬼狐伎倆乎？枉拋心力，其何益哉！」[742]

「尼埃利」號見中國守軍不為之動，便向招寶山炮臺直逼，燃放巨炮。杜冠英督同守備吳傑命令開炮迎擊。「尼埃利」號堅持不退，利用排炮回擊，招寶山炮臺受彈數十顆，然皆陷入炮臺外之厚三合土內，未曾爆發。「尼埃利」號又掉頭橫擊，招寶山及鎮海城內砲彈飛落，毀民房數處；山後明炮臺中彈，砲兵陣亡2名，傷1名。敵艦猖獗，彈如雨注，土石俱飛，形勢危殆。杜冠英恐力不能支，令吳傑親自開炮。楊岐珍也馳至炮

---

[742] 《申報》，光緒十一年正月十八日。

第二節　南洋出援：臺灣保衛與鎮海之戰

臺，激勵砲兵奮勇擊敵。吳安康見時機已到，即令椿內「開濟」、「南琛」、「南瑞」三艦協同開炮。據當時泊在附近的商輪上之目擊者稱：「遠遠觀戰，但見中國兵船之炮與炮臺之炮循環迭放，聲若連珠，較法船所放之炮為多。」[743] 其中，「琛、瑞、開三船，彈尤中遠」[744]。於是，水陸踴躍，士氣大振。連薛福成也改變了對南洋三輪的看法，事後致電吳安康稱，「前日之戰，仗三輪盡力相助，忠奮可佩！」[745] 激戰約兩小時，法艦受傷不支而退。孤拔令「尼埃利」號回南修理，其餘三艦退泊距鎮海30幾里的金塘山下。

試看當地文武官員對此戰之飛報：

歐陽利見電曾國荃並劉秉璋：「法四船於昨夜泊鎮口外之七里嶼，刻往前進，將抵遊山，尚未開炮，已親督水陸各軍嚴陣密待。琛、瑞、開亦移泊口門內邊，同心禦敵。……法四船在遊山先以鐵甲一艘來攻，三船在後接應，三點鐘開戰。經我軍用炮擊傷敵艦一艘，仍復退回遊山。」[746]

杜冠英電薛福成：「三點鐘，法船攻招寶炮臺。我臺開炮迎擊，頭炮中法船身，二炮中桅，三炮中尾；南洋三輪亦擊中兩炮，法船退。」[747]

薛福成電李鴻章：「申刻，一大黑艦直撲招寶山，我炮臺、兵輪合力迎擊，折其頭桅，該船連中五炮，創甚敗退。」[748]

由於當時觀察不清，這些戰報儘管可能稍有出入之處，但其基本內容卻是一致的。就是說，它們都讚賞了南洋三輪的戰績。經過此日之戰，輿

---

[743]　《申報》，光緒十一年正月十八日。
[744]　《金雞談薈》卷七，第3頁。
[745]　《浙東籌防錄》卷四，第11頁。
[746]　《金雞談薈》卷六，第17～18頁。
[747]　《浙東籌防錄》卷四，第8頁。
[748]　《浙東籌防錄》卷四，第10頁。

第四章　甲申海戰與中法海上衝突

論界對三輪的評價也為之改觀：「前日忽聞十五日（3月15日）鎮海口外交戰之信，據述戰事情形，三船與岸上炮臺併力相擊，絕不似一見法船捨命狂逃者，可知諸船皆屬能戰。所施炮火，雖不及法船之精熟，而觀於法船之敗退，則砲彈之力量與放炮之技藝，亦未必竟不如法人。」[749]

初戰告捷，中國守軍益加警惕。薛福成致電前敵諸將，對其「忠勞」表示敬意，但又提出：「彼雖退未必遠，又恐示弱以懈我。只要我備得周密，夜尤嚴防。」[750] 歐陽利見深以為然，也致函吳安康，提出：「設法密備，以防魚雷，更為第一要著。」[751] 當天，吳安康即命營務處幫辦候補副將丁華容帶舢板 3 艘，各安格林炮 1 門，洋槍 60 桿，守口門之外，徹夜巡邏，以防敵魚雷小船。

3月2日大霧，孤拔果然策劃派魚雷船偷襲南洋兵輪。這日晚上 8 點多，法魚雷船先後兩次趁黑竄至甬江口，欲效石浦故技。將抵口門，即為丁華容所帶之舢板發現，槍炮齊施，炮臺聞聲也發炮夾擊。法魚雷船在慌亂中放出魚雷，「觸及礁石，轟然炸裂，未肇任何損失」[752]。

此後，吳安康鑑於此措施防魚雷有效，更將舢板增至 6 艘，格林炮及洋槍也皆如數遞加，加強在椿外的巡護。「以魚雷之乘我最為不測，舢板不足以制之，復購備船網密布口內，使之無隙乘。」[753]、「即使來攻，不得近船。」[754] 與此同時，吳安康還接受歐陽利見的建議，吸取馬江戰役失利的教訓，決定令三輪皆改用尾錨。其法是：「購備頭號大鐵錨三具，

---

[749]　《申報》，光緒十一年正月十九日。
[750]　《浙東籌防錄》卷四，第 8 頁。
[751]　《金雞談薈》卷六，第 21 頁。
[752]　《中國海關與中法戰爭》，第 229 頁。
[753]　《金雞談薈》卷一一，第 19 頁。
[754]　《金雞談薈》卷六，第 27 頁。

第二節 南洋出援：臺灣保衛與鎮海之戰

分係開、琛、瑞三輪之尾，俾船首朝夕外向，不致於潮退時移動，為敵所乘，如馬江覆轍。」於是，「三輪之首，日夜對準法船，大砲齊裝子藥，以待開戰」[755]。

3月3日清晨，敵又添兩艦。上午10點，1艘法艦經遊山前鼓輪前進，直駛虎蹲山北，再次發起炮擊。招寶山炮臺還擊，中其煙筒和船桅。「南琛、南瑞復從旁擊中三炮，穿其後艄。法船創甚，急放黃煙，收旗轉輪，僅獲出險遁去。」[756]此日之敗，使法艦知進攻甬口絕難取勝。「厥後，口外法船或三四艘，或八九艘，往來無定，均靠金塘山停泊，唯以一船向前游弋，倚遊山為障蔽，不敢再逼口門。」[757]法艦深知魚雷偷襲難以奏效，從此也放棄了魚雷船夜入口門的計畫。

法艦連攻口門失利，為躲避南洋三輪的炮火，又改變戰術，駛至遊山以南「兵輪炮擊不到」的海面，重點轟擊江南岸的小港口炮臺。此前歐陽利見已將「該臺精炮去冬他移另築，此係空臺誘敵」，敵人不知。3月13日，法艦開始炮擊小港炮臺，連轟10餘炮，然僅中彈，毀炮臺圍牆。吳安康親往巡視，建議歐陽利見採取「虛設疑敵」之計，「於擊毀炮臺之處，略為培修，虛插旗幟，假壯聲威，誘敵逐日來攻，藉此浪費敵人彈藥」。[758]此法果然有效。14日，法艦又來炮擊，連放9炮，而無一命中。劉銘傳聞訊，大為讚揚，稱：「敵人被誘攻處，徒勞無功，均徵先見高明，運用神妙。」[759]

---

[755] 《浙東籌防錄》卷四，第13頁。
[756] 《浙東籌防錄》卷四，第12頁。
[757] 〈浙江鎮海口海防佈置戰守情形圖正圖附說〉，《中法戰爭鎮海之役史料》，光明日報出版社，1988年，第3頁。
[758] 《金雞談薈》卷八，第15～16頁。
[759] 《中法戰爭》（叢刊三），第310頁。

第四章　甲申海戰與中法海上衝突

　　法國艦隊屢挫之後,只能在鎮海口外久泊,常以三五艦徘徊逗留不去,意在監視南洋三輪,然苦於無計可施,直至停戰後退走。南洋三輪終於勝利地保存下來了。

　　鎮海保衛戰,是清軍在東南沿海戰場繼滬尾大捷之後,取得的又一次重大勝利。之所以能夠取勝的原因,誠如曾國荃所分析,「實唯文武主客和衷共濟之力」[760]。所謂「客」,即指南洋三輪。後來,他還專折為三輪將士請獎,內稱:「伏念該三船奉旨赴閩,先因限於時勢,未克鼓輪直前。及至中途,猝遇敵船,折回鎮口。其時該三船喘息甫定,尚能一鼓作氣,力守要隘。旋經敵船以全力來犯,尤能不避艱險,開炮轟擊。雖無奇功足述,然自創制以來,各船將士從未窺見戰事實際,此役實為海上與外洋交鋒之始,仰託聖朝威福,幸克臨危致勝,冒險衝鋒,卒使炮中敵船,挫其銳氣。」這一評價還是比較符合實際的。甚至連原先堅決反對三輪留鎮的劉秉璋,也終於承認:「厥功似不可泯。」[761]

　　由此可知,鎮海之捷與南洋三輪的奮力作戰是分不開的。這既是確鑿不移的事實,也是當時與此直接相關的人士的共識。在研究中法鎮海之役時,無疑對此應給予足夠的重視。中法鎮海之役的勝利揭示了一條重要的歷史經驗:陸海兩軍的強而有力的配合和協同作戰,才是克敵致勝、鞏固海防的可靠保證;反之,沒有一支強大的海軍力量的海防,是一種不完全的海防,是只能處於被動防禦地位的海防。中法鎮海之役所暴露的問題和歷史教訓,即在於此。總之,中法鎮海之役的歷史經驗和教訓是並存的,值得後世加以認真的總結,並引以為戒。

---

[760]　《金雞談薈》卷一一,第 19 頁。
[761]　〈曾國荃奏開濟三船回滬請將出力員弁獎敘由〉,《中法戰爭鎮海之役史料》,第 384 頁。

第二節　南洋出援：臺灣保衛與鎮海之戰

斷潮，晚清海軍紀事：
海防幻想、制度困局、現代試煉⋯⋯從閉關鎖國到甲午沉艦，清末海軍改革的求存與幻滅

作　　　者：	戚其章
發　行　人：	黃振庭
出　版　者：	複刻文化事業有限公司
發　行　者：	崧燁文化事業有限公司
E - m a i l：	sonbookservice@gmail.com
粉　絲　頁：	https://www.facebook.com/sonbookss/
網　　　址：	https://sonbook.net/
地　　　址：	台北市中正區重慶南路一段61號8樓

8F., No.61, Sec. 1, Chongqing S. Rd., Zhongzheng Dist., Taipei City 100, Taiwan

電　　　話：	(02)2370-3310
傳　　　真：	(02)2388-1990
印　　　刷：	京峯數位服務有限公司
律師顧問：	廣華律師事務所 張珮琦律師

-版權聲明-

本書版權為濟南社所有授權複刻文化事業有限公司獨家發行繁體字版電子書及紙本書。若有其他相關權利及授權需求請與本公司聯繫。
未經書面許可，不得複製、發行。

定　　　價：420元
發 行 日 期：2025年07月第一版
◎本書以POD印製

國家圖書館出版品預行編目資料

斷潮，晚清海軍紀事：海防幻想、制度困局、現代試煉⋯⋯從閉關鎖國到甲午沉艦，清末海軍改革的求存與幻滅 / 戚其章 著 . -- 第一版 . -- 臺北市：複刻文化事業有限公司，2025.07
面；　公分
POD版
ISBN 978-626-428-187-4(平裝)
1.CST: 海軍 2.CST: 軍事史 3.CST: 海戰史 4.CST: 清代
597.92　　　　　114009438

電子書購買

爽讀APP　　　　臉書